全国安全技能提升培训统编教材

非煤矿山从业人员
安全技能提升培训教材

人力资源社会保障部教材办公室
北京注安注册安全工程师安全科学研究院　组织编写

本书主编：井延海

中国劳动社会保障出版社

图书在版编目(CIP)数据

非煤矿山从业人员安全技能提升培训教材/人力资源社会保障部教材办公室，北京注安注册安全工程师安全科学研究院组织编写. -- 北京：中国劳动社会保障出版社，2021

全国安全技能提升培训统编教材

ISBN 978-7-5167-4378-2

Ⅰ.①非… Ⅱ.①人…②北… Ⅲ.①矿山安全-安全培训-教材 Ⅳ.①TD7

中国版本图书馆 CIP 数据核字(2021)第 246353 号

中国劳动社会保障出版社出版发行

(北京市惠新东街 1 号 邮政编码：100029)

*

三河市华骏印务包装有限公司印刷装订 新华书店经销

787 毫米×1092 毫米 16 开本 18.75 印张 300 千字

2021 年 12 月第 1 版 2021 年 12 月第 1 次印刷

定价：50.00 元

读者服务部电话：(010) 64929211/84209101/64921644

营销中心电话：(010) 64962347

出版社网址：http://www.class.com.cn

内容简介

本书为“全国安全技能提升培训统编教材”之一，属于专业核心课程（培训学时详见附录），由人力资源社会保障部教材办公室与北京注安注册安全工程师安全科学研究院根据国家职业技能提升行动方案、《应急管理部　人力资源和社会保障部　教育部　财政部　国家煤矿安全监察局关于高危行业领域安全技能提升行动计划的实施意见》（应急〔2019〕107 号）及《金属非金属矿山从业人员安全生产培训大纲》组织编写。

本书主要内容包括安全生产法律法规、矿山安全管理、露天开采安全、地下开采安全、爆破安全、排土场和尾矿库安全、机电安全、职业病防治、事故应急处置与自救急救、典型事故案例等，适合非煤矿山所有从业人员学习和使用，适用于非煤矿山从业人员安全技能提升培训、安全生产培训与再培训、工伤预防培训等。

前言

实施高危行业领域安全技能提升行动计划，推动从业人员安全技能水平大幅度提升，是贯彻落实《职业技能提升行动方案（2019—2021 年）》《应急管理部　人力资源和社会保障部　教育部　财政部　国家煤矿安全监察局关于高危行业领域安全技能提升行动计划的实施意见》（应急〔2019〕107 号，以下简称《实施意见》）和《应急管理部办公厅关于扎实推进高危行业领域安全技能提升行动的通知》（应急厅〔2020〕34 号）部署的重点工作。《实施意见》要求，高危企业在岗和新招录从业人员 100%培训考核合格后上岗；高危企业班组长普遍接受安全技能提升培训，将高危企业班组长轮训一遍；实行企业内安全培训、职业技能培训等学习成果互认；开展在岗员工安全技能提升培训，培训计划要覆盖全员；要分岗位对全体员工考核一遍，考核不合格的，按照新上岗人员培训标准离岗培训，考核合格后再上岗；高危企业新上岗人员安全生产与工伤预防培训不得少于 72 学时，考核合格后方可上岗。

本套“全国安全技能提升培训统编教材”的编写重点突出三个特点：一是重点突出安全操作技能；二是重点突出典型事故案例及事故预防；三是重点突出培训实效。本套教材通过从业人员应知应会的内容，提高从业人员的学习兴趣，激发其学习积极性，使培训内容易学易懂、易于掌握，适合所有从业人员学习掌握安全知识，达到提升其安全技能的培训效果。安全技能提升培训可使从业人员了解我国安全生产方针、有关法律法规和规章；熟悉从业人员安全生产的权利和义务；掌握安全生产基本知识、安全操作规程，个人防护、避灾、自救与互救方法，事故应急措施，安全设施和个人劳动防护用品的使用和维护，以及职业病预防知识等，具备与其从事作业场所和工作岗位相适应的知识和能力。根据《实施意见》的要求，从业人员应人手一册本教材，接受安全技能培训，经考试合格后，方准上岗作业。

按照《实施意见》要求："应急管理部门要提供专家、内容资源等支持，会同人力资源社会保障和教育部门组织编制培训大纲和有关教材。"为编写理论与实践相结合的优质教材，推进"产学研"协同创新，人力资源社会保障部教材办公室与北京注安注册安全工程师安全科学研究院组织国内知名高等院校的相关专家学者系统地编写了本套教材，包括企业通用教材和煤矿、非煤矿山、化工危险化学品、金属冶炼、烟花爆竹等高危行业领域教材，并已纳入《国家职业技能提升行动推荐教材目录》。本套教材在编写过程中，由应急管理部门提供专家、内容资源及编写意见。为了发挥专业教材的出版优势，更有力地推动安全技能提升工作，本套教材由中国人力资源和社会保障出版集团中国劳动社会保障出版社出版发行。

人力资源社会保障部教材办公室

北京注安注册安全工程师安全科学研究院

2021 年 5 月

目录

第一章 安全生产法律法规

第二章　矿山安全管理

第三章　露天开采安全

第四章　地下开采安全

第五章　爆破安全

第七章 机电安全

第八章 职业病防治

第九章　事故应急处置与自救急救

第十章　典型事故案例

第一章　安全生产法律法规

第一节　安全生产方针、政策

安全生产是关系人民群众生命财产安全的大事，是经济社会协调健康发展的标志，是党和政府对人民利益高度负责的要求。党中央、国务院历来高度重视安全生产工作，安全为了生产、生产必须安全是现代工业的客观需要。《中共中央　国务院关于推进安全生产领域改革发展的意见》中明确指出，“坚守发展决不能以牺牲安全为代价这条不可逾越的红线”。这条红线是确保人民生命财产安全和经济社会发展的保障线，是各行业各单位从业人员确保安全生产的责任线。

一、安全生产方针

1. 安全生产方针的内容

《中华人民共和国安全生产法》（以下简称《安全生产法》）规定，安全生产工作坚持中国共产党的领导。安全生产工作应当以人为本，坚持人民至上、生命至上，把保护人民生命安全摆在首位，树牢安全发展理念，坚持安全第一、预防为主、综合治理的方针，从源头上防范化解重大安全风险。

安全生产工作应当实行管行业必须管安全、管业务必须管安全、管生产经营必须管安全，强化和落实生产经营单位主体责任与政府监管责任，建立生产经营单位负责、从业人员参与、政府监管、行业自律和社会监督的机制。

安全生产方针是安全生产的总方针、总政策，是党和国家针对生产建设而制定的工作方针，是社会主义制度优越性的具体体现，是对各行业安全生产工作所提出的一个总的要求和指导原则，它为安全生产工作指明了方向。

2. 安全生产方针的内涵

“安全第一”是指在看待和处理安全同生产与其他工作的关系上，要突出安全，要把安全放在一切工作的首要位置。当生产和其他工作与安全发生矛盾时，安全是主要的、第一位的，生产和其他工作要服从于安全，做到不安全不生产，风险不管控不生产，隐患不排除不生产，安全措施不落实不生产。

“预防为主”是指在事故预防与事故处理的关系上，以预防为主，防患于未然。依靠安全风险分级管控和事故隐患排查治理双重预防等有效的防范措施，把安全风险管控挺在隐患前面，把隐患排查治理挺在事故前面，把事故消灭在其发生之前。

“综合治理”是预防事故及其危害的一种最佳方法，在全行业、全系统、全企业各部门的业务关系上，要把安全工作看作是一项复杂而艰巨的工作，进行齐抓共管、综合治理；坚持“管理、装备、素质、系统”并重原则，全员、全过程、全方位搞好安全工作。

3. 贯彻安全生产方针的措施

为了贯彻落实安全生产方针，我国安全生产工作要坚持“管理、装备、素质、系统”并重的基本原则，使从业人员做到以下几点：

（1）牢固树立“安全第一”的意识，做到不安全不生产。

（2）熟练掌握岗位安全生产职责，做到明责、履责、尽责。

（3）遵守安全管理制度，学法、知法、守法，树立依法从事安全生产的意识。

（4）依规作业，坚决做到不“三违”（违章指挥、违章操作、违反劳动纪律）。

（5）积极参加安全培训及安全技能提升培训，掌握安全生产知识和岗位操作技能，不断提高自身业务素质。

（6）作业前要进行安全风险辨识及安全确认，工作中随时排查事故隐患，发现问题立即报告，在能力范围内应及时处理。

二、安全生产政策

党的十八大以来，习近平总书记作出一系列重要指示，深刻阐述了安全生产的重要意义、思想理念、方针政策和工作要求，强调必须“坚守发展决不能以牺牲安全为代价这条不可逾越的红线”，明确要求“党政同责、一岗双责、齐抓共管、失职追责”。李克强总理多次作出重要批示，强调要以对人民群众生命高度负责的态度，坚持预防为主、标本兼治，以更有效的举措和更完善的制度，切实落实和强化安全生产责任，筑牢安全防线。习近平总书记和李克强总理的重要指示批示，为我国安全生产工作提供了新的理论指导和行动指南。各地区、各有关部门和单位坚决贯彻落实党中央、国务院决策部署，进一步健全安全生产法律法规和政策措施，严格落实安全生产责任，全面加强安全生产监督管理，不断强化安全生产隐患排查治理和重点行业领域专项整治，深入开展安全生产大检查，严肃查处各类生产安全事故，大力推进依法治安和科技强安，加快安全生产基础保障能力建设，推动了安全生产形势持续稳定好转。

2016 年 12 月 9 日，《中共中央　国务院关于推进安全生产领域改革发展的意见》印发实施，标志着我国安全生产领域改革发展迎来了一个新时期。《中共中央　国务院关于推进安全生产领域改革发展的意见》以习近平总书记系列重要讲话特别是关于安全生产重要论述为指导，顺应全面建成小康社会发展大势，总结实践经验，吸收创新成果，坚持目标和问题导向，科学谋划安全生产领域改革发展蓝图，是今后一个时期全国安全生产工作的行动纲领。

《中共中央　国务院关于推进安全生产领域改革发展的意见》是中华人民共和国成立以来第一个以党中央、国务院名义出台的安全生产工作的纲领性文件，对推动我国安全生产工作具有里程碑式的重大意义。现阶段，一些地区和行业领域安全生产事故多发，根源是思想意识问题，抓安全生产态度不坚决、措施不得力。《中共中央　国务院关于推进安全生产领域改革发展的意见》指出，“坚守发展决不能以牺牲安全为代价这条不可逾越的红线”，构建“党政同责、一岗双责、齐抓共管、失职追责”的安全生产责任体系，推进安全监管体制改革，坚持管生产必须管安全，充实执法力量，堵塞监管漏洞，切实消除盲区。

1. 指导思想

全面贯彻党的十九大和十八届三中、四中、五中、六中全会精神，以邓小平理论、“三个代表”重要思想、科学发展观为指导，深入贯彻习近平总书记系列重要讲话精神和治国理政新理念新思想新战略，进一步增强“四个意识”，紧紧围绕统筹推进“五位一体”总体布局和协调推进“四个全面”战略布局，牢固树立新发展理念，坚持安全发展，坚守发展决不能以牺牲安全为代价这条不可逾越的红线，以防范遏制重特大生产安全事故为重点，坚持安全第一、预防为主、综合治理的方针，加强领导、改革创新，协调联动、齐抓共管，着力强化企业安全生产主体责任，着力堵塞监督管理漏洞，着力解决不遵守法律法规的问题，依靠严密的责任体系、严格的法治措施、有效的体制机制、有力的基础保障和完善的系统治理，切实增强安全防范治理能力，大力提升我国安全生产整体水平，确保人民群众安康幸福、共享改革发展和社会文明进步成果。

2. 基本原则

（1）坚持安全发展。贯彻以人民为中心的发展思想，始终把人的生命安全放在首位，正确处理安全与发展的关系，大力实施安全发展战略，为经济社会发展提供强有力的安全保障。

（2）坚持改革创新。不断推进安全生产理论创新、制度创新、体制机制创新、科技创新和文化创新，增强企业内生动力，激发全社会创新活力，破解安全生产难题，推动安全生产与经济社会协调发展。

（3）坚持依法监管。大力弘扬社会主义法治精神，运用法治思维和法治方式，深化安全生产监管执法体制改革，完善安全生产法律法规和标准体系，严格规范公正文明执法，增强监管执法效能，提高安全生产法治化水平。

（4）坚持源头防范。严格安全生产市场准入，经济社会发展要以安全为前提，把安全生产贯穿城乡规划布局、设计、建设、管理和企业生产经营活动全过程。构建风险分级管控和隐患排查治理双重预防工作机制，严防风险演变、隐患升级导致生产安全事故发生。

（5）坚持系统治理。严密层级治理和行业治理、政府治理、社会治理相结合的安全生产治理体系，组织动员各方面力量实施社会共治。综合运用法律、行政、经济、市场等手段，落实人防、技防、物防措施，提升全社会安全生产治理能力。

第二节　安全生产基本法律制度

为了加强安全生产工作，防止和减少生产安全事故，保障人民群众生命和财产安全，促进经济社会持续健康发展，国家制定了安全生产相关法律法规。这里主要介绍与金属非金属矿山安全生产有关的法律法规及基本制度。

一、安全生产法

《安全生产法》是中华人民共和国成立以来第一部全面规范安全生产的基础法律。这部法律是我国安全生产法律法规体系的主体法。其内容包括总则、生产经营单位的安全生产保障、从业人员的安全生产权利义务、安全生产的监督管理、生产安全事故的应急救援与调查处理、法律责任及附则等。修正后的《安全生产法》自 2021 年 9 月 1 日起施行，与从业人员相关的规定如下：

（1）生产经营单位的从业人员有依法获得安全生产保障的权利，并应当依法履行安全生产方面的义务。

（2）生产经营单位应当对从业人员进行安全生产教育和培训，保证从业人员具备必要的安全生产知识，熟悉有关的安全生产规章制度和安全操作规程，掌握本岗位的安全操作技能，了解事故应急处理措施，知悉自身在安全生产方面的权利和义务。未经安全生产教育和培训合格的从业人员，不得上岗作业。

生产经营单位使用被派遣劳动者的，应当将被派遣劳动者纳入本单位从业人员统一管理，对被派遣劳动者进行岗位安全操作规程和安全操作技能的教育和培训。劳务派遣单位应当对被派遣劳动者进行必要的安全生产教育和培训。

（3）生产经营单位采用新工艺、新技术、新材料或者使用新设备，必须了解、掌握其安全技术特性，采取有效的安全防护措施，并对从业人员进行专门的安全生产教育和培训。

（4）生产经营单位对重大危险源应当登记建档，进行定期检测、评估、监控，并制定应急预案，告知从业人员和相关人员在紧急情况下应当采取的应急措施。

（5）生产经营单位应当建立健全并落实生产安全事故隐患排查治理制度，采取技术、管理措施，及时发现并消除事故隐患。事故隐患排查治理情况应当如实记录，并通过职工大会或者职工代表大会、信息公示栏等方式向从业人员通报。其中，重大事故隐患排查治理情况应当及时向负有安全生产监督管理职责的部门和职工大会或者职工代表大会报告。

（6）生产经营单位应当教育和督促从业人员严格执行本单位的安全生产规章制度和安全操作规程，并向从业人员如实告知作业场所和工作岗位存在的危险因素、防范措施以及事故应急措施。

生产经营单位应当关注从业人员的身体、心理状况和行为习惯，加强对从业人员的心理疏导、精神慰藉，严格落实岗位安全生产责任，防范从业人员行为异常导致事故发生。

（7）生产经营单位必须为从业人员提供符合国家标准或者行业标准的劳动防护用品，并监督、教育从业人员按照使用规则佩戴、使用。

（8）生产经营单位必须依法参加工伤保险，为从业人员缴纳保险费。

（9）负有安全生产监督管理职责的部门应当建立安全生产违法行为信息库，如实记录生产经营单位及其有关从业人员的安全生产违法行为信息；对违法行为情节严重的生产经营单位及其有关从业人员，应当及时向社会公告，并通报行业主管部门、投资主管部门、自然资源主管部门、生态环境主管部门、证券监督管理机构以及有关金融机构。有关部门和机构应当对存在失信行为的生产经营单位及其有关从业人员采取加大执法检查频次、暂停项目审批、上调有关保险费率、行业或者职业禁入等联合惩戒措施，并向社会公示。

负有安全生产监督管理职责的部门应当加强对生产经营单位行政处罚信息的及时归集、共享、应用和公开，对生产经营单位作出处罚决定后7个工作日内在监督管理部门公示系统予以公开曝光，强化对违法失信生产经营单位及其有关从业人员的社会监督，提高全社会安全生产诚信水平。

（10）生产经营单位未为从业人员提供符合国家标准或者行业标准的劳动防护用品

的，责令限期改正，处5万元以下的罚款；逾期未改正的，处5万元以上20万元以下的罚款，对其直接负责的主管人员和其他直接责任人员处1万元以上2万元以下的罚款；情节严重的，责令停产停业整顿；构成犯罪的，依照刑法有关规定追究刑事责任。

（11）生产经营单位有下列行为之一的，责令限期改正，处10万元以下的罚款；逾期未改正的，责令停产停业整顿，并处10万元以上20万元以下的罚款，对其直接负责的主管人员和其他直接责任人员处2万元以上5万元以下的罚款：

1）未按照规定对从业人员、被派遣劳动者、实习学生进行安全生产教育和培训，或者未按照规定如实告知有关的安全生产事项的。

2）未将事故隐患排查治理情况如实记录或者未向从业人员通报的。

（12）生产经营单位与从业人员订立协议，免除或者减轻其对从业人员因生产安全事故伤亡依法应承担的责任的，该协议无效；对生产经营单位的主要负责人、个人经营的投资人处2万元以上10万元以下的罚款。

（13）从业人员安全生产的法律责任、权利和义务，在本章第五节中介绍。

二、矿山安全法

为了保障矿山生产安全，防止矿山事故，保护矿山企业从业人员人身安全，促进采矿业的发展，制定《中华人民共和国矿山安全法》（以下简称《矿山安全法》），其内容包括总则、矿山建设的安全保障、矿山开采的安全保障、矿山企业的安全管理、矿山安全的监督和管理、矿山事故处理、法律责任及附则等。《矿山安全法》与从业人员相关的规定如下：

（1）矿山企业必须具有保障安全生产的设施，建立、健全安全管理制度，采取有效措施改善从业人员劳动条件，加强矿山安全管理工作，保证安全生产。

（2）矿长应当定期向职工代表大会或者职工大会报告安全生产工作，发挥职工代表大会的监督作用。

（3）矿山企业从业人员必须遵守有关矿山安全的法律、法规和企业规章制度。矿山企业从业人员有权对危害安全的行为，提出批评、检举和控告。

（4）矿山企业工会依法维护从业人员生产安全的合法权益，组织从业人员对矿山安全工作进行监督。

（5）矿山企业必须对从业人员进行安全教育、培训；未经安全教育、培训的，不得上岗作业。

（6）矿山企业必须向从业人员发放保障安全生产所需的劳动防护用品。

（7）矿山企业对矿山事故中伤亡的从业人员按照国家规定给予抚恤或者补偿。

（8）违反《矿山安全法》规定，未对从业人员进行安全教育、培训，分配从业人员上岗作业的，由劳动行政主管部门责令改正，可以并处罚款；情节严重的，提请县级以上人民政府决定责令停产整顿；对主管人员和直接责任人员由其所在单位或者上级主管机关给予行政处分。

（9）矿山企业必须对下列危害安全的事故隐患采取预防措施：

1）冒顶、片帮、边坡滑落和地表塌陷。

2）冲击地压、井喷。

3）地面和井下的火灾、水害。

4）爆破器材和爆破作业发生的危害。

5）粉尘、有毒有害气体、放射性物质和其他有害物质引起的危害。

6）其他危害。

（10）矿山企业主管人员违章指挥、强令从业人员冒险作业，因而发生重大伤亡事故的，依照刑法有关规定追究刑事责任。

三、职业病防治法

《中华人民共和国职业病防治法》（以下简称《职业病防治法》）内容包括总则、前期预防、劳动过程中的防护与管理、职业病诊断与职业病病人保障、监督检查、法律责任及附则等。《职业病防治法》与从业人员相关的规定如下：

1. 从业人员享有的职业卫生保护权利

（1）获得职业卫生教育、培训。

（2）获得职业健康检查、职业病诊疗、康复等职业病防治服务。

（3）了解工作场所产生或者可能产生的职业病危害因素、危害后果和应当采取的职业病防护措施。

（4）要求用人单位提供符合防治职业病要求的职业病防护设施和个人使用的职业病

防护用品，改善工作条件。

（5）对违反职业病防治法律、法规以及危及生命健康的行为提出批评、检举和控告。

（6）拒绝违章指挥和强令进行没有职业病防护措施的作业。

（7）参与用人单位职业卫生工作的民主管理，对职业病防治工作提出意见和建议。

（8）用人单位应当保障从业人员行使上述权利。因从业人员依法行使正当权利而降低其工资、福利等待遇或者解除、终止与其订立的劳动合同的，其行为无效。

2. 疑似职业病病人的保障

医疗卫生机构发现疑似职业病病人时，应当告知从业人员本人并及时通知用人单位。

用人单位应当及时安排对疑似职业病病人进行诊断；在疑似职业病病人诊断或者医学观察期间，不得解除或者终止与其订立的劳动合同。

疑似职业病病人在诊断、医学观察期间的费用，由用人单位承担。

3. 职业病病人的保障

（1）用人单位应当保障职业病病人依法享受国家规定的职业病待遇。

用人单位应当按照国家有关规定，安排职业病病人进行治疗、康复和定期检查。

用人单位对不适宜继续从事原工作的职业病病人，应当调离原岗位，并妥善安置。

（2）职业病病人变动工作单位，其依法享有的待遇不变。

用人单位在发生分立、合并、解散、破产等情形时，应当对从事接触职业病危害作业的从业人员进行健康检查，并按照国家有关规定妥善安置职业病病人。

（3）用人单位已经不存在或者无法确认劳动关系的职业病病人，可以向地方人民政府医疗保障、民政部门申请医疗救助和生活等方面的救助。

四、刑法

《中华人民共和国刑法》（以下简称《刑法》）是对安全生产违法犯罪行为追究刑事责任的依据。

1. 重大责任事故罪

在生产、作业中违反有关安全管理的规定，因而发生重大伤亡事故或者造成其他严重后果的，处 3 年以下有期徒刑或者拘役；情节特别恶劣的，处 3 年以上 7 年以下有期徒刑。

2. 强令、组织他人违章冒险作业罪

强令他人违章冒险作业，或者明知存在重大事故隐患而不排除，仍冒险组织作业，因而发生重大伤亡事故或者造成其他严重后果的，处5年以下有期徒刑或者拘役；情节特别恶劣的，处5年以上有期徒刑。

3. 重大劳动安全事故罪

安全生产设施或者安全生产条件不符合国家规定，因而发生重大伤亡事故或者造成其他严重后果的，对直接负责的主管人员和其他直接责任人员，处3年以下有期徒刑或者拘役；情节特别恶劣的，处3年以上7年以下有期徒刑。

五、生产安全事故应急条例

《生产安全事故应急条例》（中华人民共和国国务院令第708号）自2019年4月1日起施行，与从业人员相关的规定如下：

（1）生产经营单位应当针对本单位可能发生的生产安全事故的特点和危害，进行风险辨识和评估，制定相应的生产安全事故应急救援预案，并向本单位从业人员公布。

（2）生产经营单位应当对从业人员进行应急教育和培训，保证从业人员具备必要的应急知识，掌握风险防范技能和事故应急措施。

（3）生产经营单位未制定生产安全事故应急救援预案、未定期组织应急救援预案演练、未对从业人员进行应急教育和培训，生产经营单位的主要负责人在本单位发生生产安全事故时不立即组织抢救的，由县级以上人民政府负有安全生产监督管理职责的部门依照《安全生产法》有关规定追究法律责任。

六、生产安全事故报告和调查处理条例

《生产安全事故报告和调查处理条例》（中华人民共和国国务院令第493号）自2007年6月1日起施行，与从业人员相关的规定如下：

事故发生单位应当认真吸取事故教训，落实防范和整改措施，防止事故再次发生。防范和整改措施的落实情况应当接受工会和从业人员的监督。

负有安全生产监督管理职责的有关部门应当对事故发生单位落实防范和整改措施的

情况进行监督检查。

七、生产安全事故应急预案管理办法

《生产安全事故应急预案管理办法》（2009 年 4 月 1 日国家安全监管总局令第 17 号公布，根据 2016 年 6 月 3 日国家安全监管总局令第 88 号第一次修正，根据 2019 年 7 月 11 日应急管理部令第 2 号第二次修正）自 2019 年 9 月 1 日起施行，与从业人员相关的规定如下：

（1）生产经营单位应当在编制应急预案的基础上，针对工作场所、岗位的特点，编制简明、实用、有效的应急处置卡。

应急处置卡应当规定重点岗位、人员的应急处置程序和措施，以及相关联络人员和联系方式，便于从业人员携带。

（2）生产经营单位的应急预案经评审或者论证后，由本单位主要负责人签署，向本单位从业人员公布，并及时发放到本单位有关部门、岗位和相关应急救援队伍。

事故风险可能影响周边其他单位、人员的，生产经营单位应当将有关事故风险的性质、影响范围和应急防范措施告知周边的其他单位和人员。

（3）各级人民政府应急管理部门、各类生产经营单位应当采取多种形式开展应急预案的宣传教育，普及生产安全事故避险、自救和互救知识，提高从业人员和社会公众的安全意识与应急处置技能。

八、生产经营单位安全培训规定

《生产经营单位安全培训规定》（2006 年 1 月 17 日国家安全监管总局令第 3 号公布，根据 2013 年 8 月 29 日国家安全监管总局令第 63 号第一次修正，根据 2015 年 5 月 29 日国家安全监管总局令第 80 号第二次修正）自 2015 年 7 月 1 日起施行，与从业人员相关的规定如下：

（1）具备安全培训条件的生产经营单位，应当以自主培训为主，也可以委托具备安全培训条件的机构进行。

不具备安全培训条件的生产经营单位，应当委托具有安全培训条件的机构对从业人员进行安全培训。

（2）煤矿、非煤矿山、危险化学品、烟花爆竹、金属冶炼等生产经营单位必须对新上岗的临时工、合同工、劳务工、轮换工、协议工等进行强制性安全培训，保证其具备本岗位安全操作、自救互救以及应急处置所需的技能后，方能安排上岗作业。

九、安全生产基本制度 

1. 安全生产监督管理制度

《安全生产法》规定，国务院应急管理部门依法对全国安全生产工作实施综合监督管理，县级以上地方各级人民政府应急管理部门依法对本行政区域内安全生产工作实施综合监督管理。

国务院交通运输、住房和城乡建设、水利、民航等有关部门依照《安全生产法》和其他有关法律、行政法规的规定，在各自的职责范围内对有关行业、领域的安全生产工作实施监督管理；县级以上地方各级人民政府有关部门依照《安全生产法》和其他有关法律、法规的规定，在各自的职责范围内对有关行业、领域的安全生产工作实施监督管理。

应急管理部门和对有关行业、领域的安全生产工作实施监督管理的部门，统称负有安全生产监督管理职责的部门。负有安全生产监督管理职责的部门应当相互配合、齐抓共管、信息共享、资源共用，依法加强安全生产监督管理工作。

2. 安全生产保障制度

《安全生产法》规定，生产经营单位应当具备的安全生产条件所必需的资金投入，由生产经营单位的决策机构、主要负责人或者个人经营的投资人予以保证，并对由于安全生产所必需的资金投入不足导致的后果承担责任。

有关生产经营单位应当按照规定提取和使用安全生产费用，专门用于改善安全生产条件。安全生产费用在成本中据实列支。安全生产费用提取、使用和监督管理的具体办法由国务院财政部门会同国务院应急管理部门征求国务院有关部门意见后制定。

3. 安全生产许可证制度

国家对矿山企业、金属冶炼企业、建筑施工企业及危险化学品、烟花爆竹、民用爆炸物品生产企业，实行安全生产许可证制度。企业取得安全生产许可证的，必须具备相应的安全生产条件；未依法取得安全生产许可证的，不得从事生产活动。

4. 安全生产责任追究制度

《安全生产法》规定，国家实行生产安全事故责任追究制度，依照《安全生产法》和有关法律、法规的规定，追究生产安全事故责任单位和责任人员的法律责任。

生产经营单位必须建立健全全员安全生产责任制，发生了生产安全事故要对相关负责人进行责任追究。责任追究包括追究行政责任、民事责任和刑事责任。从业人员在生产过程中要严格遵守安全生产的相关管理制度和操作规程，严禁违章作业，认真履行岗位安全责任。

5. 事故报告与调查处理制度

发生了生产安全事故后，事故现场有关人员应立即报告本单位负责人。单位负责人接到事故报告后，要按规定立即如实报告当地负有安全生产监督管理职责的部门。任何单位和个人对生产安全事故不得隐瞒不报、谎报或延迟报告、拖延不报。

发生了生产安全事故要按规定进行调查处理，对事故处理必须坚持“四不放过”，即事故原因未查清不放过、整改措施未落实不放过、有关人员未受到教育不放过、责任人员未整改处理不放过。

6. 隐患排查与整改制度

生产经营单位应该建立健全隐患排查与整改制度。从业人员在发现生产安全事故隐患后应立即报告本单位负责人，生产经营单位对事故隐患应及时整改；对重大事故隐患应立即按规定报告当地负有安全生产监督管理职责的部门及职工大会或者职工代表大会。国家对报告重大事故隐患的有功人员给予奖励。

7. 安全生产教育和培训与持证上岗制度

生产经营单位应当对从业人员进行安全生产教育和培训，未经安全生产教育和培训合格的从业人员不得上岗作业。危险物品的生产、经营、储存、装卸单位及矿山、金属冶炼、建筑施工、运输单位的主要负责人和安全生产管理人员，应当由主管的负有安全生产监督管理职责的部门对其安全生产知识与管理能力考核合格后方可任职；特种作业人员必须按照国家的有关规定经专门的安全作业培训，取得相应资格，方可上岗作业。

8. 安全设施的“三同时”制度

生产经营单位新建、改建、扩建工程项目的安全设施必须与主体工程同时设计、同时施工、同时投入生产和使用。安全设施一经投入生产和使用，不得擅自闲置或拆除，确有必要闲置或拆除的，必须征得有关部门同意。

第三节 矿山主要安全技术规程标准

一、金属非金属矿山安全规程

国家标准《金属非金属矿山安全规程》（GB 16423—2020）与从业人员相关的规定如下：

（1）矿山企业应为从业人员提供符合国家标准要求的劳动防护用品。进入矿山作业场所的人员，应按规定佩戴防护用品。

（2）矿山企业应对矿山从业人员进行安全生产教育和培训，保证各岗位人员具备必要的安全生产知识，熟悉本矿山安全生产规章制度和本岗位安全操作规程，掌握本岗位的安全操作技能。未经安全生产教育和培训合格的，不准许上岗。

（3）专职安全生产管理人员应按照安全教育和培训制度组织矿山从业人员的安全生产教育和培训工作以及外来人员入矿前的安全教育工作。

（4）矿山企业应根据矿山实际编制应急救援预案，由矿山企业主要负责人批准实施，并定期进行应急救援演练。当矿山实际情况发生较大变化或在应急救援演练中发现有重大问题，应及时修订应急救援预案。

二、金属非金属矿山安全标准化规范导则

行业标准《金属非金属矿山安全标准化规范　导则》（AQ/T 2050.1—2016）与从业人员相关的规定如下：

1. 安全生产组织保障

（1）企业应设置安全生产管理机构或配备专职安全生产管理人员，明确规定相关人

员的安全生产职责和权限。

（2）企业应建立健全并严格执行安全生产管理制度。

（3）企业应认真组织开展安全标准化班组创建活动，并为安全标准化班组创建、从业人员参与企业安全生产工作提供必要的资源。

（4）企业应建立健全安全生产信息通报与沟通机制，及时通报或沟通相关安全生产事项。

（5）企业应定期评审安全标准化系统，确保其运行控制有效，资源保障充分。

（6）企业应及时认可从业人员的安全表现，不断强化从业人员的安全意识和行为。

2. 安全教育与培训

（1）提供必要的安全教育与培训，保证有关人员具备良好的安全意识和完成任务所需的知识与能力。

（2）培训应充分考虑企业实际需求。

3. 职业卫生管理

（1）建立职业病危害控制管理制度，充分识别并有效控制作业过程及作业环境的职业病危害，并遵照《金属非金属矿山安全规程》（GB 16423—2020）、《职业健康监护技术规范》（GBZ 188—2014）等的规定，做好从业人员健康监护。

（2）采取工程技术、管理控制、个体防护、教育培训等措施，消除或降低粉尘、放射性物质、高低温、噪声等职业病危害的影响。

4. 安全投入、安全科技与工伤保险

（1）企业应提供并合理使用安全生产所需的资源，以保障必要的安全生产条件。

（2）积极采用新工艺、新技术、新设备、新材料，有效控制风险。

（3）根据法律法规与其他要求，建立并完善从业人员工伤保险和（或）安全生产责任保险管理制度，确保从业人员参加工伤保险和（或）安全生产责任保险，并为从业人员缴纳相关保险费。

5. 安全检查与隐患排查

（1）建立健全安全检查与隐患排查管理制度，并分级分类开展安全检查与隐患排查工作。

（2）针对查出的问题，进行原因分析，制定有效的纠正和预防措施并确保实施。排查出的重大隐患应按规定及时上报地方政府负有安全生产监督管理职责的部门。

（3）安全检查与隐患排查的方式、方法应切实有效，并根据实际情况确定适合的检查周期。

6. 应急管理

（1）企业应识别可能发生的事故和紧急情况，确保应急救援的针对性、有效性和科学性。

（2）提供必要的应急救援物资、人力和装备等，保证所需的应急能力。

（3）建立应急体系，并按照《生产经营单位生产安全事故应急预案编制导则》（GB/T 29639—2020）的规定编制应急预案，保证在事故或紧急情况出现时能够及时作出反应。

（4）应定期进行应急演练，检验并确保应急体系的有效性。

（5）应急体系应重点关注坍塌、滑坡、泥石流、透水、地压灾害、尾矿库溃坝、火灾、中毒和窒息等金属非金属矿山生产的重大风险。

7. 事故、事件报告、调查与分析

（1）建立和完善制度，明确有关职责和权限，报告、调查与分析各种事故、事件和其他不良安全绩效表现的原因、趋势与共同特征，为改进提供依据。

（2）调查、分析过程应考虑专业技术需要和纠正与预防措施。

第四节　农民工、女职工和未成年工的保护

一、农民工的保护

从目前我国生产安全事故的特点可以看出，重特大人身伤亡事故主要集中在劳动密集型的生产经营单位，如煤矿、非煤矿山、交通、烟花爆竹、建筑施工等企业。从这些

生产经营单位的用工情况看，其从业人员以农民工为主，以不签订劳动合同或签订短期劳动合同为主要形式。这些从业人员多数文化水平不高、流动性大，部分生产经营单位因此在安全教育培训方面不愿意作出更多投入，安全教育培训流于形式的情况较为严重，导致从业人员对违章作业（或根本不知道自身的行为是违章）的危害认识不清，对作业环境中存在的危险有害因素认识不清。因此，加强对从业人员的安全教育和培训，提高从业人员对作业风险的辨识、控制、应急处置和避险自救能力，提高从业人员安全意识和综合素质，是防止产生不安全行为、减少人为失误的重要途径。

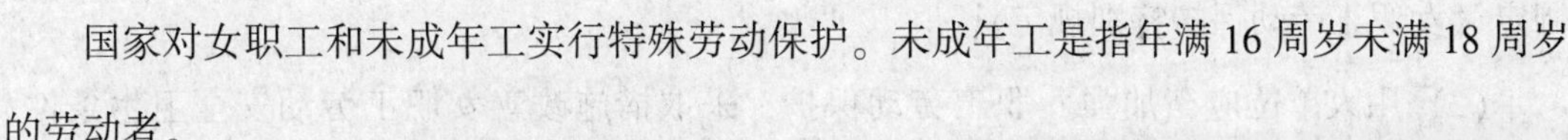

二、女职工和未成年工的保护

国家对女职工和未成年工实行特殊劳动保护。未成年工是指年满16周岁未满18周岁的劳动者。

1.《矿山安全法》规定

矿山企业不得录用未成年人从事矿山井下劳动。矿山企业对女职工按照国家规定实行特殊劳动保护，不得分配女职工从事矿山井下劳动。

2.《职业病防治法》规定

（1）用人单位不得安排未成年工从事接触职业病危害的作业，不得安排孕期、哺乳期的女职工从事对本人和胎儿、婴儿有危害的作业。

（2）安排未经职业健康检查的劳动者、有职业禁忌的劳动者、未成年工或者孕期、哺乳期女职工从事接触职业病危害的作业或者禁忌作业的，由卫生行政部门责令限期治理，并处5万元以上30万元以下的罚款；情节严重的，责令停止产生职业病危害的作业，或者提请有关人民政府按照国务院规定的权限责令关闭。

3.《劳动法》规定

（1）禁止安排女职工从事矿山井下、国家规定的第四级体力劳动强度的劳动和其他禁忌从事的劳动。

（2）不得安排女职工在经期从事高处、低温、冷水作业和国家规定的第三级体力劳动强度的劳动。

（3）不得安排女职工在怀孕期间从事国家规定的第三级体力劳动强度的劳动和孕期

禁忌从事的劳动。对怀孕7个月以上的女职工，不得安排其延长工作时间和夜班劳动。

（4）女职工生育享受不少于90天的产假。

（5）不得安排女职工在哺乳未满1周岁的婴儿期间从事国家规定的第三级体力劳动强度的劳动和哺乳期禁忌从事的其他劳动，不得安排其延长工作时间和夜班劳动。

（6）不得安排未成年工从事矿山井下、有毒有害、国家规定的第四级体力劳动强度的劳动和其他禁忌从事的劳动。

（7）用人单位应当对未成年工定期进行健康检查。

4.《女职工劳动保护特别规定》规定

（1）为了减少和解决女职工在劳动中因生理特点造成的特殊困难，保护女职工健康，制定《女职工劳动保护特别规定》。

（2）用人单位应当加强女职工劳动保护，采取措施改善女职工劳动安全卫生条件，对女职工进行劳动安全卫生知识培训。

（3）用人单位应当遵守女职工禁忌从事的劳动范围的规定。用人单位应当将本单位属于女职工禁忌从事的劳动范围的岗位书面告知女职工。

女职工禁忌从事的劳动范围由《女职工劳动保护特别规定》附录列示。国务院应急管理部门会同国务院人力资源社会保障行政部门、国务院卫生行政部门根据经济社会发展情况，对女职工禁忌从事的劳动范围进行调整。

（4）用人单位不得因女职工怀孕、生育、哺乳降低其工资、予以辞退、与其解除劳动或者聘用合同。

（5）女职工在孕期不能适应原劳动的，用人单位应当根据医疗机构的证明，予以减轻劳动量或者安排其他能够适应的劳动。

对怀孕7个月以上的女职工，用人单位不得延长劳动时间或者安排夜班劳动，并应当在劳动时间内安排一定的休息时间。

怀孕女职工在劳动时间内进行产前检查，所需时间计入劳动时间。

（6）女职工生育享受98天产假，其中产前可以休假15天；难产的，增加产假15天；生育多胞胎的，每多生育1个婴儿，增加产假15天。

女职工怀孕未满4个月流产的，享受15天产假；怀孕满4个月流产的，享受42天产假。

（7）女职工产假期间的生育津贴，对已经参加生育保险的，按照用人单位上年度职工月平均工资的标准由生育保险基金支付；对未参加生育保险的，按照女职工产假前工资的标准由用人单位支付。

女职工生育或者流产的医疗费用，按照生育保险规定的项目和标准，对已经参加生育保险的，由生育保险基金支付；对未参加生育保险的，由用人单位支付。

（8）对哺乳未满 1 周岁婴儿的女职工，用人单位不得延长劳动时间或者安排夜班劳动。

用人单位应当在每天的劳动时间内为哺乳期女职工安排 1 小时哺乳时间；女职工生育多胞胎的，每多哺乳 1 个婴儿每天增加 1 小时哺乳时间。

（9）女职工比较多的用人单位应当根据女职工的需要，建立女职工卫生室、孕妇休息室、哺乳室等设施，妥善解决女职工在生理卫生、哺乳方面的困难。

（10）在劳动场所，用人单位应当预防和制止对女职工的性骚扰。

5. 女职工禁忌从事的劳动范围

（1）矿山井下作业。

（2）国家规定的第四级体力劳动强度的作业。

（3）每小时负重 6 次以上、每次负重超过 20 千克的作业，或者间断负重、每次负重超过 25 千克的作业。

6. 女职工在经期禁忌从事的劳动范围

（1）冷水作业分级标准中规定的第二级、第三级、第四级冷水作业。

（2）低温作业分级标准中规定的第二级、第三级、第四级低温作业。

（3）国家规定的第三级、第四级体力劳动强度的作业。

（4）高处作业分级标准中规定的第三级、第四级高处作业。

7. 女职工在孕期禁忌从事的劳动范围

（1）作业场所空气中铅及其化合物、汞及其化合物、苯、镉、铍、砷、氰化物、氮氧化物、一氧化碳、二硫化碳、氯、己内酰胺、氯丁二烯、氯乙烯、环氧乙烷、苯胺、甲醛等有毒物质浓度超过国家职业卫生标准的作业。

（2）从事抗癌药物、己烯雌酚生产，接触麻醉剂气体等的作业。

（3）非密封源放射性物质的操作，核事故与放射事故的应急处置。

（4）高处作业分级标准中规定的高处作业。

（5）冷水作业分级标准中规定的冷水作业。

（6）低温作业分级标准中规定的低温作业。

（7）高温作业分级标准中规定的第三级、第四级的作业。

（8）噪声作业分级标准中规定的第三级、第四级的作业。

（9）国家规定的第三级、第四级体力劳动强度的作业。

（10）在密闭空间、高压室作业或者潜水作业，伴有强烈振动的作业，或者需要频繁弯腰、攀高、下蹲的作业。

8. 女职工在哺乳期禁忌从事的劳动范围

（1）孕期禁忌从事的劳动范围的第（1）项、第（3）项、第（9）项。

（2）作业场所空气中锰、氟、溴、甲醇、有机磷化合物、有机氯化合物等有毒物质浓度超过国家职业卫生标准的作业。

第五节　从业人员安全生产的法律责任、权利和义务

一、从业人员的安全生产法律责任

《安全生产法》规定，生产经营单位的从业人员不落实岗位安全责任，不服从管理，违反安全生产规章制度或者操作规程的，由生产经营单位给予批评教育，依照有关规章制度给予处分；构成犯罪的，依照刑法有关规定追究刑事责任。

二、从业人员的安全生产权利和义务

《安全生产法》中关于从业人员安全生产权利和义务的规定如下：

（1）生产经营单位与从业人员订立的劳动合同，应当载明有关保障从业人员劳动安

全、防止职业病危害的事项，以及依法为从业人员办理工伤保险的事项。

生产经营单位不得以任何形式与从业人员订立协议，免除或者减轻其对从业人员因生产安全事故伤亡依法应承担的责任。

（2）生产经营单位的从业人员有权了解其作业场所和工作岗位存在的危险因素、防范措施及事故应急措施，有权对本单位的安全生产工作提出建议。

（3）从业人员有权对本单位安全生产工作中存在的问题提出批评、检举、控告，有权拒绝违章指挥和强令冒险作业。

生产经营单位不得因从业人员对本单位安全生产工作提出批评、检举、控告或者拒绝违章指挥、强令冒险作业而降低其工资、福利等待遇或者解除与其订立的劳动合同。

（4）从业人员发现直接危及人身安全的紧急情况时，有权停止作业或者在采取可能的应急措施后撤离作业场所。

生产经营单位不得因从业人员在上述紧急情况下停止作业或者采取紧急撤离措施而降低其工资、福利等待遇或者解除与其订立的劳动合同。

（5）生产经营单位发生生产安全事故后，应当及时采取措施救治有关人员。

因生产安全事故受到损害的从业人员，除依法享有工伤保险外，依照有关民事法律尚有获得赔偿的权利的，有权提出赔偿要求。

（6）从业人员在作业过程中，应当严格落实岗位安全责任，遵守本单位的安全生产规章制度和操作规程，服从管理，正确佩戴和使用劳动防护用品。

（7）从业人员应当接受安全生产教育和培训，掌握本职工作所需的安全生产知识，提高安全生产技能，增强事故预防和应急处理能力。

（8）从业人员发现事故隐患或者其他不安全因素，应当立即向现场安全生产管理人员或者本单位负责人报告；接到报告的人员应当及时予以处理。

（9）工会有权对建设项目的安全设施与主体工程同时设计、同时施工、同时投入生产和使用进行监督，提出意见。

工会对生产经营单位违反安全生产法律、法规，侵犯从业人员合法权益的行为，有权要求纠正；发现生产经营单位违章指挥、强令冒险作业或者发现事故隐患时，有权提出解决的建议，生产经营单位应当及时研究答复；发现危及从业人员生命安全的情况时，有权向生产经营单位建议组织从业人员撤离危险场所，生产经营单位必须立即作出处理。

工会有权依法参加事故调查，向有关部门提出处理意见，并要求追究有关人员的责任。

（10）生产经营单位使用被派遣劳动者的，被派遣劳动者享有《安全生产法》规定的从业人员的权利，并应当履行《安全生产法》规定的从业人员的义务。

第二章　矿山安全管理

第一节　安全管理的概念、目的和任务

一、安全管理的概念

安全管理是管理科学的一个重要分支，它是为实现安全目标而进行的有关决策、计划、组织和控制等方面的活动。安全管理主要运用现代管理原理、方法和手段，分析和研究各种不安全因素，从技术上、组织上和管理上采取有力的措施，消除各种不安全因素，正确处理“人、机、环、管”问题，防止事故发生。

二、安全管理的目的

安全生产工作的根本目的是保护广大从业人员的安全与健康，防止伤亡事故和职业病危害，保护国家和集体财产不受损失。为了实现这一目的，需要进行三方面的工作，即安全管理、安全技术、职业卫生。其中，安全管理起着决定性的作用。安全管理有助于提高矿山灾害防治的科学水平，预先发现、消除或控制生产过程中的各种危险，防止发生事故、职业病和环境灾害，避免各种损失，最大限度地发挥安全技术措施的作用，提高安全投入效益，推动企业生产活动的正常进行。

三、安全管理的任务

安全管理的主要任务是在贯彻执行国家安全生产法律法规、方针政策的前提下，分

析、研究、评价生产经营单位在生产建设过程中的各种不安全因素，从组织、技术、管理、培训等方面采取措施，消除或控制危险源，预防事故发生或最大限度地控制事故的影响范围及程度，实现最优化安全状态，为生产经营单位生产建设的顺利进行和经营目标的实现提供保障。

四、安全管理的主要内容

根据安全管理的目的和对象，安全管理的主要内容包括 3 个方面。

1. 安全管理的基础工作

安全管理的基础工作主要包括建立纵向专业管理、横向各职能部门管理与群众监督相结合的安全管理体制，建立以生产经营单位安全生产责任制为核心的规章制度体系、安全生产标准体系、安全技术措施体系、安全宣传与安全教育和培训体系、应急与救灾救援体系和安全信息管理系统，确定安全生产发展目标、发展规划和年度计划，建立危险源辨识、评估和管控责任体系，建立事故隐患排查、治理、督办、验收、销号闭环管理的责任体系等。

2. 生产建设中的动态安全管理

生产建设中的动态安全管理是指生产经营单位生产环境和生产工艺过程中的安全保障，主要包括生产过程中人员不安全行为的发现与控制，设备安全性能的检测、检验和维修管理，物质流的安全管理，环境安全化的保障措施，安全风险的辨识、评估与管控，重大危险源的监测监控，生产工艺过程安全性的动态评价和控制，事故隐患的排查与治理，定期、不定期的安全检查等。

3. 安全信息化工作

安全信息化工作是指通过对生产经营单位内安全信息的搜集、整理、分析、反馈，使安全信息运转速度提高，安全信息的作用得到充分发挥，以提高安全管理的信息化水平，推动安全生产自动化、科学化、动态化。

第二节 安全生产管理制度、管理机构、管理人员及职责

安全生产管理制度和劳动纪律是指生产经营单位制定的组织劳动过程和进行劳动管理的规则和制度的总和，也称为内部劳动规则，是企业内部的“法律”。生产经营单位制定规章制度和劳动纪律，要严格执行法律法规的规定，保障从业人员的劳动权利，督促从业人员履行劳动义务。制定规章制度应当体现权利与义务一致、奖励与惩罚结合的原则，不得违反法律法规的规定。

《安全生产法》规定，生产经营单位必须遵守有关安全生产的法律、法规，加强安全生产管理，建立健全全员安全生产责任制和安全生产规章制度，加大对安全生产资金、物资、技术、人员的投入保障力度，改善安全生产条件，加强安全生产标准化、信息化建设，构建安全风险分级管控和隐患排查治理双重预防机制，健全风险防范化解机制，提高安全生产水平，确保安全生产。

《矿山安全法》规定，矿山企业必须建立、健全安全生产责任制。矿长对本企业的安全生产工作负责。

矿山企业必须建立健全安全生产与职业病危害防治目标管理、投入、奖惩、技术措施审批、培训、办公会议制度，安全检查制度，事故隐患排查、治理、报告制度，事故报告与责任追究制度等。

矿山企业必须建立各种设备、设施检查维修制度，定期进行检查维修，并做好记录。

矿山企业必须制定本单位的作业规程和操作规程。

一、安全生产管理制度

1. 安全生产责任制度

安全生产责任制度是明确各级负责人员、各职能部门及其工作人员和各岗位生产人员在安全生产方面应做的事情和应负责任的一种制度，是生产经营单位安全生产制度体

系的核心制度，是生产经营单位岗位责任制的一个组成部分，是生产经营单位各项管理制度中最基本的一项安全制度。

建立安全生产责任制度，一是能够增强生产经营单位各级负责人员、各职能部门及其工作人员和各岗位生产人员对安全生产的责任感；二是能够明确生产经营单位中各级负责人员、各职能部门及其工作人员和各岗位生产人员在安全生产中应履行的职责和应承担的责任，以充分调动各级人员和各部门在安全生产方面的积极性和主观能动性，确保安全生产；三是能够促进“安全第一、预防为主、综合治理”的方针得以落实。

《中共中央 国务院关于推进安全生产领域改革发展的意见》规定，企业实行全员安全生产责任制。

《安全生产法》规定，生产经营单位的全员安全生产责任制应当明确各岗位的责任人员、责任范围和考核标准等内容。生产经营单位应当建立相应的机制，加强对全员安全生产责任制落实情况的监督考核，保证全员安全生产责任制的落实。

矿山企业要制定各岗位安全生产责任制，明确责任范围，岗位有固定工作场所的，应在适当位置对其进行长期公示。依据全年安全生产责任落实情况进行全员考核，制定并落实考核方案，将考核结果纳入岗位绩效管理。

2. 事故隐患排查治理制度

事故隐患是指生产经营单位违反安全生产法律、法规、规章、标准、规程和安全生产规章制度的规定，或因其他因素在生产经营活动中可导致事故发生的人的不安全行为、物的危险状态和管理上的缺陷。

事故隐患排查治理制度应保证能够及时发现和消除矿山企业在通风、火灾、顶板、机电、运输、爆破、水害和其他方面存在的事故隐患，明确各科室、区（队）、班组、岗位人员的职责，并对事故隐患的排查、登记、治理、督办、验收、销号、分析总结、检查考核工作作出规定。

3. 安全目标管理制度

安全目标管理是指生产经营单位将一定时期的安全工作任务转化为安全工作目标，制定安全目标体系，并层层分解到生产经营单位的各个部门和个人，各个部门和个人按照所制定的目标，制定相应的对策和措施。安全目标管理制度应依据上级下达的安全指标，结合实际制定年度或阶段安全指标，并将指标逐渐分解，明确责任、保证措施、考核和奖惩办法。

《金属非金属矿山安全标准化规范　导则》（AQ/T 2050. 1—2016）的相关规定如下：

（1）建立并完善制度，对生产经营单位的安全生产绩效进行测量，为安全标准化系统的完善提供足够信息。

（2）测量方法应适应生产经营单位生产特点，选择的测量项目应能充分反映生产经营单位的安全生产现状与发展趋势。

（3）应定期对安全标准化系统进行评价，不断提高安全标准化的水平，持续改进安全绩效。

（4）内外部条件发生重大变化或突发重大事件时，应根据变化管理要求，及时评价安全标准化系统的运行控制状况，评价结果作为采取进一步控制措施的重要依据。

（5）生产经营单位内部评定每年至少进行一次。

4. 安全检查制度

安全检查是指对生产过程及安全生产管理中可能存在的隐患、危险与有害因素、缺陷等进行查证。

安全检查制度能够更好地督促生产经营单位从业人员自觉地贯彻执行国家有关安全生产的方针、政策、法律、法规，安全生产责任制和各项安全生产管理制度以及规章制度与操作规程，及时发现和查明生产经营单位在生产过程中存在的各种危险和隐患，并加以有效地防范和整改，坚决杜绝“三违”行为，确保安全生产。

5. 安全教育和培训制度

生产经营单位应建立安全教育和培训制度，以保证从业人员掌握本职工作应具备的法律法规知识、必要的安全知识、专业技术知识和岗位操作技能；明确安全教育和培训的周期、内容、方式、标准和考核办法；明确相关部门安全教育和培训的职责与考核办法；明确生产经营单位年度安全生产教育和培训计划，确定任务，保证安全培训的条件，落实费用。

6. 安全生产考评奖惩制度

安全生产考评奖惩制度是搞好生产经营单位安全生产工作不可缺少的重要安全生产

管理制度。它既兼顾了从业人员在安全方面的责任、权利和义务，又运用经济、行政、安全制约和激励机制等手段，体现了奖优罚劣、奖罚对应的公正性、严肃性，同时还具有一定的规范性和可操作性。

二、安全生产管理机构

（1）安全生产管理机构应配备足够的具有相应岗位安全生产专业知识的专职安全生产管理人员。

（2）安全生产管理机构负责本矿山的安全生产管理工作。

（3）安全生产管理机构负责制定本矿山的安全生产规章制度、各岗位的安全操作规程和安全事故应急预案。

（4）安全生产管理机构负责矿山从业人员的安全生产教育和培训工作以及外来人员入矿前的安全教育工作，保证矿山岗位工作人员具备必要的安全生产知识，熟悉本矿山安全生产规章制度和本岗位安全操作规程，掌握本岗位的安全操作技能；保证外来人员入矿前具备必要的矿山安全生产知识。

（5）安全生产管理机构负责组织本矿山应急救援演练。

三、安全生产管理人员及职责

1. 矿长

（1）矿长对本矿山的安全生产负责。

（2）矿长应具备矿山安全生产专业知识，具有领导矿山安全生产和处理矿山事故的能力。

（3）矿长应依法接受安全培训和考核，并取得合格证。

2. 专职安全生产管理人员

（1）专职安全生产管理人员应从事矿山工作 5 年以上、具有相应的矿山安全生产专业知识和工作经验并熟悉本矿山生产系统。专职安全生产管理人员应依法接受培训，并取得合格证。

（2）专职安全生产管理人员应按照岗位职责组织或者参与制定本矿山的安全生产规

章制度、各岗位的安全操作规程和安全事故应急救援预案。

（3）专职安全生产管理人员应按照岗位职责组织或者参与制定安全教育和培训制度，组织矿山从业人员的安全生产教育和培训工作以及外来人员入矿前的安全教育工作。

（4）专职安全生产管理人员应按照岗位职责组织本矿山应急救援演练。

（5）专职安全生产管理人员应按照岗位职责和安全检查制度对安全生产状况进行检查；及时排查生产安全事故隐患，提出改进安全生产管理的建议；制止和纠正违章指挥、强令冒险作业、违反操作规程的行为；督促落实本单位安全生产整改措施。检查、处理情况和改进措施及整改情况应由检查人员记录，并由各级责任人员签字确认后存档。

第三节　矿山安全生产规章制度和劳动纪律

一、安全生产基本规章制度 

（1）矿山企业应遵守国家有关安全生产的法律、法规、规章和标准。

（2）矿山企业应设置安全生产管理机构或配备专职安全生产管理人员。

（3）矿山企业应建立健全各级领导安全生产责任制、职能机构安全生产责任制和岗位人员安全生产责任制。

（4）矿山企业应建立健全安全生产管理制度及安全教育和培训制度。

（5）矿山企业应制定安全生产规章制度和各岗位的安全操作规程。

（6）矿山企业应严格执行值班制和交接班制。

（7）矿山企业应制定并认真执行安全检查制度。专职安全生产管理人员应根据安全检查制度对安全生产状况进行检查，对检查中发现的事故隐患，应立即处理；不能立即处理的，及时报告上一级安全负责人。检查及处理的情况应由检查人员记录，并由各级责任人员签字确认后存档。

（8）矿山企业应对矿山从业人员进行安全教育和培训，保证各岗位人员具备必要的安全生产知识，熟悉本矿山安全生产规章制度和本岗位安全操作规程，掌握本岗位的安全操作技能。未经安全教育和培训合格的，不应上岗作业。

（9）矿山企业应为从业人员提供符合安全要求的劳动防护用品。

（10）除下列情况外，连续 24 h 内，任何作业人员均不应在井下滞留或被强制滞留 8 h（包括上、下井时间）以上：

1）因事故或突发事件导致滞留时间延长。

2）作业人员为负责人、水泵工、信号工或紧急维修人员。

（11）露天矿山应保存下列图纸，并根据实际情况的变化及时更新：

1）地形地质图。

2）采剥工程年末图。

3）采场边坡工程平面及剖面图。

4）采场最终境界图。

5）排土场年末图。

6）排土场工程平面及剖面图。

7）供配电系统图。

8）井下采空区与露天矿平面对照图。

9）防排水系统图。

（12）地下矿山应保存下列图纸，并根据实际情况的变化及时更新：

1）矿区地形地质和水文地质图（含平面和剖面）。

2）开拓系统图。

3）中段平面图。

4）通风系统图。

5）井上、井下对照图。

6）压风、供水、排水系统图。

7）通信系统图。

8）供配电系统图。

9）井下避灾路线图。

10）相邻采区或矿山与本矿山空间位置关系图。

图中应正确标记以下内容：

1）已掘进巷道和计划掘进巷道的位置、名称、规格。

2）采空区和已充填采空区、废弃井巷和计划开采的采场的位置、名称与尺寸。

3）通风、防尘、防火、防水、排水等主要安全设备和设施的位置。

4）风流方向，人员安全撤离的路线和安全出口。

5）井下通信设备位置。

6）采空区及废弃井巷的处理方式、进度、现状及地表塌陷区的位置。

二、安全培训规章制度 

（1）矿长和专职安全生产管理人员任职前应接受不少于 48 h 的安全培训，任职后每年再培训时间不少于 16 h。

（2）新进入露天矿山的作业人员应接受不少于 72 h 的安全培训，经考试合格，方可上岗作业。

（3）新进入地下矿山的作业人员应接受不少于 72 h 的安全培训；经考试合格后，由从事地下矿山作业不少于 2 年的老工人带领工作至少 4 个月；熟悉本工种操作技术并经考核合格方可独立工作。

（4）调换工种的作业人员应接受新岗位的安全操作培训，考试合格方可进行新工种操作。

（5）特种作业人员应按照国家有关规定接受专门的安全作业培训，取得相应的资格证书方可上岗作业。

（6）所有生产作业人员每年至少接受 20 h 的职业安全再培训，并应考试合格。

（7）各岗位作业人员的安全培训情况和考核结果，应记录存档。

（8）采用新工艺、新技术、新设备、新材料时，应对有关人员进行专门培训和考试。

（9）入矿参观、考察、实习、学习、检查等的外来人员，应接受安全教育，并由熟悉本矿山安全生产系统的人员带领方可进入作业场所。

三、矿山建设规章制度 

（1）矿山企业的新建、改建、扩建工程应按照国家要求进行安全设施设计。安全设施应与主体工程同时设计、同时施工、同时投入生产和使用。

（2）矿山企业的新建、改建、扩建工程应按照国家要求进行职业病防护设施设计。职业病防护设施应与主体工程同时设计、同时施工、同时投入生产和使用。

（3）矿山企业的办公区、生活区、工业场地和地面建筑等，不应设在危崖、塌陷区、崩落区，不应设在受尘毒、污风影响区域内，不应受洪水、泥石流、爆破威胁。

（4）矿山企业的加油站、加气站应设置在安全地点。

（5）矿山企业的新建、改建、扩建工程的安全设施和职业病防护设施，应按照国家相关标准进行设计、施工和验收。

（6）矿山企业应在建设项目竣工验收前进行安全设施验收。

（7）矿山企业应在建设项目竣工验收前进行职业病防护设施验收。

四、闭坑规章制度

（1）矿山闭坑前应编制闭坑设计，闭坑工作应按照矿山闭坑设计进行。

（2）矿山闭坑前应按照经过批准的闭坑设计进行施工。

（3）露天矿山闭坑时，应对周围安全环境无不良影响；露天坑入口、露天坑周围易于发生危险的区域应设置围栏和警示标志，防止人员误入；排土场应进行复垦，消除滑坡、泥石流等事故隐患。

（4）地下矿山闭坑时，应对进入矿山地下的入口进行封闭，并沿划定的崩落区范围设置围栏和警示标志，防止人员坠入。

五、安全生产劳动纪律

（1）任何人不应酒后进入矿山作业场所；不应将酒类饮料带入矿山作业场所，紧急医疗用麻醉剂除外。

（2）矿山生产使用期间，不得拆除或者破坏矿山安全设施。

（3）地下矿山企业应建立健全下井人员出入矿井登记和检查制度。入井人员应携带符合安全要求的照明灯具和自救器。

（4）矿山企业应对安全设施进行经常性检查、维护和保养，对检查、维护、保养结果进行记录，并经相关人员签字确认后存档。

(5) 矿山企业应对重大危险源登记建档；制定管理制度和监控措施；进行定期检测和评估；制定事故应急预案，并根据实际情况对预案及时进行修改；应使相关从业人员熟悉事故应急预案；每年至少组织一次事故应急演练。

(6) 矿山企业发生生产安全事故时，矿长应立即组织抢救，迅速采取有效措施减小损失；按国家有关规定及时、如实报告事故情况；分析事故原因，总结经验教训，提出防止同类事故再次发生的措施。

(7) 发生特别重大生产安全事故，或停产 6 个月以上恢复生产的地下矿山，应重新进行安全论证，经过批准后方可恢复生产。

(8) 矿山设备不应在有明火或其他不安全因素的地点加油或加气。

(9) 矿山企业的要害岗位、重要设备和设施周围及危险区域，应设置醒目的安全警示标志，并在生产使用期间保持完好。

(10) 矿山进行涉及安全生产的新技术、新工艺、新设备、新材料的试验之前，应进行安全论证，并制定可靠的安全措施。论证文件和安全措施的相关记录应存档。

第四节　矿山作业场所常见的职业病危害因素

矿山作业场所常见的职业病危害因素有生产性粉尘、有害气体、生产性噪声和振动、不良气候条件（高温）等。

一、生产性粉尘

1. 定义与种类

生产性粉尘是指在生产中形成的，并能较长时间以浮游状态存在于空气中的固体微粒。粉尘按其存在的形式分为浮尘和落尘，其中对身体危害最严重的是浮尘，其中的呼吸性粉尘能使作业人员患上尘肺病。因此，职业卫生标准均是以浮尘为防治对象的。

2. 对人体的危害

（1）呼吸系统疾病

1）尘肺病，如矽肺、煤工尘肺、石棉肺、水泥尘肺、铝尘肺。

2）粉尘沉着症。

3）有机粉尘引起的肺部病变，如棉尘症、变态反应性肺泡炎、慢性阻塞性肺病等。

4）粉尘性支气管炎、肺炎、哮喘性鼻炎、支气管哮喘。

5）呼吸系统肿瘤。

（2）局部危害

呼吸道肥大性病变、萎缩性改变、堵塞性皮脂炎、粉刺、毛囊炎、脓皮病、角膜炎、光感性皮炎。

（3）中毒危害

铅、砷、锰中毒。

二、有害气体

矿山生产中接触的化学毒物主要有氮氧化物、碳氧化物、甲烷和硫化氢等有毒有害气体。

1. 氮氧化物的危害

氮氧化物以二氧化氮为主，它对肺组织产生强烈的刺激和腐蚀作用，可引起支气管炎和肺水肿等。

2. 碳氧化物的危害

碳氧化物以一氧化碳和二氧化碳为主。一氧化碳是一种剧毒气体，可使作业人员中毒死亡；在二氧化碳浓度高的区域，人可能窒息死亡。

3. 甲烷的危害

甲烷俗称沼气，是无色、无味的气体。甲烷对人体基本无毒，其麻醉作用极弱，由呼吸道吸入人体后，大部分以原形呼出。甲烷浓度增加会使空气中氧含量降低，引起机体缺氧，在极高浓度时是一种单纯窒息性气体，因无色无味不易被察觉。

4. 硫化氢的危害

硫化氢为无色、带有臭鸡蛋气味的剧毒气体，主要作用于人的中枢神经系统。在浓度较高区域，硫化氢会使人立即昏迷或呼吸麻痹，严重的会因喉头痉挛、咽喉水肿而窒息呈“闪电式”死亡。

三、生产性噪声和振动

1. 生产性噪声对人体的危害

生产性噪声可由机械的撞击、摩擦、转动而产生，也可由气体压力突变或液体流动而产生，或由电机中交变力相互作用而产生。使用风动工具的作业人员、发动机实验人员、机床操作人员等均会接触噪声。生产性噪声对人体的危害如下：

（1）对听觉系统的危害

作业人员若长时间在 85 dB（A）的强噪声下作业，会感到刺耳难受，长时间接触会造成职业性耳聋。在某些生产条件下，如进行爆破，由于防护不当或缺乏必要的防护设备，可因强烈爆炸所产生的振动波造成急性听觉系统的严重外伤，甚至会引起听力丧失，即爆震性耳聋。

（2）对听觉以外系统的危害

对听觉以外系统的危害主要表现在神经系统、心血管系统等，如易疲劳、头痛、头晕、睡眠障碍、注意力不集中、记忆力减退等一系列神经性疾病症状。高频噪声可引起血管痉挛、心率加快、血压增高等心血管系统的病变。长期接触噪声还可引起食欲不振、胃液分泌减少、肠蠕动减慢等胃肠功能紊乱的症状。

2. 生产性振动对人体的危害

生产过程中的一切振动统称为生产性振动。振动对机体全身各系统均可产生影响，按其作用于人体的方式，可分为全身振动和局部振动，其中常见的危害类型是局部振动。生产性振动对人体的危害如下：

（1）低频振动会引起协调方面的视觉紊乱，甚至对嗅觉系统起决定性的作用。

（2）振动影响人的睡眠。

（3）振动会使视觉功能减退。当振动频率在眼球最大共振振幅时，人的视觉功能减退最为强烈。

（4）振动影响人的语言能力。在振动中说话声调会提高，说话的时间也会拖长，气管和支气管的共振会损伤语言能力。

（5）振动会对人的生理产生影响。生产性振动对人的生理影响见表 2–1。

表 2–1 生产性振动对人的生理影响

生理（系统）	影响
循环系统	血压上升、心搏加快、心排血量减少等
呼吸系统	呼吸次数增加
代谢	耗氧量增加、能量代谢率增加等
体温	体温升高
消化系统	肠胃内压增高、肠胃运动抑制、内脏下垂等
神经系统	交感神经兴奋，手指运动能力降低、颤动，睡眠质量低等
感觉系统	眼压升高、眼调节力减弱等
血液系统	红细胞比容值增加，血清钾、钙等增加

四、不良气候条件（高温）

高温可使作业人员感到热、头晕、心慌、烦、渴、无力、疲倦等，可出现一系列生理功能的改变，主要表现如下：

（1）体温调节障碍。

（2）大量水盐丧失，可引起水盐代谢平衡紊乱，导致体内酸碱失衡和渗透压失调。

（3）心律加快，皮肤血管扩张及血管紧张度增加，加重心脏负担，血压下降，但重体力劳动时，血压也有可能上升。

（4）消化道贫血，唾液、胃液分泌减少，胃液酸度降低，胃肠蠕动减慢，造成消化不良和其他胃肠道疾病。

（5）高温条件下若水盐供应不足可使尿液浓缩，增加肾脏负担，有时可见到肾功能不全，尿中出现蛋白、红细胞等。

（6）出现中枢神经抑制，肌肉的工作能力差，人体动作的准确性和协调性及反应速度均会降低。

第五节 安全设备设施、劳动防护用品的使用和维护要求

矿山企业加强对设备设施的安全管理，是防止和减少各类安全事故，保障从业人员生命安全和健康及财产、环境不受损害的有效手段。

一、矿山安全设备设施使用和维护基本要求 

（1）矿山设备不应在有明火或其他不安全因素的地点加油或加气。

（2）矿山企业的要害岗位、重要设备和设施周围及危险区域，应设置醒目的安全警示标志，并在生产使用期间保持完好。

（3）矿山企业应对安全设施进行经常性检查、维护和保养，对检查、维护、保养结果进行记录，并经相关人员签字确认后存档。

（4）矿山安全设施应与主体工程同时设计、同时施工、同时投入生产和使用。

（5）矿山生产使用期间，不得拆除或者破坏矿山安全设施。

二、露天矿山电气设备设施运行、检查和维护安全要求 

（1）矿山应建立电气作业安全制度，规定工作票、工作许可、监护、间断、转移和终结等工作程序。电气作业应遵守下列规定：

1）电气设备和线路的操作维修应由专职电气工作人员进行，严禁非专职电气工作人员从事电气作业。

2）不应单人作业。

3）未经许可不得操作、移动和恢复电气设备。

4）停电检修时，所有已断电的电源开关把手均应加锁，并验电、放电，将线路接地，悬挂“有人作业，禁止送电”的警示牌。只有执行这项工作的人员，才有权取下警

示牌并送电。

5）不应带电检修或搬动任何带电设备和电缆、电线；检修或搬动时，应先切断电源，并将导体完全放电和接地。

6）移动设备司机离开时应切断设备电源。

（2）主变电所应符合下列规定：

1）有防雷、防火、防潮措施。

2）有防止小动物窜入的措施。

3）有防止电缆燃烧的措施。

4）变压器外壳及移动变电站箱体应保护接地。

5）带电的导线、设备、变压器、油开关附近不应有易燃易爆物品。

6）电气设备周围应有保护措施并设置警示标志。

（3）电气室内的各种电气设备控制装置上应注明编号和用途，并有停送电标志；电气室入口应悬挂“非工作人员禁止入内”的标志牌，高压电气设备应悬挂“高压危险”的标志牌，并应有照明。

（4）操作电气设备应遵守下列规定：

1）非值班人员不应操作电气设备。

2）手持式电气设备应有可靠的绝缘。

3）操作高压电气设备回路的工作人员应佩戴绝缘手套、穿电工绝缘靴或站在绝缘台、绝缘垫上。

4）装卸高压熔断器时应佩戴护目眼镜。

5）雨天操作户外高压设备时，应使用带防雨罩的绝缘棒。

6）不应使用金属梯子。

（5）电气保护装置检验应遵守下列规定：

1）使用前应进行检验。

2）在用设备每年至少检验一次。

3）漏电保护装置每半年至少检验一次。

4）线路变动、负荷调整时应进行检验。

5）应做好检验记录并存档。

（6）雷雨天气巡视室外高压设备时应穿绝缘靴，不应使用金属骨架伞具，不应靠近避雷装置。

（7）高压变配电设备和线路的停送电作业及检修应遵守下列规定：

1）应指定专人负责停、送电作业，作业时应有专人监护。

2）申请停、送电时，应使用录音电话并执行工作票制度。

3）断电作业时，应进行验电、放电，并设置三相短路接地线，供电线路的电源开关应加锁或设专人看护，并悬挂“有人作业，禁止送电”的警示牌。

4）确认所有作业完毕后再摘除接地线和警示牌。

5）由负责人检查无误后再通知调度恢复送电。

6）值班人员应做好停、送电记录。

（8）架空绝缘导线维护作业应遵守下列规定：

1）不应直接接触或接近架空绝缘导线。

2）应在架空绝缘导线的分段或联络开关两侧、分支杆受电侧、电缆引下杆受电侧的适当位置设立验电接地环或其他验电接地装置。

3）不应穿越未停电接地的绝缘导线。

4）断开或接入绝缘导线前应采取防感应电的措施。

（9）在供电线路上带电作业应采取可靠的安全措施，并经矿长批准。

（10）架空线下不应停放设备，不应堆置物料。

（11）敷设橡套电缆应遵守下列规定：

1）电缆线路应避开水仓和可能出现滑坡的地段。

2）跨台阶敷设电缆应避开有浮石、裂缝等的地段。

3）电缆穿越铁路、公路时，应采取保护措施。

4）高压电缆使用前应进行绝缘试验。

（12）橡套电缆的接头应采用焊接或熔焊芯线连接，或采用矿山专用插接件连接。接头的外层胶应用硫化热补法进行补接。

（13）移动带电电缆前，应检查、确认电缆无破损，并佩戴好绝缘防护用品。绝缘损坏的橡套电缆，经修理、试验合格后方准使用。

（14）使用电缆应遵守下列规定：

1）高压电缆修复后，应进行绝缘试验再使用。

2）运行的高压电缆每年雷雨季节前应进行预防性试验。

3）电缆接头的强度、导电性能和绝缘性能应满足要求。

4）不应带电插拔移动式高压软电缆连接器。

5）沿地面敷设的向移动机械设备供电的橡套电缆中间不应有接头，应采取措施避免电缆被移动设备损坏。

三、地下矿山重要设备安全要求 

（1）地下矿山用提升机、绞车、电梯、提升钢丝绳、平衡钢丝绳、提升容器及其连接装置、无轨人车、爆破器材运输车辆和容器以及其他涉及人身安全的设备应按照国家有关规定，由专业生产单位生产，并经具有专业资质的检测、检验机构检测、检验合格，取得安全标志，方可投入使用。

（2）地下矿山用提升机、绞车、电梯、提升钢丝绳、平衡钢丝绳、提升容器及其连接装置、无轨人车、爆破器材运输车辆和容器以及其他涉及人身安全的设备应按照国家有关规定，定期由具有专业资质的检测、检验机构进行检测、检验，并出具检测、检验报告。

四、地下矿山电气设备设施及保护安全要求 

（1）井下应采用矿用电气设备。硐室外电气设备的绝缘不应采用矿物油质材料。

（2）向井下供电的线路不得装设自动重合闸装置。

（3）从井下变配电所引出的低压馈出线应装设带有过电流保护的断路器，且被保护线路末端的最小短路电流应不低于断路器瞬时或短延时脱扣器整定电流的 1.5 倍。

（4）井下 3~35 kV 配电系统单相接地保护应符合下列规定：

1）中性点采用不接地、高电阻接地或消弧线圈接地方式时，变配电所的高压馈出线上应装有选择性的单相接地保护；接地保护应动作于跳闸或信号；向移动变电站供电的高压馈出线，应装设有选择性的单相接地保护，保护应无时限地动作于跳闸。

2）中性点采用低电阻接地方式时，井下各级变配电所高压馈线均应装设二段零序电流保护；其第一段应采用动作时限不长于 0.3 s 的零序电流速断，直接向电动机、变压器和移动变电站供电的高压馈线应采用无时限的零序电流速断；第二段应采用零序过电流保护，时限应与相间过电流保护相同。

（5）井下低压配电 IT 系统[①]应有自动切断电源的故障防护措施，并应符合下列规定：

1）当绝缘下降至整定值时，应由绝缘监视装置发出可听和（或）可见信号。

2）在有爆炸危险环境中，当发生对外露导电部分或对地的单一接地故障时，防护装置应立即切断故障线路。

3）在无爆炸危险环境中，当发生对外露导电部分或对地的单一接地故障时，若预期接触电压不超过 36 V，可短时继续运行，并由绝缘监视装置发出可听和（或）可见的报警信号；若预期接触电压超过 36 V，防护装置应立即切断故障线路。当发生第二次异相接地故障时，应由过电流保护器或剩余电流保护器切断故障回路。

五、劳动防护用品管理要求

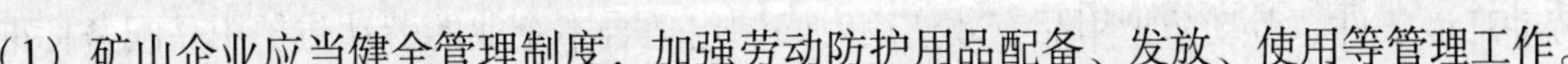

（1）矿山企业应当健全管理制度，加强劳动防护用品配备、发放、使用等管理工作。

（2）矿山企业应当安排专项经费用于配备劳动防护用品，不得以货币或者其他物品替代。该项经费计入生产成本，据实列支。

（3）矿山企业应当为从业人员提供符合国家标准或者行业标准的劳动防护用品。使用进口的劳动防护用品，其防护性能不得低于我国相关标准。

（4）从业人员在作业过程中，应当按照规章制度和劳动防护用品使用规则，正确佩戴和使用劳动防护用品。

（5）矿山企业使用的劳务派遣工、接纳的实习学生应当纳入本企业人员统一管理，并配备相应的劳动防护用品。对处于作业地点的其他外来人员，必须按照与进行作业的从业人员相同的标准，正确佩戴和使用劳动防护用品。

六、劳动防护用品选用要求

（1）矿山企业应按照识别、评价、选择的程序，结合从业人员作业方式和工作条件，并考虑其个人特点及劳动强度，选择防护功能和效果适用的劳动防护用品。

---

① IT 系统指电源中性点不接地，用电设备外露可导电部分直接接地的系统。

（2）同一工作地点存在不同种类的危险、有害因素的，应当为从业人员同时提供防御各类危害的劳动防护用品。需要同时配备的劳动防护用品，还应考虑其可兼容性。从业人员在不同地点工作，并接触不同的危险、有害因素，或接触不同的危害程度的危险、有害因素的，为其选配的劳动防护用品应满足不同工作地点的防护需求。

（3）劳动防护用品的选择还应当考虑其佩戴的合适性和基本舒适性，根据个人特点和需求选择适合号型、式样。

（4）矿山企业应当在可能发生急性职业损伤的有毒、有害工作场所配备应急劳动防护用品，放置于现场临近位置并有醒目标识。矿山企业应当为巡检等流动性作业的从业人员配备随身携带的个人应急防护用品。

七、劳动防护用品采购、发放、培训及使用 

（1）矿山企业应当根据从业人员工作场所中存在的危险、有害因素种类及危害程度、劳动环境条件、劳动防护用品有效使用时间制定适合本企业的劳动防护用品配备标准。

（2）矿山企业应当根据劳动防护用品配备标准制订采购计划，购买符合标准的合格产品。

（3）矿山企业应当查验并保存劳动防护用品检验报告等质量证明文件的原件或复印件。

（4）矿山企业应当按照本企业制定的配备标准发放劳动防护用品，并做好登记。

（5）矿山企业应当对从业人员进行劳动防护用品的使用、维护等专业知识的培训。

（6）矿山企业应当督促从业人员在使用劳动防护用品前，对劳动防护用品进行检查，确保外观完好、部件齐全、功能正常。

（7）矿山企业应当定期对劳动防护用品的使用情况进行检查，确保从业人员正确使用。

八、劳动防护用品维护、更换及报废要求 

（1）劳动防护用品应当按照要求妥善保存，及时更换，保证其在有效期内。公用的劳动防护用品应当由车间或班组统一保管，定期维护。

（2）矿山企业应当对应急劳动防护用品进行经常性的维护、检修，定期检测劳动防护用品的性能和效果，保证其完好有效。

(3) 矿山企业应当按照劳动防护用品发放周期定期发放，对工作过程中损坏的，矿山企业应及时更换。

(4) 安全帽、呼吸器、绝缘手套等安全性能要求高、易损耗的劳动防护用品，应当按照有效防护功能最低指标和有效使用期，到期强制报废。

第六节 工伤保险知识

工伤保险是国家通过立法手段强制实施的，对因工作遭受人身伤害（包括事故伤残、职业病以及因这两种情况造成死亡）的职工或其近亲属提供补偿的一种社会保险制度。

一、工伤保险的基本原则 

1. 强制实施原则

强制实施原则是指由国家通过立法手段强制实施工伤保险制度，对于不按法律规定参加工伤保险的用人单位，对于不按法定的项目、标准和方式支付工伤保险待遇，以及不按规定的标准和时间缴纳工伤保险费的行为，要依法追究法律责任。

2. 无责任赔偿原则

无责任赔偿原则又称无过失补偿原则，无论工伤事故的责任是否在于职工一方，只要不是职工本人故意行为所致，就应该按照规定对其进行工伤补偿。

3. 职工个人不缴费原则

用人单位应当按时缴纳工伤保险费，职工个人不缴费。

4. 工伤补偿与工伤预防及工伤康复相结合的原则

现代工伤保险制度已不仅仅限于对工伤职工给予经济补偿，而是把工伤补偿、工伤预防与工伤康复紧密地联系起来，更好地发挥其在维护社会安定、保护和促进生产力发展方面的积极作用。

二、工伤认定

1. 应当认定为工伤的情形

根据《工伤保险条例》（国务院第 375 号令）的规定，职工有下列情形之一的，应当认定为工伤：

（1）在工作时间和工作场所内，因工作原因受到事故伤害的。

（2）工作时间前后在工作场所内，从事与工作有关的预备性或者收尾性工作受到事故伤害的。

（3）在工作时间和工作场所内，因履行工作职责受到暴力等意外伤害的。

（4）患职业病的。

（5）因工外出期间，由于工作原因受到伤害或者发生事故下落不明的。

（6）在上下班途中，受到非本人主要责任的交通事故或者城市轨道交通、客运轮渡、火车事故伤害的。

（7）法律、行政法规规定应当认定为工伤的其他情形。

2. 视同工伤的情形

根据《工伤保险条例》的规定，职工有下列情形之一的，视同工伤：

（1）在工作时间和工作岗位，突发疾病死亡或者在 48 小时之内经抢救无效死亡的。

（2）在抢险救灾等维护国家利益、公共利益活动中受到伤害的。

（3）职工原在军队服役，因战、因公负伤致残，已取得革命伤残军人证，到用人单位后旧伤复发的。

职工有第（1）项、第（2）项情形的，按照有关规定享受工伤保险待遇；职工有第（3）项情形的，按照有关规定享受除一次性伤残补助金以外的工伤保险待遇。

3. 不得认定为工伤的情形

根据《工伤保险条例》的规定，职工符合《工伤保险条例》认定工伤、视同工伤情形的规定，但是有下列情形之一的，不得认定为工伤或者视同工伤：

（1）故意犯罪的。

（2）醉酒或者吸毒的。

(3) 自残或者自杀的。

三、工伤认定申请

《工伤保险条例》规定，职工发生事故伤害或者按照《职业病防治法》规定被诊断、鉴定为职业病，所在单位应当自事故伤害发生之日或者被诊断、鉴定为职业病之日起 30 日内，向统筹地区社会保险行政部门提出工伤认定申请。遇有特殊情况，经报社会保险行政部门同意，申请时限可以适当延长。

用人单位未按上述规定提出工伤认定申请的，工伤职工或者其近亲属、工会组织在事故伤害发生之日或者被诊断、鉴定为职业病之日起 1 年内，可以直接向用人单位所在地统筹地区社会保险行政部门提出工伤认定申请。

提出工伤认定申请应当提交的材料有工伤认定申请表、与用人单位存在劳动关系（包括事实劳动关系）的证明材料、医疗诊断证明或者职业病诊断证明书（或者职业病诊断鉴定书）。工伤认定申请表应当包括事故发生的时间、地点、原因以及职工伤害程度等基本情况。

四、劳动能力鉴定

劳动能力鉴定是指劳动功能障碍程度和生活自理障碍程度的等级鉴定。

职工发生工伤，经治疗伤情相对稳定后存在残疾、影响劳动能力的，应当进行劳动能力鉴定。

劳动功能障碍分为 10 个伤残等级，最重的为一级，最轻的为十级。

生活自理障碍分为 3 个等级：生活完全不能自理、生活大部分不能自理和生活部分不能自理。

五、工伤保险待遇

职工因工作遭受事故伤害或者患职业病进行治疗，享受工伤医疗待遇、辅助器具配置待遇等。

职工因工作遭受事故伤害或者患职业病需要暂停工作接受工伤医疗的，在停工留薪期内，原工资福利待遇不变，由所在单位按月支付。生活不能自理的工伤职工在停工留薪期需要护理的，由所在单位负责。

1. 工伤致残待遇

工伤致残职工进行劳动能力鉴定后，享受下列待遇：

（1）职工因工致残被鉴定为一级至四级伤残的，保留劳动关系，退出工作岗位，享受一次性伤残补助金、伤残津贴等待遇。工伤职工达到退休年龄并办理退休手续后，停发伤残津贴，按照国家有关规定享受基本养老保险待遇。基本养老保险待遇低于伤残津贴的，由工伤保险基金补足差额。

（2）职工因工致残被鉴定为五级、六级伤残的，享受一次性伤残补助金，保留与用人单位的劳动关系，由用人单位安排适当工作。难以安排工作的，由用人单位按月发给伤残津贴等待遇。经工伤职工本人提出，该职工可以与用人单位解除或者终止劳动关系，享受一次性工伤医疗补助金和一次性伤残就业补助金。

（3）职工因工致残被鉴定为七级至十级伤残的，享受一次性伤残补助金，劳动、聘用合同期满终止，或者职工本人提出解除劳动、聘用合同的，享受一次性工伤医疗补助金和一次性伤残就业补助金。

2. 工亡待遇

职工因工死亡，其近亲属按下列规定领取丧葬补助金、供养亲属抚恤金和一次性工亡补助金：

（1）丧葬补助金为6个月的统筹地区上年度职工月平均工资。

（2）供养亲属抚恤金按照职工本人工资的一定比例发给由因工死亡职工生前提供主要生活来源、无劳动能力的亲属。标准为：配偶每月40%，其他亲属每人每月30%，孤寡老人或者孤儿每人每月在上述标准的基础上增加10%。核定的各供养亲属的抚恤金之和不应高于因工死亡职工生前的工资。供养亲属的具体范围由国务院社会保险行政部门规定。

（3）一次性工亡补助金标准为上一年度全国城镇居民人均可支配收入的20倍。

伤残职工在停工留薪期内因工伤导致死亡的，其近亲属享受上述待遇。

一级至四级伤残职工在停工留薪期满后死亡的，其近亲属可以享受第（1）项、第（2）项规定的待遇。

第三章　露天开采安全

第一节　露天矿山的基本概念、开采工艺及基本安全要求

一、露天矿山的基本概念 

1. 露天矿山

露天矿山是指在地表通过剥离围岩、表土或砾石，采出金属或非金属矿物的采矿场及其附属设施。

露天开采是用一定的采掘运输设备在敞露的空间从事矿岩开采作业。露天开采是从地表开始逐层向下进行的，每一水平分层称为一个台阶。随着开采的进行，采场不断向下延伸和向外扩展，每一台阶在其所在水平面上直至到达设计的最终境界。推到最终境界线的台阶所组成的空间曲面称为最终边帮。为了开采一个台阶并将采出的矿岩运出采场，需要在本台阶及其上部各台阶修建至少一条具有一定坡度的运输通道，称为斜坡道或出入沟。露天开采的特点：为了采出矿岩，需将矿体周围的矿岩及覆盖岩层剥掉，再通过露天运输通道或地下井巷把矿岩运至地表。这种开采方法广泛用于开采金属矿、冶金辅助原料、建筑材料、化工原料及矿床。

根据矿床埋藏的地形条件及开采空间的不同，露天矿可分为山坡露天矿和深凹（凹陷）露天矿。露天开采境界封闭圈以上的为山坡露天矿，封闭圈以下的为深凹露天矿。

2. 封闭圈

封闭圈是指露天开采境界与地表相交的封闭的上部界限。

3. 台阶

露天开采时，通常需要把矿石划分成一定厚度的水平分层，自上而下逐层开采，并保持一定的超前关系，在开采过程中各工作水平在空间上构成了阶梯状，每个阶梯就是一个台阶或称为阶段。台阶是进行独立采剥作业的单元体。

台阶组成要素如下：

（1）台阶上部平盘。台阶上部的水平面。

（2）台阶下部平盘。台阶下部的水平面。

（3）台阶坡面。台阶倾斜的面。

（4）台阶坡顶线。台阶上部平盘与台阶坡面的交线。

（5）台阶坡底线。台阶下部平盘与台阶坡面的交线。

（6）台阶坡面角（α）。台阶坡面与台阶下部平盘水平面之间的夹角。

（7）台阶高度（h）。台阶上部平盘与下部平盘之间的垂直距离。

台阶的命名通常以该台阶的下部平盘（装运设备站立平盘）的标高来表示。台阶构成要素如图 3-1 所示。

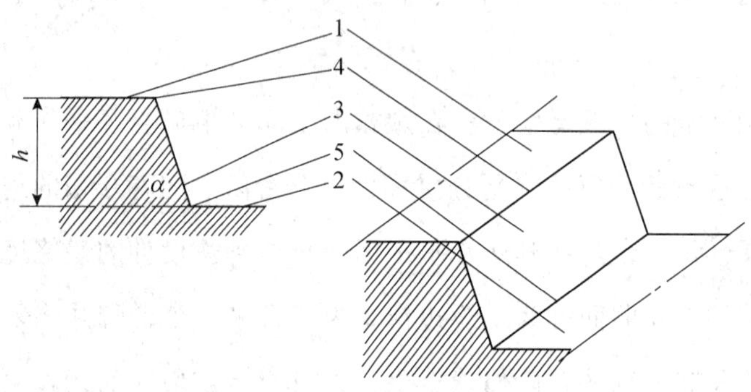

图 3-1　台阶构成要素

1—台阶上部平盘　2—台阶下部平盘　3—台阶坡面　4—台阶坡顶线　5—台阶坡底线

二、露天矿山开采工艺

露天开采的主要生产工艺是穿孔爆破、铲装、运输以及剥离下来废石的排土工作。这 4 项工艺相互关联、密切配合，若其中一项工艺出现故障，势必影响其他工艺的正常进行。

1. 露天开采工艺环节

露天开采工艺环节分为主要生产环节和辅助生产环节两类。

（1）主要生产环节包括以下内容：

1）矿岩准备。采掘设备的切割力是有限的，除软岩可以直接采掘外，对中硬以上的矿岩必须进行预先松碎后方能采掘。矿岩的松碎方法有机械松碎法、爆破法和水力松碎法，其中爆破法应用最为广泛。

2）采装。利用采掘设备将工作面矿岩铲挖出来，并装入运输设备。

3）运输。采掘设备将矿岩装入运输设备后，运往指定的场地。

4）排卸。按一定成效有计划地将矿岩排卸在规定的场地内。

（2）辅助环节主要包括动力供应，疏干及防排水，设备维修，线路修筑、移设和维护，滑坡清理及防治等。

2. 露天开采工艺分类

无论是采矿还是剥离，其开采工艺都与所使用的设备有关，都可分为机械和水力开采两大类。机械开采工艺在露天开采中占的比例大，按主要采运设备的作业特征，又可分为以下 4 类：

（1）间断式开采工艺。间断式开采工艺中的采装、运输和排卸作业是间断进行的。

（2）连续式开采工艺。连续式开采工艺在采装、运输和排卸三大主要生产环节中，物料的输送是连续式的。

（3）半连续式开采工艺。在半连续式开采工艺中，一部分生产环节是间断式的，另一部分生产环节是连续式的。

（4）联合开采工艺。一个露天矿场内采用两种或两种以上开采工艺，称联合开采工艺。

上述各种开采工艺在适宜的条件下都会产生较好的经济效益。所以，如何根据矿山条件来选择开采工艺是采矿工作者的一项重要任务。

三、露天矿山基本安全要求

1. 基本安全要求

（1）有遭遇洪水危险的露天矿山应设置专用的防洪、排洪设施。

（2）在地下开采的岩体移动范围内进行露天开采，应采取有效的安全技术措施并进行安全论证。

（3）地下开采改为露天开采时，应确定全部地下工程和矿柱的位置并将其绘制在矿山平、剖面对照图上；开采前应处理对露天开采安全有威胁的地下工程和采空区，不能处理的，应采取安全措施并在开采过程中处理。

（4）露天与地下同时开采时，应分析露天开采与地下开采的相互影响并采取有效的安全措施。露天和井下同时爆破影响安全时，不应同时爆破。

（5）下列区域内不得设置建（构）筑物：

1）受露天爆破威胁区域。

2）储存爆破器材的危险区域。

3）矿山防洪区域。

4）受岩体变形、塌陷、滑坡、泥石流等地质灾害影响区域。

（6）采剥和排土作业不应给深部开采和邻近矿山造成水害或者其他危害。

（7）设计规定保留的矿柱、岩柱、挂帮矿体，在规定的期限内，未经技术论证，不应开采或破坏。

（8）露天坑入口和露天坑周围易于发生危险的区域应设置围栏和警示标志，防止无关人员进入。

（9）采掘设备的供电电缆应保持绝缘良好，不应与金属材料和其他导电材料接触，横过道路、铁路时应采取防护措施。

（10）露天采矿设备从架空电力线路下方通过时，设备最突出部分与架空线路的距离应符合下列规定：

1）3 kV 以下，不小于 1.5 m。

2）3~10 kV，不小于 2.0 m。

3）10 kV 以上，不小于 3.0 m。

（11）不应采用没有捕尘装置的干式穿孔设备。

（12）露天爆破应遵守《爆破安全规程》（GB 6722—2014）的规定。

（13）距坠落基准面 2 m 及 2 m 以上、有人员坠落危险的作业场所应设安全网等防护设施，作业人员应佩戴安全带。有 6 级以上强风时，不应进行高处作业和露天起重作业。

（14）不良天气影响正常生产时，应立即停止作业；威胁人身安全时，人员应转移到安全地点。

2. 入坑须知

露天矿不得录用未成年人从事工作；新工人入矿前，必须进行职业健康检查，拒绝带病工作；企业必须对作业人员进行安全培训，否则，不得上岗作业。

按时召开班前会，区队领导和工程技术人员要向作业人员讲明工作地点、任务和安全注意事项，让作业人员了解作业状况和应急措施，正确使用劳动防护用品，带全劳动工具。

3. 入坑前的注意事项

（1）非本矿作业人员未经矿允许不准入坑。

（2）未经考试合格的新工人不准单人入坑。

（3）上下台阶要走人行通路或人行梯子。

（4）入坑车辆必须遵守坑内交通规则。

4. 在矿山道路行走时的注意事项

一般，在汽车运输露天矿，严禁坑内行人，特殊情况时，要注意以下几点：

（1）沿坑下道路行走时要靠道路边缘行走。

（2）两人以上在道路上行走时不准闲谈、说笑、打闹，应有一人负责监护。

（3）因工作需要横跨道路时，必须止步瞭望，遵守“一停、二看、三通过”的原则。

（4）遇有重车通过时，要避让大车，以防车上矿岩掉落伤人。

（5）在高段道路行走时，要注意防止落石、滚块伤人。

5. 在机电设备附近及警戒区域内行走时的注意事项

（1）非作业人员不准钻越绳子、木杆、围栏等围起来的区域。

（2）非作业人员不准触、动坑内电气设备。

（3）非作业人员不准触摸折断的电缆、电线。

（4）采掘、运输、排土等机械设备作业时，严禁作业人员上、下设备；在危及人身安全的作业区域内，严禁作业人员停留或通过。

（5）非作业人员不准擅自进入设有警戒标志的生产、作业区域。

（6）非爆破人员不得在爆破区及爆破器材存放地附近逗留。

6. 在台阶行走时的注意事项

（1）不准在台阶跟部行走，遇有台阶滑落、片帮时，要到安全地点行走。

（2）要戴好安全帽，不准在高段下及火区附近逗留。

（3）要时刻注意台阶变化，出现滑落、片帮、裂隙、浮块等危险迹象时，要立即撤离，不许通过或停留。

（4）要注意瞭望，时刻注意台阶上方滚块、掉块。

7. 其他注意事项

每一位入坑的作业人员都必须熟悉本矿规定的各种信号，并爱护信号设备，听从信号指挥；熟悉并爱护矿山安全标志；爱护机电设备。当事故发生时，要听从指挥，行使自己应急救援的权利并履行相关义务。

第二节　露天开采作业安全要求

一、露天开采安全要求 

（1）生产台阶高度应符合表 3-1 的规定。

表 3-1　　生产台阶高度

矿岩性质	采掘作业方式		台阶高度
松软的岩土、砂状的矿岩	机械铲装	不爆破	不大于机械的最大挖掘高度
坚硬稳固的矿岩		爆破	不大于机械最大挖掘高度的 1.5 倍

（2）露天矿山应该采用机械方式进行开采。

（3）多台阶并段时的并段数量应不超过 3 个。

（4）露天采场应设安全平台和清扫平台。人工清扫平台宽度应不小于 6 m，机械清扫平台宽度应满足设备要求且不小于 8 m。

（5）采场运输道路以及供电和通信线路均应设置在工作平台的稳定范围内。

二、穿孔作业安全要求 

（1）穿凿第一排孔时，钻机的纵轴线与台阶坡顶线的夹角应不小于 45°。

（2）移动钻机应遵守如下规定：

1）行走前司机应先鸣笛，确认履带前后无人。

2）行进前方应有充分的照明。

3）行走时应采取防倾覆措施，前方应有人引导和监护。

4）从高、低压线路附近或者下方通过时，应与线路保持足够的安全距离。

5）不应在松软地面或者倾角超过 15°的坡面上行走。

6）不应 90°急转弯。

7）不应在斜坡上长时间停留。

（3）钻机发生接地故障时应立即停机，并查明故障原因。查明原因前，任何人不应上、下钻机。

（4）遇到影响安全的恶劣天气时不应上钻架顶作业。

三、铲装作业安全要求 

（1）铲装工作开始前应查明是否有盲炮。

（2）铲装设备工作前应发出警告信号，无关人员应远离设备。

（3）铲装设备工作时其平衡装置与台阶坡底的水平距离应不小于 1 m。

（4）铲装设备工作时，应遵守下列规定：

1）悬臂和铲斗及工作面附近不应有人员停留。

2）铲斗不应从车辆驾驶室上方通过。

3）人员不应在司机室踏板上或有落石危险的地方停留。

4）不应调整起重臂。

（5）多台铲装设备在同一平台上作业时，铲装设备间距应符合下列规定：

1）汽车运输：不小于最大挖掘半径的 3 倍，且应不小于 50 m。

2）列车运输：不小于两列车的长度。

（6）上、下台阶同时作业时，上部台阶的铲装设备应超前下部台阶铲装设备，超前距离不小于铲装设备最大回转半径的 3 倍，且不小于 50 m。

（7）铲装时，铲斗不应压、碰运输设备；铲斗卸载时，铲斗下沿与运输设备上沿高差不大于 0.5 m；不应用铲斗处理车厢黏结物。

（8）发现悬浮岩块或崩塌征兆时，应立即停止铲装作业，并将设备转移至安全地带。

（9）铲装设备穿过铁路、电缆线路或者风水管路时，应采取安全防护措施保护电缆、风水管和铁路设施。

（10）铲装设备行走时应遵守下列规定：

1）应在作业平台的稳定范围内行走。

2）上、下坡时铲斗应下放并与地面保持适当距离。

四、边坡安全要求 

（1）露天矿山应保证采场边坡稳定。

（2）露天矿边坡应该进行安全稳定性论证，不同服务年限的边坡稳定性安全系数应满足表 3-2 的要求。

表 3-2　　不同服务年限的边坡稳定性安全系数

边坡类型	服务年限/a	稳定系数
边坡上有重要建（构）筑物	>20	>1.4
非工作帮边坡	<10	1.1~1.2
	10~20	1.2~1.3
	>20	1.3~1.4
工作帮边坡	临时	1.0~1.2

（3）邻近最终边坡作业时应遵守下列规定：

1）采用控制爆破减振。

2）保持台阶的安全坡面角，不应超挖坡底。

（4）遇有下列情况时，应进行安全稳定性论证并采取安全措施：

1）岩层内倾于采场，且设计边坡角大于岩层倾角。

2）有多组节理、裂隙空间组合结构面内倾于采场。

3）有较大软弱结构面切割边坡。

4）构成不稳定的潜在滑坡体的边坡。

（5）边坡浮石清除完毕之前，不应在边坡底部作业；人员和设备不应在边坡底部停留。

（6）排土场不应影响露天矿山边坡稳定性，不应产生滚石、滑塌等危害。堆卸的废石不应给边坡增加载荷。

（7）矿山应建立健全边坡安全管理制度。揭露的岩体有重大变化时，应进行边坡稳定性论证。

（8）矿山应进行边坡稳定性监测，对高陡边坡应进行变形和应力监测，对承受水压的边坡应进行水压监测。

（9）矿山应制定针对边坡滑塌事故的应急援救预案。

五、溜井、溜槽安全要求

（1）溜井应布置在坚硬、稳定的矿岩中，溜井穿过局部不稳固地层时应采取加固措施。

（2）溜井井口应高出周围地面，防止地面汇水进入溜井；井口周围应有良好的照明以及安全护栏和明显的警示标志；溜井卸矿口应设高度不小于车轮高度1/3的车挡；卸矿时应有专人指挥。

（3）溜井底部放矿硐室应设安全通道。放矿口两侧均应连通地表。

（4）不应将杂物卸入溜井，溜井不应放空。

（5）在溜井口及其周围进行爆破，应有专门设计。

（6）溜井检修时，无关人员不应在附近逗留。

（7）溜井发生堵塞、垮塌、跑矿等事故时，应待其稳定后查明事故的位置和原因，再进行处理；事故处理人员不应从下部进入溜井。

（8）溜井积水时应妥善处理；采取安全措施后方可继续放矿，且不应卸入粉矿。

（9）溜槽高度应不大于120 m，倾角不超过50°；溜槽底部接矿平台周围应有明显警示标志；溜矿时严禁人员靠近溜槽。

六、露天采场闭坑安全要求

（1）矿山闭坑前应进行闭坑设计，并报相关部门审查批准。

（2）矿山企业应根据批准的闭坑设计进行施工。

七、矿岩粗破碎安全要求

（1）矿岩粗破碎站应符合以下规定：

1）破碎站位置应避开有沉降、塌陷、滑坡危险以及受洪水威胁的地段。

2）应设照明设施、卸料指示和报警信号装置。

3）破碎机受料槽和缓冲仓排料口应设视频监视装置。

4）矿仓口周围应设围挡或防护栏杆；卸车平台受料口应设安全限位车挡，车挡高度不小于车轮直径的1/3。

5）矿仓口卸料时应采取喷雾降尘措施。

（2）铁路车辆卸载应遵守下列规定：

1）翻车机及周围无人、无障碍物，方可翻车卸矿。

2）检修翻车机或在矿槽内工作时应有可靠的安全措施。

3）粗破碎机和给矿设备处于停车状态时，不应直接向破碎机卸矿。

（3）用起重机吊运大块物料时，应将物料绑好挂牢，由专人指挥缓慢起吊。

（4）用起重机吊运大块物料或用破碎锤处理大块物料时，非作业人员应撤到安全地点。

（5）处理粗破碎站给料设备堵塞时，应遵守下列规定：

1）断开设备电源开关，并有专人监护。

2）人员应在安全位置作业。

（6）清除破碎机内部物料时，应首先清除给矿机头部的矿石，然后从破碎机上部开始处理；不得从排矿口下部向上处理。

（7）处理破碎机下部矿仓问题时，应遵守下列规定：

1）应清空破碎机内的物料。

2）应安排人员监护破碎站卸矿平台，防止运输设备卸料。

3）断开破碎机和给料设备电源，并有专人监护。

4）作业人员应系好安全带。

八、矿岩运输安全要求 

1. 铁路运输安全要求

（1）铁路运输线路应符合下列规定：

1）线路坡度不大于4.5%，曲线段坡度不大于0.3%。

2）平面连接曲线长度不小于30 m，小于列车长度时应设护轨。

3）线路的平曲线段轨道应加宽。

4）平面曲线半径小于300 m时，曲线轨距应加宽10 mm；不小于300 m时，曲线轨距应加宽5 mm。

5）轨距加宽段与正常段之间的连接线长度不小于30 m，坡度不大于0.3%。

6）竖曲线半径不小于3 000 m，连接线长度不小于200 m。

7）道床边坡坡度不大于1∶1.75。

8）路肩宽度应不小于1 m。

（2）固定线路的曲线段应符合下列规定：

1）准轨铁路曲线半径：不小于120 m。

2）窄轨铁路曲线半径：600 mm轨距时，不小于30 m；轨距大于600 mm时，不小于60 m。

（3）矿山铁路应按规定设置避让线、安全线和故障车辆停车线。

（4）窄轨铁路接触线距轨面的高度，应符合下列规定：

1）露天型电机车在平硐内的架线高度不低于3 m，平硐外不低于4.2 m。

2）接触线与公路交叉处的架线高度根据公路交通安全要求确定。

（5）下列地段应设双侧护轮轨：

1）桥梁范围内。

2）路堤道口铺砌的范围内。

3）准轨线路中心到桥墩距离小于3 m的桥下线路。

（6）铁路道口应符合下列规定：

1）人流和车流密度较大的铁路与道路的交叉口，应实行立体交叉。

2）站场内不应设平交道口。

3）平交道口应设自动道口信号装置并设专人看守。

（7）在大桥及跨线桥跨越铁路电网的相应部位，应设安全栅网；跨线桥两侧，应设防止矿石坠落的防护网。

（8）装（卸）车线应保证车辆不会自由滑行。线路尽头应设安全车挡与警示标志。

（9）准轨列车制动距离应不大于 300 m，窄轨列车制动距离应不大于 150 m。

（10）同一线路上不应有两列或者两列以上列车同时调车，不应采用自溜方式调车。

（11）列车运行时，人员不应攀登机车或车辆。电机车升起受电弓后，人员不应登上车顶或进入侧走台。

（12）铁路起重机作业时，应采取措施防止起重机意外移动。

2. 道路运输安全要求

（1）不应用自卸汽车运载易燃易爆物品。

（2）自卸汽车装载应遵守如下规定：

1）停在挖掘机配重回转范围 0.5 m 以外。

2）司机不应离开驾驶室，不应将身体任何部位伸出驾驶室外。

3）不应在装载时检查、维护车辆。

（3）主要运输道路的急弯、陡坡、危险地段应设置警示标志。

（4）道路曲线段、陡坡段以及高堤路基段，应在远离山体一侧设置护栏、挡墙等安全设施。

（5）道路与铁路交叉的道口交角应不小于 45°，交叉道口应设置警示牌。

（6）汽车运行应遵守下列规定：

1）驾驶室外任何部位禁止乘人。

2）自卸汽车车斗不应载人，运行时不应升降车斗。

3）不应采用溜车方式发动车辆，严禁空挡滑行。

4）下坡车速不得超过 25 km/h。

5）严禁弯道超车。

6）不应在主运输道路和坡道上停车，严禁在供电线路下停车。

7）拖挂车辆行驶时应采取可靠的安全措施，并有专人指挥。

8）通过道口之前司机应减速瞭望，确认安全后方可通过。

9）不应超载运行。

（7）现场检修车辆时应采取可靠的安全措施。

（8）夜间装卸车应有良好的照明条件。

九、带式输送机运输安全要求 

（1）使用带式输送机运输时应遵守下列规定：

1）输送物料尺寸不大于 500 mm。

2）物料不应从输送带上向下滚落。

3）带式输送机倾角：向上不大于 15°，向下不大于 12°。

4）任何人员均不应搭乘非载人带式输送机。

5）跨越输送机的地点应设置带有安全栏杆的跨越桥。

6）清除附着在输送带、滚筒和托辊上的物料时，应停车进行。

7）不应在运行的输送带下清理物料。

8）输送机运转时不应进行注油、检查和修理等工作。

9）维修或者更换备件时，应停车、切断电源，并由专人监护，不许送电。

（2）钢丝绳芯输送带静载荷安全系数不小于 7，棉织物芯输送带静载荷安全系数不小于 8，其他织物芯输送带静载荷安全系数不小于 10。

（3）各种输送带的动载荷安全系数不小于 3。

（4）带式输送机应设如下安全保护装置：

1）装料点和卸料点设置空仓、满仓等保护和报警装置，并与输送机联锁。

2）输送带清扫装置。

3）防输送带撕裂、断带、跑偏等的保护装置。

4）防止过速、过载、打滑、大块冲击等的保护装置。

5）线路上的信号、电气联锁和紧急停车装置。

6）可靠的制动装置。

7）上行带式输送机防逆转装置。

（5）带式输送机传动装置、拉紧装置周围应设安全围栏，输送机转载处应设防护罩和溜槽堵塞保护装置与报警装置。

（6）采用带式输送机运输应遵守下列规定：

1）无通廊的带式输送机两侧均应设置宽度不小于 1 m 的人行道。

2）有通廊的带式输送机两侧应设人行道，经常行人侧的人行道净宽度应不小于 1 m，另一侧不小于 0. 6 m。

3）两条以上带式输送机并列布置时，相邻两条输送机之间应设置宽度不小于 1 m 的人行道。

十、斜坡提升安全要求 

（1）提升速度应符合下列规定：

1）人车或者串车提升：斜坡长度不大于 300 m 时，不大于 3. 5 m/s；斜坡长度大于 300 m 时，不大于 5 m/s。

2）箕斗提升：斜坡长度不大于 300 m 时，不大于 5 m/s；斜坡长度大于 300 m 时，不大于 7 m/s。

3）人车或者串车通过甩车道的速度不大于 1. 5 m/s。

（2）提升加、减速度应符合下列规定：

1）升降人员：不大于 0. 5 m/s^2。

2）升降物料：不大于 0. 7 m/s^2。

（3）斜坡提升应遵守下列规定：

1）采用缠绕式提升机。

2）提升机卷筒直径与钢丝绳直径之比不小于 60。

3）最大制动力矩和提升系统最大静力矩之比不小于 3。

4）从提升机到天轮的钢丝绳弦长不超过 60 m。

（3）提升钢丝绳安全系数应符合下列规定：

1）专门提升物料的，不小于 6. 5。

2）提升人员的，不小于 9。

（4）斜坡提升主电机应设短路及断电保护、过速保护、过负荷及无电压保护。斜坡提升系统应设提升容器过卷保护。

（5）斜坡轨道与上部车场的连接处，应设置阻车器。底部平车场应设置挡车装置。斜坡轨道线路上应设地辊。倾角大于10°的斜坡提升轨道应设轨道防滑装置。轨道两侧应设宽度不小于1 m的人行道。人行道倾角为10°~15°时应设人行踏步，15°~35°时应设踏步及扶手，大于35°时应设梯子和扶手。

（6）在斜坡轨道上进行检查或者维修工作时，应采取安全措施保障作业人员的安全。

十一、架空索道运输安全要求

（1）架空索道应设工作制动和紧急制动系统，任一系统出现故障均应停止运行。

（2）索道各站都应设专用电话和信号装置，信号装置出现故障应停止运行。

（3）索道站内应有足够的照明。

（4）离地高度小于2.5 m的牵引索和站内设备应设安全罩或防护网。高出地面0.6 m以上的站房，站口应设置安全栅栏。

（5）索道线路经过厂区、居民区、铁路、道路时，应有安全防护措施。

（6）索道线路与电力、通信架空线路交叉时，应采取安全防护措施。

（7）索道各站房应配备相应的消防设施。

（8）货运索道严禁载人。

（9）遇有8级或8级以上大风时，应停止索道运转和线路上的一切作业。

（10）应遵守《货运架空索道安全规范》（GB 12141—2008）中的强制性条款。

十二、电气设施安全要求

1. 供电系统安全要求

（1）有一级负荷的矿山应由双重电源供电。当一路电源中断供电，另一路电源不应同时受到损坏，且电源容量应至少保证矿山全部一级负荷电力需求。

（2）主变电所应符合下列规定：

1）远离污秽及火灾、爆炸危险环境和噪声、振动环境。

2）避开断层、滑坡、沉陷区等不良地质地带。

3）距露天开采边界不小于200 m。

4）距离准轨铁路不小于 40 m。

5）主变电所地面标高应高于当地最高洪水位 0.5 m 以上。

6）地面主变电所主变压器设置应符合下列规定：

①矿山一级负荷的两个电源均需经主变压器变压时，应采用 2 台变压器。

②矿山主变电所的主变压器为 2 台及以上时，若其中 1 台停止运行，其余变压器容量应至少保证一级负荷的供电。

（3）采矿场和排土场的手持式电气设备的电压不得大于 220 V。

（4）采矿场采用双回路供电时，每个回路的供电能力应均能供全负荷；采用三回路供电时，每个回路的供电能力应不小于全部负荷的 50%。

（5）有淹没危险的排水泵应由双重电源供电。两回路供电线路中，当任一回路停止供电时，其余回路的供电能力应能承担最大排水负荷。

（6）供配电系统中性点接地应符合下列规定：

1）当 6~35 kV 系统中性点不接地时，单相接地故障点的电流不大于 10 A。

2）当 6~35 kV 系统中性点低电阻接地时，单相接地故障点的电流不大于 200 A。

3）向露天采场、排土场供电的 6~35 kV 系统，不得采用中性点直接接地方式。

4）低压配电系统为 IT 系统时，应装设绝缘监视装置。

（7）露天采场、排土场的架空供电线路上设置开关设备时，应符合下列规定：

1）环形或半环形线路的出口和联络处应设置分段开关。

2）横跨线或纵架线与环形线、半环形线或其他地面固定干线连接处应设置开关。

3）高压电气设备或移动式变电站与横跨线或纵架线连接处应设置开关。

4）移动式高压电力设备的供电线路应设置具有单相接地保护的开关设备。

（8）露天矿户外安装的电气设备应采用户外型电气设备，室外配电装置的裸露导体应有安全防护，高压设备周围应设置围栏。

（9）固定式高压架空电力线路不应架设在爆破作业区和未稳定的排土区内。

（10）移动式电气设备应使用矿用橡套软电缆。

2. 牵引网络安全要求

（1）移动式直流牵引网的接触线应采用铜电车线。

（2）接触网应装设分区绝缘器或锚段关节，并应用分区开关联络。

（3）接触网应在下列区域单独分段：

1）装卸作业线路。

2）检查机车线路。

3）机车库内线路。

4）专用线路。

5）移动式线路。

6）运送人员的站台线路。

7）区间与站场之间的线路。

8）平硐口内、外的线路。

9）其他需要分段的线路。

（4）装卸作业线路、检查机车线路以及其他需要安全作业的线路，接触网的分段应采用带接地刀闸的分区开关。

（5）准轨铁路接触网电杆外缘与铁路中心线的距离应不小于表 3-3 规定的数值。窄轨铁路接触网电杆外缘与机车及车辆边缘的净距应不小于 0.7 m。

表 3-3　准轨铁路接触网电杆外缘与铁路中心线的距离　单位：m

电杆位置	曲线半径							
	200	300	400	500	600	1 000	1 500	>1 500
曲线外侧	2. 80	2. 70	2. 60	2. 50	2. 50	2. 50	2. 44	2. 44
曲线内侧	3. 10	3. 00	2. 80	2. 60	2. 60	2. 60	2. 50	2. 44
软横跨时	3. 10	3. 00						

（6）软横跨时电杆外缘与铁路中心线的距离不得小于表 3-3 中规定的数值。

（7）牵引网及受电弓带电部分与桥梁、平硐、巷道、管道等接地部分的安全净距不小于 0. 2 m。

（8）有爆炸危险场所的轨道不应作为回流导体。不准许用于回流的钢轨应装设两处可靠的轨道绝缘，第一绝缘点应设在分界处，第二绝缘点应设在爆炸危险场所以外，两个绝缘点的距离应大于一列车的长度。

（9）采用电引爆爆破时不得将通向爆破区的轨道作为回流导体，并应采取在爆破期间内能断开轨道电流的安全措施。

（10）牵引变电所直流 750 V 及以上的出线开关，应采用直流快速开关。

（11）牵引变电所直流快速开关和空气断路器脱扣器的瞬时动作电流整定值应符合下列规定：

1）当采用直流快速开关时，瞬时动作电流整定值应不小于线路上经常出现的短时最大负荷电流的 1.3 倍，不大于线路上最小短路电流的 0.77。

2）当采用空气断路器时，瞬时动作电流整定值应不小于线路上经常出现的短时最大负荷电流的 1.25 倍，不大于线路上最小短路电流的 0.8。

（12）标准轨距铁路牵引变电所每段母线上的整流装置和直流配电装置，应设置直流接地速断保护；发生接地故障时，保护装置应立即断开该段母线上所有整流设备的电源。

3. 照明安全要求

（1）夜间工作时，下列地点应设照明装置：

1）钻机、空气压缩机和水泵的工作地点。

2）带式输送机、斜坡提升线路以及相应的人行梯或人行道。

3）汽车装（卸）载处、排土场、卸车线。

4）调车站、会让站。

（2）照明电压应符合下列规定：

1）固定式照明灯具：不高于 220 V。

2）行灯或移动式灯具：不高于 36 V，并经安全隔离变压器供电。

3）在金属容器内或者潮湿地点作业时，不高于 12 V。

（3）移动式非架空照明线路应采用橡套软电缆。

（4）下列场所应设置应急照明：

1）变配电所。

2）监控室、生产调度室、通信站和网络中心。

3）矿山救护值班室。

4. 防雷及接地保护安全要求

（1）采场架空线路的下列位置应装设避雷装置：

1）采场供电线路与横跨线或纵架线的连接处。

2）多雷地区的高压设备进线电缆与横跨线或纵架线的连接处。

3）排土场高压设备进线电缆与架空线的连接处。

（2）地面牵引网应在下列地点装设防雷装置：

1）馈电线与接触线连接处。

2）机车库进口处。

3）运输平硐硐口。

4）线路上每个独立区段内。

（3）地面直流牵引变电所母线上应装设直流避雷装置；750 V 及以上或多雷地区的地面牵引变电所，应在每回出线装设直流避雷装置。

（4）建筑物的防雷措施应符合《建筑物防雷设计规范》（GB 50057—2010）强制性条款的规定。

（5）电气设备接地应符合下列规定：

1）高、低压电气设备应设保护接地。

2）各接地线应并联。

3）架空线路无分支的部分，应每 1~2 km 接地一次。

4）架空接地线截面积应不小于 35 mm^2。接地线设在配电线路最下层导线的下方，与导线任一点的距离应不小于 0.5 m。

5）移动式电气设备应采用矿用橡套软电缆的专用接地芯线接地。

6）应对拖曳电缆的接地保护芯线进行电气连续性监测。

7）牵引变电所整流装置、直流配电装置的金属外壳均应接地。在接地电流流经直流接地继电器前的全部直流接地母、支线应与地绝缘，且不应与交流设备的接地母线、建筑物的钢筋、金属构件等有金属连接。

（6）主接地极应符合下列规定：

1）采场的主接地极应不少于 2 组。

2）任一组主接地极断开后，在架空接地线上任一点测得的对地电阻应不大于 4 Ω。

3）移动设备与架空接地线之间的接地电阻应不大于 1 Ω。

4）直流电压在 1 kV 及以上时，牵引变电所接地装置的接地电阻应不大于 0.5 Ω。

5）直流电压在 1 kV 以下的地面牵引变电所，其接地装置的接地电阻应不大于 4 Ω。

十三、防排水与防灭火安全要求 

1. 防排水安全要求

（1）露天矿山应建立水文地质资料档案，大中型矿山应设专职水文地质人员，有洪水威胁的矿山应设置防、排水机构。

（2）露天采场的总出入沟口、平硐口、排水井口和工业场地应不受洪水威胁。

（3）露天矿山应采取下列措施保障采场安全：

1）防止地表水渗入边坡岩体的软弱结构面或直接冲刷边坡的措施。

2）地下水影响露天采场的安全生产时，应采取疏干等防治措施。

（4）露天矿山应按照下列要求建立防排水系统：

1）山坡露天境界外应设截水沟，防止露天坑外的汇水进入采场。

2）受洪水威胁的露天采场应设置地面防洪工程。

3）凹陷露天坑应设机械排水设施。

（5）机械排水设施应符合下列规定：

1）应设工作水泵和备用水泵。工作水泵应能在 20 h 内排出一昼夜正常涌水量，全部水泵应能在 20 h 内排出一昼夜设计最大涌水量。

2）应设工作排水管路和备用排水管路。工作排水管路应能配合工作水泵在 20 h 内排出一昼夜正常涌水量，全部排水管路应能配合工作水泵和备用水泵在 20 h 内排出一昼夜设计最大涌水量。任意一条排水管路检修时，其他排水管路应能完成正常排水任务。

2. 防火和灭火安全要求

（1）矿山建（构）筑物应按《建筑设计防火规范》（GB 50016—2014）的有关规定，建立消防设施，设置消防器材。

（2）露天矿用设备应配备灭火器。

（3）设备加油时严禁吸烟和使用明火。

（4）露天矿用设备上严禁存放汽油和其他易燃易爆物品。

（5）严禁用汽油擦洗设备。

（6）易燃易爆物品不应放在轨道接头、电缆接头或接地极附近。废弃的油料、棉纱和易燃物应妥善管理。

（7）木材场、防护用品仓库、爆破器材库、氢和乙炔瓶库、石油液化气站和油库等重要场所，应建立防火制度，采取防火、防爆措施，备足消防器材。

第三节　露天矿山常见事故防范措施

一、电气事故防范措施 

1. 露天矿电气设备保护和接地的相关规定

（1）露天矿的各种电气设备、电力和通信系统的设计、安装、验收、运行、检修、试验等工作，必须符合国家有关规定。

（2）高压配电线路应当装设过负荷、短路、漏电保护，低压配电线路应当装设短路和单相接地（漏电）保护。高压电动机应当装设短路、过负荷、漏电和欠压释放保护，低压电动机应当装设过流、短路保护。中性点接地的变压器必须装设接地保护。低压电力系统的变压器中性点直接接地时，必须装设接地保护。

（3）变（配）电设施、油库、爆炸物品库、高大或者易受雷击的建筑，必须装设防雷电装置，每年雨季前应检验1次。

2. 触电事故防范措施

根据电气事故的特点、原因和电气安全技术的特点，应从技术上和管理上采取综合措施预防触电。

（1）基本安全措施如下：

1）杜绝一切车辆碾压、拖拉电缆，爆破时将电缆线摆放在不被飞石砸到的安全地带。

2）要按规定及时向电气作业人员配发劳动防护用品（绝缘手套、绝缘鞋）等绝缘用品，劳动防护用品要确保无损。拉电缆线的所有人员必须戴好绝缘手套，以防发生触电事故。

3）各用电单位必须遵守停送电制度，并在日常作业中严格执行，应有专人指挥，确保用电安全。

4）配电柜要保持清洁、无粉尘，各类开关的熔断器必须符合要求，电气设备应挂有警示牌，标明机电负责人。

5）不得在机械设备运转时进行检查、紧固、注油等工作。

（2）电气安全保护措施如下：

1）绝缘、屏护和安全距离是最为常见的安全措施。

2）中性点接地。

3）接地和接零。

4）装设漏电保护装置。

5）过电流保护。

6）防雷电。

7）采用安全电压。

8）规范使用安全标志。电气安全标志有警示用的，有区别各种性质和用途的。

（3）电气作业安全措施。在电气设备、线路检修及停送电等工作中，为了确保作业人员的安全，应采取必要的安全管理措施和安全技术措施。

1）安全管理措施：作业票制度、工作监护制度、恢复送电制度。

2）安全技术措施：在电气设备和线路上工作，尤其是在高压场所工作，必须完成停电、验电、放电、装设临时接地线、悬挂警告牌、装设遮栏等保障安全的技术措施。

（4）用电安全要求。不得随便乱动和私自修理电气设备。经常接触和使用的配电箱、配电板、闸刀开关、按钮、插座、插销以及导线等，应保持完好，不得有破损，带电部分不得裸露出来。

（5）具体防范措施如下：

1）电气线路或电气设备在设计、安装上应无缺陷，开展必要的检修维护，不得带电检修、搬迁电气设备（包括电缆和电线）。检修或搬迁前，必须切断电源，并用同电源电压相适应的验电笔检验，检验无电后方可进行。所有开关把手在切断电源时都应闭锁，并悬挂“有人作业，禁止送电”警示牌，只有执行此项工作的人员才有权取下警示牌后送电。严格执行“谁停电，谁送电”的制度，严禁“约时送电”。

2）设置必要的安全技术措施（如保护接零、漏电保护、安全电压等），并保证齐全有效。

3）电气设备运行管理严格，安全管理制度健全完善。

4）专业电工或机电设备操作人员按照规章制度操作作业。操作高压电气设备主回路时，操作人员必须穿戴绝缘手套和电工绝缘靴，或站在绝缘台上。

5）专业电工进行检修、接线等专业工作，严禁私拉乱接供电线路。供电坚持使用漏电保护装置。

6）严禁电气设备和电缆长期过负荷或超期运行，避免因绝缘老化造成漏电。按规定定期对电气设备、电缆进行电气性能测定。

7）设备操作人员必须遵守本岗位设备管理操作规程。

8）进行定期和不定期的安全检查，查出隐患要及时整改和上报。如发现不安全紧急情况，应先停止工作，再报有关部门研究处理。

3. 电气火灾事故防范措施

（1）应选用合格的矿用不易燃橡套电缆。

（2）避免外力打击电缆，控制开关跳闸后，不查明原因不得反复强行送电。

（3）不准成堆堆放或压埋电缆，电缆接线盒附近不得存放易燃物。

（4）要正确掌握电缆的连接方法，不能用捆接法和压接法。

（5）矿用变压器使用的绝缘油应定期化验，不合格的应及时更换。

（6）安装自动灭火系统。

二、防暑与防寒

1. 高温作业及其危害

高温作业是指在生产车间及露天作业工地等作业场所，因高温（或合并较高的湿度）、存在生产性热源，其工作地点的气温等于或高于本地区夏季室外通风设计计算温度

2 ℃以上的作业。

高温作业很容易使人体内热量积聚，出现中暑；出汗会使人体丧失大量水分和无机盐等，如不及时补充水分，就会造成严重脱水和水盐平衡失调，引起神经、肌肉敏感性下降，导致工作效率降低、事故率升高；可能引起消化不良、胃肠疾病，有时还会引发肾功能不全等。

2. 中暑

中暑是指在高温作业中发生的以体温调节障碍为主的急性疾病，是由于通风散热不良，人体的热量得不到适当地散发或人体损失大量的钠盐和水分而引起的。中暑一般分为先兆中暑、轻症中暑和重症中暑 3 种。发现中暑要及时急救。

3. 防寒

极度的寒冷会引起冻伤，表现为人在极度寒冷的条件下皮肤和皮下组织的损伤。冻伤是机体持续较长时间暴露在冰点以下的严寒中引起的，一般在南方较为少见，而在北方严寒季节里，长时间在室外、野外以及无取暖设施的室内作业时，由于极度低温和潮湿作用，会引起局部冻伤。

预防寒冷的措施如下：加强耐寒锻炼，提高对寒冷和低温的适应性，做好御寒准备，穿防寒服装、鞋，戴帽、面罩和手套等；在室内作业场所要设置取暖设施；食用高热能食物，增加体内代谢放热能力。

三、爆破事故防范措施

露天采矿的爆破事故主要有早爆事故、拒爆事故、飞石事故、地震事故、空气冲击波事故、炮烟中毒事故及因爆破引发的次生事故（如塌方事故、滑坡事故）等。

露天爆破的危害因素有爆破地震效应、爆破飞石、爆破有毒气体、爆炸空气冲击波和噪声等。爆破地震效应严重危害露天矿边坡和周边建筑物稳定，爆破飞石严重危害爆破作业人员及周边设备安全，爆破有毒气体对爆破作业人员及设备操作人员造成重大危害，爆炸空气冲击波和噪声对露天矿设备及人员也会产生较大危害。

爆破事故防范措施内容详见第五章第二节和第三节。

四、运输事故防范措施 

（1）合理布线、经常检查。

（2）矿山运输车辆选用经交通运输主管部门检测检验合格的车辆。

（3）制定车辆运输管理制度和操作规程，并严格执行。

（4）司机取得驾驶证。

（5）加强安全意识教育，提高行车安全意识，杜绝车辆带“病”行车、司机酒后驾车以及超限、超载、超速等违法、违规行为。

（6）运输道路的设置应满足矿山运输要求。

（7）司机应集中精力，心情舒畅，身体健康，不疲劳驾车，不争道抢行，不违章超车。

（8）强化管理，严格落实车辆安全行驶制度，建立健全管理规章制度或操作规程，交通信号、标志、设施齐全。

五、边坡事故防范措施 

露天采场边坡破坏类型主要有松弛张裂、蠕动变形、崩塌、滑坡等。

1. 边坡安全管理基本要求

（1）露天矿应当进行专门的边坡工程、地质勘探工程和稳定性分析评价。应当定期巡视采场及排土场边坡，发现有滑坡征兆时，必须设置明显的标志牌。对设有运输道路、采运机械和重要设施的边坡，必须及时采取安全措施。发生滑坡后，应当立即对滑坡区采取安全措施，并进行专门的勘查、评价与治理工程设计。

（2）非工作帮形成一定范围的到界台阶后，应当定期进行边坡稳定分析和评价，对影响生产安全的不稳定边坡必须采取安全措施。影响边坡稳定的主要因素如下：

1）露头风化带矿石强度降低。

2）地面水与地下水的影响。

3）爆破振动促成滑坡。

4）井工矿开采过的旧巷造成边坡下沉及台阶断裂。

5）弱岩层被坡面切断。与边坡同倾向岩层中的弱岩层被切断，使边坡上面的岩体失去支撑而下滑。如图 3-2 所示，岩层有凝灰岩、A 层矿岩、玄武岩。根据矿石性质，凝灰岩是力学强度较低的矿石。A 层矿岩是弱岩层并被切断，加上段高，这部分岩体会沿着 A 层矿岩的底板滑落，将下部工作面掩埋。

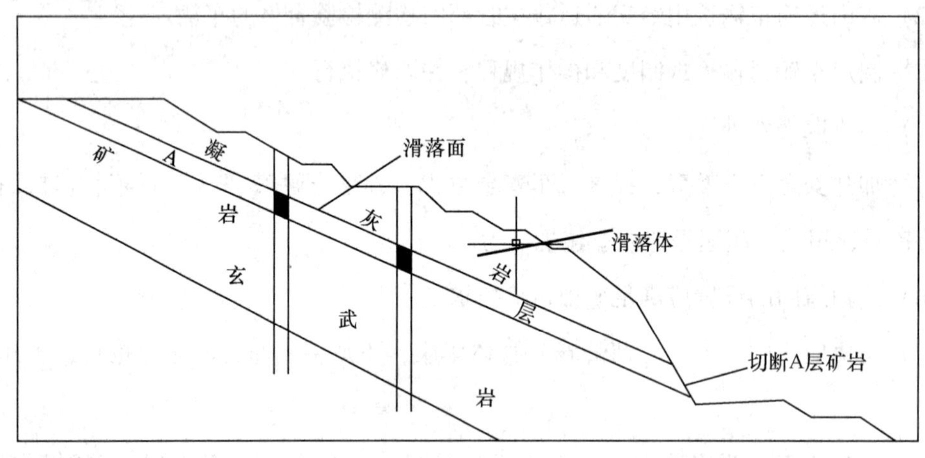

图 3-2　滑落体

6）稳定性差、倾角大的岩层。工作面虽没有被切断层理，但由于爆破振动或水的影响也很难保持稳定。

（3）基于上述情况，非工作帮到界台阶的管理更为复杂，要随时检查边坡状态，加强对每个时期稳定系数的指导并监督生产，改善边坡稳定条件。如果发现异常，要及时采取补救措施，具体有以下几方面：

1）避免切断多台阶的弱岩层。

2）适当保留安全矿石。

3）坡脚回填支撑。

4）坡面砌石防水。

5）利用钢轨桩加固台阶。

6）岩层疏干。

建立完整的排水系统，才能控制水的流向，确保帮坡稳定，达到安全生产的目的。工作帮边坡在临近最终设计的边坡之前，必须对其进行稳定性分析和评价。当原设计的最终边坡达不到边坡稳定要求时，应当修改设计或者采取安全措施。

露天矿的长远和年度采矿工程设计，必须进行边坡稳定性验算。达不到边坡稳定要求时，应当修改采矿设计或者采取安全措施。

（4）采场最终边坡管理应当遵守下列规定：

1）采掘作业必须按设计，坡底线严禁超挖。

2）临近到界台阶时，应当采用控制爆破。

3）最终矿岩台阶必须采取防止风化及沿矿层底板滑坡的措施。

（5）排土场边坡管理必须遵守下列规定：

1）定期对排土场边坡进行稳定性分析，必要时采取防治措施。

2）内排土场建设前，查明基底形态、岩层的赋存状态及矿石物理力学性质，测定排弃物料的力学参数，进行排土场设计和边坡稳定计算，清除基底上不利于边坡稳定的松软土岩。

3）内排土场最下部台阶的坡底与采掘台阶坡底之间必须留有足够的安全距离。

4）排土场必须采取有效的防排水措施，防止或者减少水流入排土场。

2. 边坡事故的防治措施

（1）严防边坡垮塌事故，具体如下：

1）必须分台阶分层开采。露天矿山必须遵循自上而下的开采顺序，分台阶开采。小型露天采石场不能采用台阶式开采的，必须自上而下分层顺序开采，并确保台阶（分层）参数符合设计要求。严禁掏采，严禁在工作面形成伞檐、空洞。

2）强化边坡安全检查。作业前，必须对工作面进行检查，清除危岩和其他危险物体；对采场工作帮要每季度检查一次，高陡边坡要每月检查一次；对行车和行人的非工作帮，应定期进行安全稳定性检查，发现坍塌或滑落征兆，应立即停止采剥作业，撤出人员和设备。

3）及时消除事故隐患。要查清开采境界内的废弃巷道、采空区和溶洞，设置明显的警示标志，超前进行处理；节理、裂隙等地质构造发育等容易引起边坡垮塌事故的矿山，要采取人工加固措施治理边坡；大中型矿山或边坡潜在危害性大的矿山，要建立健全边坡管理和检查制度，对边坡重点部位和有潜在滑坡危险的地段采取有效的防治措施，每5年由有资质的中介机构进行一次稳定性分析和评价。

4）加强监测监控。要根据最终边坡的稳定类型、分区特点确定监测级别，并建立边坡监测系统，对坡体表面和内部位移、地下水位动态、爆破振动等进行定点定期观测，对存在不稳定因素的最终边坡要长期监测。原国家安全生产监督管理总局对非煤矿山边坡监测的要求如下：边坡高度200 m以上的露天矿山高陡边坡、堆置高度200 m以上的排土场，必须进行在线监测，定期进行稳定性专项分析。

（2）边坡垮塌事故主要防治措施。确保露天矿边坡安全是一项综合性工作，包括确定合理的边坡参数，选择适当的开采技术和制定严格的边坡安全管理制度。

1）确定合理的台阶高度和平台宽度。

2）正确选择台阶坡面角和最终边坡角。

3）选用合理的开采顺序和推进方向。坚持由上而下分台阶水平开采，坚持打下向孔或倾斜孔，杜绝掏底开采，避免边坡形成伞檐和空洞。

4）合理进行作业，采用控制爆破技术，减少爆破振动对边坡的影响。

5）建立健全边坡管理和检查制度，发现边坡上有裂陷可能滑落或有大块浮石及伞檐悬在上部时，必须迅速进行处理。

6）矿山应选派技术人员或有经验的工人专门负责边坡的管理工作，及时消除隐患。

7）对于有边坡滑动的矿山，必须采取有效的安全措施，设立专门观测点，定期观测并记录变化情况。

（3）矿山边坡危害的防治工作。矿山边坡危害的防治工作主要包括3个方面，即边坡勘测评估、预报监测、治理。矿山边坡危害防治的原则应以预防为主、治理为辅，防患于未然。

国内外露天矿山在边坡危害防治实践中积累了丰富的经验，提出了一系列整治边坡危害的有效措施，从防治方法上来看，分为4个类别，可归纳为“减、排、挡、固”四字经验。

1）减，具体方法如下：

①减小边坡角。减重反压，把滑坡体上部推动滑移地段的土石方挖去，填压在下部抗滑地段，减小下滑力，增大抗滑力，提高滑坡的稳定性。这是一种经常用来整治边坡危害的简便方法。对于中小型边坡，可以采用削坡的方法，将滑坡体挖除，或采用定向爆破等导滑工程，将滑坡体引向固定地段，消除滑坡危害。

②控制爆破。减少扰动，按照设计控制边坡形态。在露天开采过程中，必须用爆破方法形成边坡。为了在这个过程中不产生边坡移动的隐患，最好的方法是采用控制爆破

技术，以减少爆破振动的影响。常用的有预裂爆破、光面爆破、微差爆破、缓冲爆破及减振爆破。

2）排。疏干排水，通过降低边坡岩体含水量，增加岩土体间有效应力，提高边坡稳定性，具体方法如下：

①地表排水。在边坡岩体外修筑排水沟，防止地表水冲刷、切割，或沿边坡岩体表面裂隙下渗。排水沟坡度一般为0.5%，断面大小满足最大降雨量要求，并定期维护，避免排水设施堵塞。边坡顶面设置反坡，留设排水沟，避免积水。对地面较大裂缝、施工钻孔等应采用砾石、碎石充填，并进行封堵。

②地下水疏干。地下水疏干有天然疏干和人工疏干两种。当露天开采切穿地下水位时，地下水在渗流力作用下自流入采场。通过采场排水使边坡水位降低，即天然疏干。人工疏干一般采用水平孔疏干、垂直井疏干和地下巷道疏干等方法，排除边坡体内地下水，以增加边坡的稳定性。

3）挡。抗滑支挡，即通过修筑挡土墙、埋设抗滑桩等抵抗或阻止坡体下滑，增强边坡稳定性，具体方法如下：

①挡土墙。挡土墙分为重力式挡墙和钢筋混凝土挡墙，依靠自身重力和结构强度抵抗坡体下滑力。挡土墙设计要求在边坡坡脚部位修建，基础必须深入稳固基岩。挡土墙施工中要开挖部分坡脚，会破坏边坡稳定性，因此需要分段挖砌，快速施工。挡土墙不适用于临滑的危险边坡。

②抗滑桩。抗滑桩是在边坡面上，按一定布置方式垂直向下打入的深桩，用以支挡滑体的下滑。作用于桩体的滑坡推力一部分经由桩传至桩前滑体，另一部分由桩体传至滑动面以下的岩体中。因此桩前滑坡推力减小，滑动体稳定性提高。抗滑桩承载能力大，工艺简单，施工速度快，布置灵活，在矿山治理边坡中应用较为广泛。抗滑桩种类繁多，可分为弹性桩和刚性桩两大类，多与其他支护手段联合使用，可以达到很好的滑坡治理效果。

4）固。支护加固，即通过物理、化学等方法提高边坡岩体强度，增强边坡稳定性，具体方法如下：

①锚杆（索）加固。锚杆（索）可分为预应力锚杆（索）和注浆锚杆（索）两大类。锚杆的作用是使滑坡体与稳固岩层连在一起，在锚杆的挤压作用下，使边坡中形成

压缩带，改变边坡岩体的应力状态，从而提高边坡中不稳定岩体的整体性和强度，增强边坡的稳定性。锚杆支护是一种常见的边坡加固措施，可以加固数个台阶规模的滑体。如果被加固的岩体较为松散，则应加设墩台、钢筋网等。

②混凝土喷层加固。向边坡表面喷射混凝土，必要时可加设钢筋网、钢格栅等结构，在边坡表面形成一定厚度的保护层，以避免边坡岩体风化、潮解、剥落和地表水切割、下渗及滚石滑落等。

③注浆加固。通过一定的压力，向边坡岩体裂隙中灌入混凝土浆液，以提高边坡岩土体性质，封堵地表水下渗通道。

④综合加固。当滑坡体超过5~6个台阶时应考虑锚杆、喷层、注浆、抗滑桩、挡土墙联合加固的综合支挡措施。

六、水害事故防范措施 

1. 落实企业安全生产主体责任

矿山企业主要负责人（含法定代表人、实际控制人）是本单位防治水工作的第一责任人，要认真履行职责并层层建立责任制，保障防治水工作投入。组织查明矿区水文地质情况，建立健全防治水组织机构和各项工作制度。坚持预测预报、有疑必探、先探后掘、先治后采的原则。组织落实防、堵、疏、排、截的水害综合治理措施。

2. 建立健全防治水组织机构

（1）露天矿山要设置防、排水机构，其中大中型露天矿山要配备专职水文地质人员。

（2）有水害隐患的地下矿山，必须配备专用探放水设备，建立专业探放水队伍（其中水害严重的矿山要成立防治水专门机构，配备专职水文地质人员；水害不太严重的中小型矿山，也可签订技术协议聘用水文地质专业技术人员）。

3. 完善并落实防治水工作制度

矿山企业要在建立健全防治水工作岗位责任制的基础上，健全完善防治水技术管理制度、水害事故责任追究制度、水害预测预报制度和水害隐患排查治理制度等工作制度。

4. 加强矿山水害防治基础工作

矿山建设前要进行专门的水文地质勘察，查清矿区及其附近地表水系和汇水面积、河流沟渠汇水情况、疏水能力、积水区以及水利工程的现状、规划等情况，了解当地日最大降水量、历年最高洪水位等气象情况。

5. 完善矿山排水设备设施

（1）要按照设计和《金属非金属矿山安全规程》（GB 16423—2020）有关要求建立排水系统，加强对排水设备的检修、维护，确保排水系统完好可靠。

（2）露天矿山要按设计要求设置排水泵站，在矿山上方和山坡排土场周围要修筑可靠的截水沟。

（3）排土场内平台要设置2%~5%的反坡，并在排土场平台上修筑排水沟拦截平台表面及坡面汇水。

6. 组织排查治理矿山水害隐患

（1）露天矿山要对周边截、排水沟进行全面的清理和检查，确保排水系统通畅。

（2）要加强矿山边坡稳定性安全检查，采取措施防止地表水渗入边坡岩体的软弱结构面或直接冲刷边坡。边坡岩体存在含水层并影响边坡稳定时，要采取疏干降水措施。

（3）矿床疏干过程中出现陷坑、裂缝以及可能的地表陷落范围时，要及时圈定并设立警示标志，并采取必要的安全措施。

（4）排土场内有出水点时，要在排土之前采取措施将水疏出。

7. 落实矿山水害事故应急措施

（1）要不断完善水害事故应急救援预案，配备满足抢险救灾必需的各种排水设备、物资和队伍，做到机构、人员、装备、责任“四落实”，确保抢险救灾工作及时到位。

（2）要加强对作业人员的安全培训和水害事故应急救援预案的演练，提高作业人员应对水害事故的能力。

（3）如果情况紧急，要立即发出警报，撤出所有可能受水害威胁区域的人员。

七、放射性伤害事故防范措施

1. 放射性物质的危害

大气和环境中的放射性物质可经过人的呼吸道、消化道和皮肤（包括皮肤接触和直接照射）等途径进入人体。一部分放射性核素进入生物循环，并经食物链进入人体。由于放射性核素具有不断衰变并放出射线的特性，放射性核素进入人体后，可使体内组织失去正常的生理机能并给组织造成损伤。对于存在放射性物质的矿山，一定要采取防护措施。含放射性物质的矿山应采用溶浸采矿技术，因为它无须矿石转运和水冶工艺等环节。

2. 具体防范措施

（1）放射工作人员上岗前，应当进行上岗前的职业健康检查，符合放射工作人员健康标准的，方可参加相应的工作。

（2）放射工作单位应当组织上岗后的放射工作人员定期进行职业健康检查，两次检查的时间间隔应不超过 2 年，必要时可增加临时性检查。

（3）在放射性场所工作的人员要佩戴高效防尘口罩。

（4）放射工作人员应注意清除表面污染，上班更衣、下班沐浴。

（5）充分提高工作效率，缩短工作时间。

（6）放射工作人员上班不进食、不吸烟，皮肤破裂后不得在放射性场所工作。

（7）设置密闭罩，使放射工作人员与含放射性物质的空气隔离。

八、有毒有害气体伤害事故防范措施

（1）通风排毒，特别是爆破作业时要站在上风处，爆破后待炮烟散尽后才能进入爆破现场。

（2）当发现有人员中毒时，及时报告并抢救。

（3）建立健全合适的卫生设施。

（4）做好健康检查与环境监测。

九、防尘、防毒、防排水与防灭火的安全管理基本要求 

1. 防尘、防毒安全管理基本要求

（1）防尘安全基本要求。这里的粉尘是在生产过程中形成的、能较长时间悬浮于空气中的固体微粒。

1）名词解释。

作业场所——作业人员在生产过程中经常或定时停留的地点。

粉尘——悬浮于作业场所空气中的微小固体微粒。

粉尘浓度——单位体积内矿井空气浮尘的颗粒数或浮尘的质量。

矽尘——粉尘中游离二氧化硅含量在10%以上的粉尘。矿场中的岩尘一般都为矽尘。

时间加权平均容许浓度——以时间加权数规定的8 h工作日、40 h工作周的平均容许接触浓度。

总尘——经采样器捕获的全部粉尘颗粒。

呼吸性粉尘——作业场所空气中符合BMRC（英国医学研究委员会）曲线透过率的粉尘颗粒，其空气动力学直径小于7.07 μm，且空气动力学直径5 μm的粉尘颗粒的采集效率为50%。

2）露天采场中的粉尘表面吸附了有毒气体，使粉尘的危害性增加。研究表明，钻孔爆破和挖掘机作业过程中产生的粉尘含有一氧化碳、二氧化氮及丙烯醛，公路上空飞扬的粉尘也含有丙烯醛。人长期吸入粉尘，会危害健康，导致尘肺病。因此，要加强粉尘防治。

①钻机除尘。钻机除尘措施可归纳为干式捕尘、湿式除尘和干湿结合除尘3种方式。

②爆破、采装及爆堆除尘。

③矿堆和废石堆除尘。

④露天矿运输公路防尘。汽车在公路上行驶，每立方米空气的粉尘含量高达数百毫克。路面洒水是最简易的降尘办法，当公路上空尘土含水量达10%以上时，粉尘就不会扬起。

⑤大型移动设备司机室除尘。

3）作业场所空气中粉尘（总尘、呼吸性粉尘）浓度应符合表3-4的要求。不符合要求的，应当采取有效措施。

表3-4 作业场所空气中粉尘浓度

粉尘种类	游离二氧化硅含量/%	时间加权平均容许浓度/（$mg \cdot m^{-3}$）	
		总尘	呼吸性粉尘
粉尘	<10	4	2.5
矽尘	10~50	1	0.7
	50~80	0.7	0.3
	≥80	0.5	0.2
水泥尘	<10	4	1.5

4）粉尘监测应当采用定点监测和个体监测两种方法。定点粉尘浓度是指由测尘人员在选定的采样点架设粉尘采样仪器进行采样所测的粉尘浓度；个体粉尘浓度是指由选定的接尘作业人员佩戴个体粉尘采样器，在作业的同时进行采样，所测的粉尘浓度。

露天矿必须对生产性粉尘进行监测，并遵守下列规定：

①总粉尘浓度，井工矿每月测定 2 次，露天矿每月测定 1 次。粉尘分散度每 6 个月测定 1 次。

②呼吸性粉尘浓度每月测定 1 次。

③粉尘中游离二氧化硅含量每 6 个月测定 1 次，在变更工作面时也必须测定 1 次。

④开采深度大于 200 m 的露天矿，在气压较低的季节应当适当增加测定次数。露天矿粉尘监测采样点布置应当符合表 3-5 的要求。

表 3-5　　露天矿粉尘监测采样点布置要求

生产工艺	采样点布置
穿孔机作业、挖掘机作业	下风侧 3~5 m 处
司机操作穿孔机、司机操作挖掘机、汽车运输	操作室内

（2）防毒安全基本要求。检测有害气体时应当选择有代表性的作业地点，其中包括空气中有害物质浓度最高、作业人员接触时间最长的地点。采样应当在正常生产状态下进行。

一氧化氮、一氧化碳、二氧化硫每 3 个月至少检测 1 次，硫化氢每月至少检测 1 次。露天矿作业场所存在硫化氢、二氧化硫等有害气体时，应当加强通风，降低有害气体的浓度。在采用通风措施无法达到作业环境要求时，应当采用集中抽取净化、化学吸收等措施降低硫化氢、二氧化硫等有害气体的浓度。气体中毒的预防包括预防一氧化碳中毒和预防硫化氢中毒。

减少或消除露天矿炸药爆炸时炮烟危害的措施如下：

1）正确选择炸药的配料。

2）正确使用炸药。

3）采用零氧平衡的炸药，使爆后不产生有毒气体。加强炸药的保管和检验工作，禁用过期变质的炸药。

4）保证填塞质量和填塞长度，以免炸药发生不完全爆炸。

5）爆破后必须加强通风。露天矿爆破后需等 5 min 以上，炮烟浓度符合安全要求后，才允许人员进入工作面。

6）露天爆破的起爆站及观察站不允许设在下风方向，在爆区附近有井巷、涵洞和采空区时，爆破后炮烟有可能窜入其中并积聚不散，因此未经检查不准放人进入。

7）加强洒水和通风。

2. 防排水安全管理基本要求

（1）关于露天矿防治水的相关规定如下：

1）露天矿应当制定防治水中长期规划，对地下水、地表水和降水可能对排土场、工业广场、采场等区域造成的危害进行风险评估；应当在每年年初制订防排水计划和措施，雨季前必须对防排水设施进行全面检查，并制定当年的防排水措施。检修防排水设施、新建的重要防排水工程必须在雨季前完工。

2）露天矿各种设施要充分考虑当地历史最高洪水位的影响，对低于当地历史最高洪水位的设施，必须按规定采取修筑堤坝、沟渠和疏通水沟等防洪措施，矿坑内必须形成可靠的排水系统。

3）地表及边坡上的防排水设施应当避开有滑坡危险的地段。排水沟应当经常检查、清淤，不应渗漏、倒灌或者漫流。当采场内有滑坡区时，应当在滑坡区周围采取截水措施。当水沟经过有变形、裂缝的边坡地段时，应当采取防渗措施。

4）排土场应当保持平整，不得有积水，周围应当修筑可靠的截泥、防洪和排水设施。

5）用露天采场深部作为储水池排水时，必须采取安全措施。备用水泵的能力不得小于工作水泵能力的 50%。

6）地层含水影响采矿工程正常进行时，应当进行疏干，疏干工程应当超前于采矿工程。

7）受地下水影响较大和已进行疏干排水工程的边坡，应当施工水文观测孔，进行地下水位、水压及涌水量的观测，分析地下水对边坡稳定的影响程度及疏干的效果，并制定地下水治理措施。

8）排土场进行排弃时，底部应当排弃易透水的大块矿石，确保排土场正常渗流。对含有泉眼、冲沟等水文地质条件复杂的排土场，应当采用引水隧道、暗涵、盲沟等工程措施，确保排土场排水畅通。因地下水水位升高，可能造成排土场或者采场滑坡时，必须进行地下水疏干。

9）露天矿排土场或采场周围存在地表河流、水库或者地下水体，且水体难以疏干，应当进行专门的水文地质勘探，确定含水区域准确边界，进行专门设计，确定防隔水岩柱尺寸，并定期对水位、水情进行观测，分析防隔水岩柱稳定情况。

（2）关于露天矿防排水设施的相关规定如下：

1）露天矿修建的防排水设施综合起来有 7 种：排水泵站、地面拦水沟、采场内截流水沟、疏干巷道、疏干井、水平放水孔和排水渡槽。

2）修建防排水设施应避开的区域：断层区、沉陷区、发火区、本年度设计的采掘区、铁路运输车站和干线。

3）防排水设施建成后，应加强管理，严格检查，发现问题要及时维修和保护。

（3）关于露天矿疏干的相关规定如下：

1）露天矿含水层水的补给来源。露天矿采掘场内岩层含水是普遍现象，疏干工程易破坏矿体及围岩体的内部结构并引发压力重新分布，从而诱发矿山灾害。岩层中的水基本上来源于 3 个方面：一是采掘场上部岩层若为第四系松散层，含水一般比较丰富；二是采掘场周围若存在古河床或河流，且采掘场标高低于河床的标高，采掘场会接受渗透补给；三是大气降水是诱发采场滑坡的主要原因。

2）露天矿开采易受岩层含水影响的区域有非工作帮上部岩层和特殊地质构造区域。这些具有滑坡危险的区域，严重影响采矿工程的正常进行，必须进行疏干排水治理。疏干排水工程应超前于采矿工程，一般除正常排水建筑和设施外，当年计划的疏干排水工程年初就应开始建设，确保汛期到来之前可完全投入使用。

（4）关于露天采场地下水观测和疏干排水治理边坡的规定如下：

1）露天采场地下水观测。做好此项工作，应调查露天采场区域地下水的分布、补给水源和补、径、排条件等，观测地下水位、渗透压力和涌水量等，分析地下水变化对边坡稳定性的影响和控制。

2）露天采场疏干排水治理边坡。根据水文地质条件分析和露天采场边坡稳定性监测数据，应从疏排水措施入手，解决露天采场边坡稳定性的治理问题。疏排水工程主要包括建立排水泵站，建立疏干巷道，打疏干井，打水平放水孔，修建地面拦截水沟。

3. 防灭火安全管理基本要求

（1）露天矿必须制定地面和采场内的防灭火措施。所有建筑物、矿堆、排土场、仓库、油库、爆炸物品库、木料厂等处的防火措施和制度必须符合国家有关法律、法规和标准的规定。

（2）露天矿内的采掘、运输、排土等主要设备，必须配备灭火器材，并定期检查和更换。

（3）开采有自然发火倾向的矿层或者开采范围内存在火区时，必须制定防灭火措施。

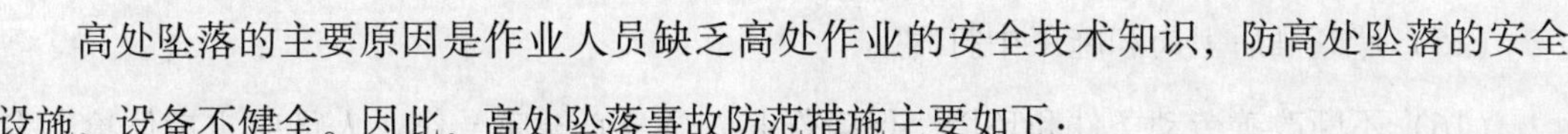

十、高处坠落事故防范措施

高处坠落的主要原因是作业人员缺乏高处作业的安全技术知识，防高处坠落的安全设施、设备不健全。因此，高处坠落事故防范措施主要如下：

（1）加强科学管理，明确岗位责任，熟悉作业方法，掌握技术知识，执行操作规程，正确使用劳动防护用品，加强日常检查。

（2）采取周密的防护措施。除在危险部位设置护栏、立网，满铺架板，盖好洞口外，还应在作业人员下方设平网并检查作业人员是否正确使用劳动防护用品。

（3）严格遵守高处作业安全规程，正确使用高处作业安全绳、安全帽、安全网等防护工器具。

（4）按要求使用合格的安全带、安全绳。

（5）按要求穿防滑性能良好的软底鞋。

（6）高处作业时安全防护设施齐全有效。

（7）工作责任心强，主观判断合理。

（8）严禁使用安全保护装置不完善或缺乏的设备、设施进行作业。

（9）作业人员精力集中，严禁疲劳作业。

（10）高处作业应有专人负责指挥，安全管理到位。处理坡面危石、浮石时，必须由专人防护，危险区内人员、设备必须全部撤离，设好防护区。坡面浮石、危石处理完毕后，方可允许作业人员进采区进行开采作业。

（11）作业场所的宽度必须符合有关规定要求。

（12）维修传送设备和搬运材料到高处时，要搭好防护架，系好安全带。

（13）因大雾、炮烟、尘雾和照明不良而影响能见度，或因暴风雨、有雷击危险不能坚持正常生产时，应立即停止作业；禁止在6级风以上的天气进行高处作业；高处作业时禁止抛掷物品；大雨后进入采场前，要派专人清理工作面及边坡松石、危石；如发现坡面有浮石、危石，要及时处理，未处理前，要在现场设立危险警示标志；作业人员不得站在危石、浮石上作业。

（14）在距坠落高度基准面超过2 m（含2 m）或坡度超过30°的坡面上作业时，要使用安全绳（带）或设置安全网、护栏等防护设施。使用安全绳（带）时严禁多人同时使用一条安全绳（带），并经常检查安全绳的完好情况。在采场边坡外20 m处设置醒目警示标志，防止人畜误入采区发生坠坡事故。

（15）严禁酒后上岗和施工中打闹。

（16）不断改善劳动条件和环境，保障作业人员身心健康。作业人员应定期体检，发现身体状况不宜进行高处作业时，应及时调离高处作业岗位。经常组织作业人员进行学习和培训，提高作业人员的技能和安全意识。

十一、坍塌事故防范措施

坍塌事故主要有土方坍塌、模板坍塌、脚手架坍塌、拆除工程坍塌、建筑物及构筑物坍塌事故。前四种类型一般发生在施工作业中，而后一种一般发生在使用过程中。

岩体坍塌事故应急处理技术及方法如下：

（1）发现边坡附近岩体裂纹、掉土及有塌方险情时，应停止作业。下方人员应立即撤离危险地段，查明原因后，再决定可否进行作业。

（2）因塌方造成人身事故后，应同时采取两个方面的措施：一方面立即扒岩土，抢救伤员并密切注意伤员情况，防止二次受伤；另一方面对伤员上部岩体应采取临时支撑措施，防止因二次塌方伤及救援者或加重事故后果。排险和抢救应由有经验的人统一指挥进行。

（3）对危害大的复杂塌方（如危及建筑物、构筑物基础及设备设施等），应由技安部门及相关部门共同商定处理措施。

第四章　地下开采安全

第一节　地下矿山基本概念、生产工艺及基本安全要求

一、地下矿山基本概念 

1. 基本概念

金属非金属地下矿山是指以平硐、斜井、斜坡道、竖井等作为出入口，深入地表以下，采出金属或非金属矿物的采矿场及其附属设施。

为开拓矿床而在一定空间内所布置的主要开拓巷道和辅助开拓巷道体系，称为矿床的开拓系统。形成开拓系统的井巷主要有平硐、竖井、斜井、斜坡道、各类盲井、石门、马头门、主要运输平巷、主溜井、主充填井、主回风巷、风井、井底车场及各种主要硐室等。一个独立、完整的开拓系统应能在井田范围内实现运输、提升、通风、排水，以及供电、供风、供水及行人等全部目的，并至少有两个独立的通地表的安全出口。

2. 开拓方法

地下矿床开拓方法分单一开拓法和联合开拓法。单一开拓法是指用一种主要开拓巷道开拓整个井田的方法。联合开拓法是指用两种或两种以上的主要开拓巷道开拓井田的方法。矿床上部用一种主要开拓巷道，下部用另一种主要开拓巷道的开拓方法也属于联合开拓法。

3. 采矿方法

根据回采时地压管理方法，地下采矿方法归纳为三大类：空场采矿法、崩落采矿法

和充填采矿法。空场采矿法是主要依靠围岩自身的稳固性和留下的矿柱来管理地压的采矿方法，一般适用于矿岩稳固的矿体开采。崩落采矿法是通过有计划地强制或自然崩落围岩，消除地压存在和产生的根源，主动管理地压的采矿方法。充填采矿法是在回采过程中，按照回采工艺的要求，用充填料回填采空区的采矿方法。

二、地下矿山生产系统

地下矿山生产系统主要包括运输系统、通风系统、排水系统、充填系统、供电系统、避险系统等。

1. 运输系统

地下矿山运输系统主要包括提升系统和地下运输系统，就是把井下所需的材料、设备运到各个工作地点，把矿石从采掘工作面运到地面。矿井提升是用一定的装备沿井筒运出矿石、废石以及升降人员、材料和设备等的运输环节，分竖井提升和斜井提升。地下运输系统分轨道运输、无轨运输和带式输送机运输。轨道运输一般指机车运输，它是地下矿山的主要运输方式。无轨运输一般指无轨自行设备运输，地下矿用汽车是专为地下矿山设计的自行车辆，是实现无轨开采技术的主要运输车辆。带式输送机运输是一种连续运输方式，主要用来运输矿岩。

2. 通风系统

地下矿山通风系统是利用通风机不断地把新鲜的空气按照一定的路线送到井下各用风地点，将井下各种有害气体稀释到允许的浓度，保障井下作业人员的身体健康和适宜的劳动条件。通风方式分压入式、抽出式和压抽混合式。一个矿井构成一个整体的通风系统，通常以主提升井兼作进风井，副井作为出风井，副井采用抽出式通风。根据采矿和掘进工作的需要，井下又划分成若干个相对独立的通风系统，各通风系统均有各自的进风、排风巷道和通风动力，巷道间虽有联系，但风流互不干扰，相互独立，称为分区通风。通风构筑物是指用于引导、遮断和调节风流的设施和装置，包括风桥、导风板、风障、调节风窗、密闭墙和风门等。

3. 排水系统

地下矿山排水系统是指在矿井建设及生产过程中，将井下涌出的水排至地面，以保证在安全的条件下顺利地进行矿井建设及生产的设备设施的总称。矿山排水方式分为自流式排水和扬升式排水。利用平硐自流排水是最经济、可靠的。平硐排水巷道纵向坡度为0.3%~0.5%，水的正常流速为0.4~0.6 m/s。不具备自流排水条件的，采用扬升式排水，依靠水泵将水排至地面。

4. 充填系统

地下矿山充填系统是以矿山固体废弃物为骨料，以水泥等材料为胶凝材料，通过浓缩、搅拌等工艺制备成一定浓度的充填料浆，然后采用自流或者泵送的方式输送至井下采场进行充填的工艺系统。目前，矿山常用的充填骨料为尾砂，也有采用破碎废石、戈壁集料及其他粗骨料的。尾砂充填系统主要由尾砂浓缩与存储系统、胶凝材料存储与供料系统、充填料浆搅拌系统、充填料浆输送系统及充填自动化控制系统等子系统构成。

5. 供电系统

地下矿山供电系统包括供电电源、井下主变电所、采区变电所、采掘工作面供电、井下照明。矿山电力负荷分为一级负荷、二级负荷、三级负荷。

（1）因中断供电将造成人身伤亡或重大设备损坏、重大产品报废、重要原料生产的产品大量报废、重点企业的连续生产过程被打乱且需要长时间才能恢复，给企业造成重大经济损失的，属于一级负荷。

（2）因中断供电将造成主要设备损坏、大量产品报废、连续生产过程被打乱且需较长时间才能恢复，使重点企业大量减产，给企业造成较大经济损失的，属于二级负荷。

（3）不属于一级负荷和二级负荷的生产设备和生活设施为三级负荷。

电力是矿井生产的主要能源。井下配电电压分为高压配电电压和低压配电电压。井下高压电力网的配电电压一般采用6 kV，有条件时宜采用10 kV。采用10 kV配电电压具有明显的经济意义。井下低压电力网的配电电压一般采用380 V、660 V，有条件时宜采用1 140 V。手持式电力设备的额定电压应不超过127 V。井下采用660 V和1 140 V电压配电的经济效果是很明显的。

6. 避险系统

地下矿山避险系统包括紧急避险系统、压风自救系统、供水施救系统、通信联络系统、人员定位系统、监测监控系统。

（1）紧急避险系统是在矿山井下发生灾变时，为避灾人员安全避险提供生命保障的，由避灾路线、紧急避险设施、设备和措施组成的有机整体。

（2）压风自救系统是在矿山发生灾变时，为井下提供新鲜风流的系统，包括空气压缩机、送气管路、三通及阀门、油水分离器、压风自救装置等。

（3）供水施救系统是在矿山发生灾变时，为井下提供生活饮用水的系统，包括水源、过滤装置、供水管路、三通及阀门等。

（4）通信联络系统是在生产、调度、管理、救援等各环节中，通过发送和接收通信信号，实现通信及联络的系统，包括有线通信联络系统和无线通信联络系统。

（5）人员定位系统是由主机、传输接口、分站（卡器）、识别卡、传输线缆等设备及管理软件组成的系统，具有对携卡人员出、入井时刻，重点区域出、入时刻，工作时间，井下和重点区域人员数量，井下人员活动路线等信息进行监测、显示、打印、储存、查询、报警、管理等功能。

（6）监测监控系统是由主机、传输接口、传输线缆、分站、传感器等设备及管理软件组成的系统，具有信息采集、传输、存储、处理、显示、打印和声光报警功能，用于监测金属非金属地下矿山有毒有害气体浓度，以及风速、风压、温度、烟雾、通风机开停状态、地压等。

三、地下矿山基本安全要求

1. 安全出口安全要求

（1）矿井的安全出口应符合下列规定：

1）每个矿井至少应有 2 个相互独立、间距不小于 30 m、直达地面的安全出口。矿体一翼走向长度超过 1 000 m 时，应在此翼增设安全出口。

2）每个生产水平或中段至少应有 2 个便于行人的安全出口，并应同通往地面的安全出口相通。

3）井巷的分道口应有路标，注明其所在地点及通往地面出口的方向。

4）安全出口应定期检查，保证其处于良好状态。

（2）所有井下作业人员均应熟悉安全出口。

（3）作为主要安全出口的罐笼提升井，应装备 2 套相互独立的提升系统，或装备 1

套提升系统并设置梯子间。罐笼提升井深度超过 1 200 m 时，应设置 2 套罐笼提升系统。

（4）作为安全出口的风井和其他竖井应设应急提升设施或者梯子间。深度超过 300 m 的井筒设置梯子间时，应每隔 200 m 左右设一个与梯子间相通的休息硐室。

（5）罐笼提升系统应采用双回路供电。

（6）井下存在跑矿危险的作业点，应设置从不同安全出口撤离的通道。

2. 矿山重要设备安全要求

（1）地下矿山用提升机、绞车、电梯、提升钢丝绳、平衡钢丝绳、提升容器及其连接装置、无轨人车、爆破器材运输车辆和容器以及其他涉及人身安全的设备应按照国家有关规定，由专业生产单位生产，并经具有专业资质的检测、检验机构检测、检验合格，取得安全标志，方可投入使用。

（2）地下矿山用提升机、绞车、电梯、提升钢丝绳、平衡钢丝绳、提升容器及其连接装置、无轨人车、爆破器材运输车辆和容器以及其他涉及人身安全的设备应按照国家有关规定，定期由具有专业资质的检测、检验机构进行检测、检验，并出具检测、检验报告。

3. 露天开采转地下开采安全要求

（1）露天开采转地下开采时，应考虑露天边坡稳定性以及可能产生的泥石流对地下开采的影响。露天坑底部应保留不小于 40 m 的安全顶柱或岩石垫层，并应进行安全论证。地下开采时的矿山排水能力应考虑露天坑汇水影响。

（2）露天开采转地下开采时，若采用露天坑作为尾矿库，应进行安全论证。对地下开采安全有影响时，禁止利用露天坑作为尾矿库。

4. 凿岩爆破法掘进安全要求

（1）采用凿岩爆破法掘进时，应遵守下列规定：

1）采取湿式凿岩、爆破喷雾、装岩洒水和净化风流等综合防尘措施。

2）在遇水膨胀、强度降低的岩层中掘进不能采用湿式凿岩时，可采用干式凿岩，但必须采取降尘措施，作业人员应佩戴防尘保护用品。

3）装药爆破前应设置安全警戒线。

4）爆破通风后经检查并处理浮石，确认安全后方可进入工作面作业。

（2）在有岩爆倾向的围岩中作业时应遵守下列规定：

1）制定围岩监测、预防岩爆的技术措施。

2）编制专门的施工安全技术措施。

3）对作业人员进行培训。

4）配置专职安全工程师现场监护。

5）配备防岩爆伤害的劳动防护用品。

（3）在高岩温地层中作业时应遵守下列规定：

1）实施降温及人员防护的措施。

2）当作业面温度达到 35 ℃而无机械制冷降温措施时，作业人员连续工作时间应不超过 2 h。

3）采取防止火工品自燃、早爆的预防措施。

（4）在大的含水层及高水压地层中作业时应遵守下列规定：

1）边掘边探：打钻孔超前探水，每次钻孔数量不少于 4 个，钻孔深度不小于 40 m。

2）编制防治水技术方案。

3）施工前应制定专门的施工安全技术措施。

（5）天井、溜井、漏斗口等存在人员坠落可能的地方，应设警示标志、照明设施、护栏或格筛、盖板。

（6）在竖井、天井、溜井和漏斗口上方作业，以及在相对于坠落基准面 2 m 以上的地点作业时，作业人员应系安全带，或者在作业点下方设防坠保护平台或安全网。作业时，不应抛掷物件，不应上下双层同时作业，并应设专人监护。有 6 级以上强风时，不应在高处作业，不应进行露天起重作业。

（7）操作距地面或平台面 2 m 以上的设备或阀门时，应有固定平台和梯子。平台及通道边缘应设置高度不小于 1.2 m 的安全护栏，并有足够的照明。平台、通道和梯子踏板应采取可靠的防滑措施。

（8）作业前应认真检查作业地点的安全情况，发现严重危及人身安全的征兆时，应迅速撤出危险区，同时设置警戒和照明标志，禁止人员和车辆通行，并报告矿有关部门及时处理，处理结果应记录存档。

第二节 井巷工程施工安全要求

一、井巷工程施工基本要求 

（1）井巷工程施工应按施工组织设计进行。

（2）井巷工程穿过软岩、流砂、淤泥、砂砾、破碎带、老窿、溶洞、断层或较大含水层等不良地层时，施工前应制定专门的施工安全技术措施。

二、竖井掘进安全要求 

（1）表土层掘进应遵守下列规定：

1）施工前应制定专门的施工安全技术措施。

2）井筒内应设梯子，不应用简易提升设施升降人员。

3）在含水表土层施工时，应采取降低水位、防止井壁砂土流失导致空帮的技术措施。

4）采用井圈或其他临时支护时，临时支护必须安全可靠、紧靠工作面，并及时进行永久支护。在进行永久支护前，每班应派专人观测地面沉降和临时支护后面的井帮变化情况；发现危险预兆时，立即停止工作，撤出人员，进行处理。

（2）竖井施工时应采取措施防止坠物，并应遵守下列规定：

1）井口应设置带井盖门的临时封口盘，井盖门两端应安装栅栏。封口盘和井盖门的结构应坚固严密。

2）卸渣设施应严密，不允许向井下漏渣、漏水。

3）井口周围应设围栏，人员进出地点应设栅栏门。

4）井筒内作业人员携带的工具、材料，应拴绑牢固或置于工具袋内。

5）不应向井筒内掷物。

（3）竖井施工采用的吊盘不应少于两层，并应遵守下列规定：

1）吊盘悬挂应平稳牢固，吊盘周边应均匀布置至少 4 个悬挂点。

2）吊盘绳兼做稳绳时，应定期涂油并及时维护，每周至少检查 1 次稳绳磨损情况。

3）滑架上的滑套应采用材质较软的耐磨材料制作。

4）升降吊盘之前应严格检查绞车、悬吊钢丝绳及信号装置，同时撤出吊盘下的所有作业人员。

5）移动吊盘应有专人指挥。移动完毕应予固定，并将吊盘与井壁之间的空隙盖严，经检查确认可靠后方准作业。

（4）进行下列作业的人员应佩戴安全带，且安全带一端应正确固定：

1）拆除保护岩柱或保护台。

2）在井筒内或井架上安装、维修或拆除设备。

3）在井筒内处理悬吊设备、管、缆，或在吊盘上进行作业。

4）乘坐吊桶。

5）爆破后到井圈上清理浮石。

6）井筒施工时的吊泵作业。

7）在暂告结束的中段井口进行支护、锁口作业。

（5）吊桶提升应遵守下列规定：

1）关闭井盖门之前不应装卸吊桶或往钩头上系扎工具或材料。

2）吊桶上方应设坚固的保护伞。

3）井盖门应有自动启闭装置。

4）井架上应有防止吊桶过卷的装置，悬挂吊桶的钢丝绳应有稳绳装置。

5）吊桶内的岩渣应低于桶口边缘 0.1 m 以上，装入桶内的长材料应牢固固定在吊桶梁上。

6）吊桶运行通道周围不应有未固定的悬吊物。

7）吊桶应沿导向钢丝绳升降。竖井开凿初期无导向钢丝绳，或处于吊盘下面无导向钢丝绳部分时，吊桶的无导向升降距离应不超过 40 m。

8）吊桶上的关键部件应每班检查一次。

9）装有物料的吊桶不应乘人，不应用自动翻转式或底卸式吊桶升降人员，抢救伤员时例外。

10）乘坐吊桶人数不应超过规定人数。

11）乘桶人员应面向桶外，不应坐在或站在吊桶边缘。吊桶提升人员到井口时，应待出车平台的井盖门关闭、吊桶停稳后，人员方可进出吊桶。

12）井口、吊盘和井底工作面，均应设置良好的信号装置。

（6）抓岩机出渣应遵守下列规定：

1）作业前详细检查抓岩机各部件和悬吊钢丝绳。

2）爆破后，工作面应经过通风、洒水、处理浮石、清扫井圈和处理盲炮，才能进行抓岩作业。

3）不应抓取超过抓岩机能力的大块岩石。

4）抓岩机卸岩时，严禁人员站在吊桶附近。

5）不应用手从抓岩机抓片下取岩块。

6）升降抓岩机应有专人指挥。

7）临时停用时，应用绞车将抓岩机提升到安全高度。

（7）竖井施工时应设悬挂式金属安全梯。安全梯的电动绞车提升能力应不小于 5 t，并应设有手动绞车，以备断电时提升井下人员。采用具备电动和手动两种功能的安全绞车悬吊安全梯时，不另设手动绞车。

（8）井筒内各作业地点均应设通达井口的独立的声、光信号系统和通信装置。掘进与砌壁平行作业时，从吊盘和掘进工作面发出的信号应有明显区别，并指定专人负责信号工作。应由井口信号工负责与卷扬机房和井筒工作面联系。

（9）井筒延深时，应设坚固的保护盘或在井底水窝下留保安岩柱，将井筒的延深部分与上部作业部分隔开。破除岩柱或拆除保护盘时应进行专门的施工设计，并经矿长批准方可施工。

（10）井底工作面、吊盘、井口和卸渣台等，均应设视频监视系统，数据储存时间不少于 24 h。

（11）冻结法凿井应遵守下列规定：

1）冻结深度应延深至稳定基岩以下不小于 10 m。

2）钻进冻结孔时应测定钻孔的方向和偏斜度，并绘制冻结孔实际偏斜平面位置图，测斜的间隔不超过 30 m。偏斜度超过规定时，应及时纠正。钻孔偏斜影响冻结效果时，应补孔。

3）地质检查钻孔不应打在冻结的井筒内。水文观测钻孔偏斜不得超出井筒，深度不应超过冻结段下部隔水层。

4）冻结管下放到钻孔后应进行试漏，发现异常应及时处理。

5）确认冻结壁已交圈后方可进行试挖。冻结和凿井过程中，应经常检查盐水温度和流量、井帮温度和位移，以及井帮和工作面渗漏盐水等情况。检查应有详细记录，发现异常应及时处理。

6）爆破作业时应制定安全技术措施，掘进过程中应有防止冻结壁变形、片帮、掉石、断管等安全措施。

7）生根壁座应设在含水较少的稳定、坚硬的基岩中。

8）在永久井壁施工全部完成前不应停止冻结。

9）预留梁窝应有防止漏水的措施。

10）冻结结束后应及时将全孔或冻结管用水泥砂浆或混凝土充满填实。

11）冻结站应用不燃性材料建筑，并应有通风装置，氨的浓度应不超过 0.004%。站内严禁烟火，并须备有急救和消防器材。

12）氨瓶和氨罐必须经过试验，合格后方准使用；在运输、使用和存放期间，应有安全措施。

（12）地面或工作面预注浆法凿井应遵守下列规定：

1）应编制注浆工程设计。

2）注浆段长度必须大于注浆的含水岩层的厚度，并深入不透水岩层 5～10 m；设计井底位置在注浆的含水岩层内时，注浆深度应比井筒深 10 m 以上。

3）地面预注浆的钻孔偏斜率不得超过 0.5%，每钻进 40 m 应测斜 1 次。

4）注浆站设在地面时，井上、下应有可靠的通信联系。

5）孔口管应按设计孔位埋设牢固，并装设高压阀门。注浆前，应对止浆垫和孔口管进行耐压试验，试验压力应大于注浆压力 1 MPa。

6）注浆前应进行注浆泵和输送管路系统的耐压试验，试验压力应达到最大注浆压力的 1.5 倍，试验时间不小于 15 min。

7）注浆压力突然上升时，应停泵卸压，查明原因并进行处理。

8）每次注浆后，应至少停歇 30 min，方可提拔止浆塞。

9）工作面预注浆应设置止浆岩帽或混凝土止浆垫。混凝土止浆垫由井壁支撑时，应确认井壁安全性。

10）注浆结束后，应检查注浆效果，合格后方可开凿井筒。

11）制浆和注浆的作业人员，应佩戴防护眼镜和口罩，水泥搅拌房内应采取防尘措施。

（13）钻井法凿井应遵守下列规定：

1）钻井的底部应深入不透水的稳定基岩 5 m 以上。

2）井口应有可靠的防坠措施。

3）井筒内的护壁泥浆面应高于地下静止水位。

4）钻井时应测定井筒的偏斜度，偏斜超过规定时应及时纠正。钻井完毕后，应绘制井筒的纵、横剖面图，井筒中心线和截面应符合设计要求。

5）应逐节检查鉴定预制井壁的质量，井壁连接部位应有可靠的防腐蚀和防水措施。

6）井壁下沉完成后，应检查井壁偏斜度，符合要求后方可进行壁后充填。壁后充填应密实，充填材料应满足强度和凝固时间的要求，并能够置换出泥浆。

7）开凿沉井井壁的底部或马头门之前，应检查破壁处及其上方 15~30 m 的壁后充填质量，不合格时应采取可靠的补救措施。

8）爆破作业时应有安全措施。

三、竖井安全要求

（1）提升容器之间以及提升容器与井壁、罐道梁、井梁之间的最小间隙应符合表 4-1 的规定。

表 4-1　提升容器之间以及提升容器与井壁、罐道梁、井梁之间的最小间隙　单位：mm

罐道和井梁布置		容器和容器之间	容器和井壁之间	容器和罐道梁之间	容器和井梁之间	备注
罐道布置在容器一侧		200	150	40	150	罐道和导向槽之间为 20 mm
罐道布置在容器两侧	木罐道	—	200	50	200	有卸载轮的容器，卸载轮和罐道梁间隙增加 25 mm
	钢罐道	—	150	40	150	

续表

罐道和井梁布置		容器和容器之间	容器和井壁之间	容器和罐道梁之间	容器和井梁之间	备注
罐道布置在罐笼两端	木罐道	200	200	50	200	
	钢罐道	200	150	40	150	
钢丝绳罐道（静态间隙）	H<800 m	450	350	—	350	设防撞绳时，容器之间最小间隙为 200 mm；罐道间隙计算值向上一级圆整，级差 10 mm
	800 m≤H<1 400 m	450+（H-800）/3	350+（H-800）/6	—	350+（H-800）/6	
	H≥1 400 m	550+（H-800）/5	450+（H-800）/10	—	450+（H-800）/10	

注：H 为井筒深度，单位为米（m）。

（2）凿井时，两个提升容器的钢丝绳罐道之间的间隙应不小于 250 mm+H/3，且应不小于 300 mm。

（3）竖井梯子间应符合下列规定：

1）梯子倾角不大于 80°。

2）相邻的两个梯子平台的垂直距离不大于 8 m，平台应防滑。

3）平台梯子孔的尺寸不小于 0.7 m×0.6 m。

4）梯子上端应高出平台 1 m，下端距井壁不小于 0.6 m。

5）梯子宽度不小于 0.4 m，梯蹬间距不大于 0.3 m。

6）梯子间周围应设防护栏栅。

7）梯子间应采用不燃性材料。

（4）罐笼提升竖井与各水平的连接处应设置下列设施：

1）足够的照明及视频监视系统。

2）通往罐笼间的进出口设常闭安全门，安全门只应在人员或车辆通过时打开。

3）井口周围应设置高度不小于 1.5 m 的防护栏杆或金属网。

4）候罐平台等应设梯子和高度不小于 1.2 m 的防护栏杆。

5）铺设轨道时设置阻车器。

6）井筒两侧的马头门应有人行绕道连通。

（5）电梯井应符合下列规定：

1）电梯井内应设梯子间。

2）与电梯井连接的中段马头门铺设轨道时应设阻车器。

3）电梯机房硐室应无渗水，井底不应积水。

（6）其他竖井应设置下列设施：

1）梯子间出口与各水平之间应设人行通道；通道应设防护栏杆，栏杆高度不小于1.5 m；通道入口处应设栅栏门。

2）禁止人员通行或接近的井口应设置栏栅和明显的警示标志。

四、斜井、斜坡道、平巷掘进安全要求

（1）地表部分开口应严格按照设计施工，并及时支护和砌筑挡墙。

（2）出渣之前应检查和处理工作面顶、帮的浮石，在斜井中移动耙斗装岩机时下方不应有人。

（3）采用有轨设备施工斜井时应遵守下列规定：

1）井口应设阻车器，并与提升系统联锁或者由专人控制。

2）井口及掘进工作面上方均应设保险杠，并由专人控制，工作面上方的保险杠应随工作面的推进而移动。

3）斜井内人行道一侧应设躲避硐室，其间隔不大于50 m。

4）井下设电话和声光兼备的信号装置。

（4）采用无轨设备施工时，应保证井下无轨移动设备刹车系统、灯光系统、警报系统齐全有效。

五、水平和倾斜井巷安全要求

（1）行人的有轨运输巷道应设有效高度不小于1.9 m的人行道，人行道有效宽度不小于0.8 m；机车、车辆高度超过1.7 m时，人行道宽度不小于1.0 m。

（2）调车场、人员乘车场、井底车场矿车摘挂钩处两侧应各设一条人行道，有效净高不小于1.9 m，人行道宽度不小于1.0 m。

（3）行人的无轨运输巷道应设有效高度不小于1.9 m，有效宽度不小于1.2 m的人行道。

（4）行人的提升斜井应设人行道。提升容器运行通道与人行道之间未设坚固的隔离

设施的，提升时不应有人员通行。

（5）提升斜井的人行道应符合下列要求：

1）有效宽度不小于 1.0 m。

2）有效高度不小于 1.9 m。

3）斜井倾角为 10°～15°时，设人行踏步；15°～35°时，设踏步及扶手；大于 35°时，设梯子和扶手。

（6）斜井内的带式输送机的一侧应设检修道，检修道有效宽度不小于 1.0 m；带式输送机另一侧到斜井侧壁的有效宽度不小于 0.6 m。当检修道和人行道合并时，应设躲避硐室，其间距应不大于 50 m。利用检修道作辅助提升时，提升容器任一侧的净宽度不小于 0.3 m。采用无轨设备运输检修材料和人员时，无轨设备任一侧的净宽度不小于 0.6 m。

（7）斜坡道应按下列要求设置人行道或躲避硐室：

1）人行道的有效高度不小于 1.9 m，有效宽度不小于 1.2 m。

2）躲避硐室的高度不小于 1.9 m，深度和宽度均不小于 1.0 m。

3）躲避硐室间距：曲线段不超过 15 m，直线段不超过 50 m。

4）躲避硐室应有明显的标志，并保持干净、无障碍物。

（8）在水平巷道、斜井和斜坡道中，运输设备之间、运输设备与巷道壁或者巷道内设施之间的间隙，应符合下列规定：

1）有轨运输不小于 0.3 m。

2）无轨运输不小于 0.6 m。

六、天井、溜井掘进安全要求 

（1）采用普通法掘进天井、溜井应遵守下列规定：

1）架设的工作台应牢固可靠。

2）及时设置安全可靠的支护棚，工作面至支护棚的距离不大于 6 m。

3）掘进高度超过 7 m 时应有装备完好的梯子间和溜渣间等设施，梯子间和溜渣间用隔板隔开。上部有护棚的梯子可视作梯子间。

4）天井掘进到距上部巷道约 7 m 时，测量人员应给出贯通位置，并在上部巷道设置警示标志和警戒围栏。

5）溜渣间应保留不少于一次爆破的矿岩量，不应放空。

（2）吊罐法掘进天井应遵守下列规定：

1）上罐前应检查吊罐各部件的连接装置、保护盖板、钢丝绳、风水管接头，以及声光信号系统和通信设施等是否完善、牢固，如有损坏或故障，经处理可正常使用后方准作业。

2）吊罐提升钢丝绳的安全系数不小于13，任何一个捻距内的断丝数不超过钢丝总数的5%，磨损不超过原直径的10%。

3）吊罐应装设可由罐内人员控制的信号装置。

4）电缆不应和吊罐钢丝绳设在一个吊罐孔内。

5）升降吊罐时应认真处理卡帮和浮石。

6）作业人员应系好安全带，并站在保护盖板下，头部不应接触罐盖和罐壁。升降完毕应立即切断吊罐绞车电源，绑紧制动装置。

7）不应从吊罐上往下投掷工具或材料。

8）天井中心孔偏斜率应不大于0.5%。

9）吊罐绞车应锁在短轨上，并与巷道钢轨断开。

10）检修吊罐应在安全地点进行。

11）天井与上部巷道贯通时，应加强上部巷道的通风和警戒。

（3）用爬罐法掘进天井应遵守下列规定：

1）爬罐运行时人员应站在罐内，遇卡帮或浮石应停罐处理。

2）爬罐行至导轨顶端时应使保护伞接近工作面，工作台接近导轨顶端。

3）不应利用自重下降。

4）运送导轨应用装配销固定。

5）安装导轨时应站在保护伞下先将浮石处理干净，再将导轨固定牢靠。

6）及时擦净制动闸上的油污。

7）吊罐法掘进天井应遵守的规定同样适用于爬罐法掘进天井。

（4）用天井钻机掘进天井应遵守下列规定：

1）扩孔期间，严禁人员进入孔的下方。扩孔完毕，必须在天井周围设置栅栏和警示标志，防止人员进入。

2）采用凿岩爆破扩井应遵守采用普通法掘进天井、溜井时的规定。

七、井巷支护安全要求

（1）不应用木材或者其他可燃材料作为永久支护。

（2）在不稳固的岩层中掘进井巷时应进行支护。在松软或流砂岩层中掘进时，应在永久性支护与掘进工作面之间进行临时支护或特殊支护。

（3）需要支护的井巷应在施工设计中规定支护方法和支护与工作面间的距离，中途停止掘进时应及时支护至工作面。

（4）架设支架时应遵守下列规定：

1）支架架设后应将梁、柱与顶、帮之间楔紧，顶和帮的空隙应塞紧。

2）支架之间应有拉杆，斜巷支架应增设下撑。

3）倾角大于30°的斜井，永久性棚架之间应架设撑柱。

4）柱窝应打在稳定的岩石上。

5）爆破前应加固靠近工作面的支架。

6）发现棚腿歪斜、顶梁弯曲等应及时更换、修复。

（5）井巷砌碹支模时应遵守下列规定：

1）砌碹前拆除原有支架时，应及时清理顶、帮浮石，并采取临时护顶措施。

2）砌碹后应将顶、帮空隙填实。

3）碹胎的强度应能承受所支撑重量的3倍以上。

4）碹胎的下弦不应支撑工作台。

（6）竖井砌碹时应遵守下列规定：

1）竖井的永久性支护与掘进工作面之间，应设必要的临时支护。

2）施工组织设计应对永久性支护及临时支护与掘进工作面的距离作出规定。

3）砌块支护时应保持碹壁平整、接口严密；岩帮与碹壁之间的空隙应用碎石填满，并用砂浆灌实。

4）砌碹支护井筒岩壁有涌水时，应用导管引出，砌碹完毕应进行封水。

（7）喷锚支护工作应遵守下列规定：

1）应对锚杆做拉力试验，对喷体做厚度和强度检查。

2）进行锚固力试验应有安全措施。

3）处理喷射管路堵塞时应将喷枪口朝下且不应朝向人员。

4）在松软破碎的岩层中进行喷锚作业时应打超前锚杆，进行预先护顶。

5）动压巷道支护应采用喷锚与金属网联合支护方式。

6）在有淋水的井巷中喷锚应预先做好防水工作。

7）软岩采用锚杆支护，锚杆应全长锚固。

八、井巷维护和报废安全要求 

（1）应对有支护的井巷进行定期检查。作为安全出口或升降人员的井筒，每月至少检查一次；地压较大的井巷和人员活动频繁的采矿巷道，应每班进行检查。发现问题应及时处理，并做好记录。

（2）维修主要提升井筒、运输大巷和大型硐室，应有经矿长批准的安全技术措施。

（3）斜井和平巷维修或扩大断面时，应遵守下列规定：

1）应先加固工作地点附近的支护体，然后拆除工作地点的支护，并做好临时支护。

2）拆除密集支架时，一次应不超过两架。

3）撤换松软地点的支架，或维修巷道交叉处、严重冒顶片帮区，应在支架之间加拉杆支撑或架设临时支架。

4）清理浮石时应在安全地点作业。

5）在斜井内作业时，应停止车辆运行，并设警戒和明显标志。

6）在独头巷道内作业时里边不应有人。

（4）维修竖井应遵守下列规定：

1）应编制施工组织设计。

2）作业前应将各中段马头门及井框上的浮石清理干净。

3）各中段的马头门应设专人看管。

4）应在坚固的平台上作业，平台上应有保护设施和联络信号，工作平台与中段平巷之间应有可靠的通信联络。

5）作业人员应系好安全带。

（5）废弃井巷和硐室的入口应及时封闭。封闭之前入口处应设禁止人员进入的明显警示标志。报废的竖井、斜井和平巷地面入口周围应设高度不低于1.5 m的栅栏，并标明原来井巷的名称。

（6）修复废旧井巷前应查明井巷本身的稳定情况及周围构筑物、井巷、采空区等的分布情况和废旧井巷内的空气成分，确认安全方可施工。

（7）修复被水淹没的井巷时，对露出的部分应及时检查、支护，并采取措施防止有害气体突出和突然涌水。

第三节 回采作业安全要求

一、回采作业基本要求

（1）地下采矿应按设计要求进行。

（2）每个采区或者盘区、矿块均应有两个便于行人的安全出口，并与通往地面的安全出口相通。

（3）采矿设计应提出矿柱回采和采空区处理方案，并制定专门的安全措施。

（4）应严格保持矿柱（含顶柱、底柱和间柱等）的尺寸、形状和直立度；应有专人检查和管理，确保矿柱的稳定性。

（5）胶结充填体中的二次掘进应待充填体达到规定的养护期和强度后方准进行，不满足安全要求的还应做可靠的支护。

（6）作业场所的钻孔、井巷、溶洞、陷坑、泥浆池和水仓等，均应加盖或设栅栏围挡，并设置明显的警示标志。设备的转动部件外围应设防护罩或围栏。

（7）溜井不应放空。大块矿石、废旧钢材、木材和钢丝绳等不应放入井内。溜井口不准有水流入。人员不应直接站在溜井、漏斗内堆存的矿石上或进入溜井与漏斗内处理堵塞。采用特殊方法处理堵塞应经矿长批准。

（8）采场放矿作业出现悬拱或立槽时人员不应进入悬拱、立槽下方危险区进行处理。

(9) 人员需要进入的采场应有良好的照明。

(10) 应建立采场顶板分级管理制度。对顶板不稳固的采场，应有监控手段和处理措施。人员需要进入的采场作业面的顶板和侧面必须确保稳定，矿岩不稳固时应采取支护措施。因爆破或其他原因而受破坏的支护应及时修复，确认安全后方准作业。回采作业前应处理顶板和两帮的浮石，确认安全后方可进行回采作业。处理浮石时，同一作业面不应进行其他作业。作业中发现冒顶征兆应停止作业进行处理。发现大面积冒顶危险征兆，应立即通知作业人员撤离现场，并及时上报。

(11) 当井下有危及作业人员安全或健康的危险时，若当班作业结束前来不及消除，当班负责人应做好书面记录，内容包括危险状况和所采取的处理措施。下一班负责人在本班作业人员开始危险区内的作业前，应确认上一班的记载内容，并提醒可能受其影响的作业人员上述危险状况、已采取的处理措施、为消除危险状态应做的工作。

(12) 工程地质复杂、有严重地压活动的矿山，应遵守下列规定：

1) 设立专门机构或专职人员负责地压管理工作，做好现场监测和预测、预报工作。

2) 发现大面积地压活动预兆应立即停止作业，将人员撤至安全地点。

3) 通往塌陷区的井巷应封闭。

4) 地表塌陷区应设明显警示标志和必要的围挡设施，人员不应进入塌陷区和采空区。

(13) 采用空场法采矿的矿山，应采取充填、隔离或强制崩落围岩的措施，及时处理采空区。

(14) 矿井停电时，应停止井下生产作业，并组织人员撤出。

(15) 井下爆破应遵守《爆破安全规程》(GB 6722—2014) 的规定。

二、不同采矿方法的安全要求 

(1) 采用全面采矿法、房柱采矿法采矿应遵守下列规定：

1) 采场的结构参数和矿柱（包括点柱、条柱）参数应经岩石力学研究后确定。

2) 未经原设计单位变更设计或专业研究机构的研究并采取安全措施，不得减小矿柱（包括点柱、条柱）尺寸或扩大矿房的尺寸，不得采用人工支柱替代原有矿柱以回采矿柱。

3）回采过程中应认真检查顶板，处理浮石，并根据岩石稳定性对采场顶板进行必要的支护。

（2）采用浅孔留矿法采矿应遵守下列规定：

1）开采第一分层前应将下部漏斗和喇叭口扩完。

2）各漏斗应均匀放矿，发现悬空应停止其上部作业；经妥善处理悬空后，方准继续作业。

3）放矿人员和采场内的人员应密切联系，在放矿影响范围内不应上下同时作业。

4）每一回采分层的放矿量应控制在保证凿岩工作面安全操作所需高度。

（3）采用分段空场法和阶段空场法采矿应遵守下列规定：

1）不应在采场顶柱内开掘除作为回采、运输、充填和通风巷道外的其他巷道。

2）上下中段的矿房和矿柱应相对应。

3）人员不应进入采空区。

（4）空场法回采矿柱应遵守下列规定：

1）回采顶柱和间柱前应先检查运输巷道的稳定情况，运输巷道不稳定时采取加固措施。

2）回采前和回采过程中应设岩体应力和应变监测设施，实时监测矿岩稳定情况。

3）所有顶柱和间柱的回采准备工作，应在矿房回采结束前完成。

4）与矿柱回采无关的人员，未经矿长批准不应进入未充填的矿房顶柱内的巷道和矿柱回采区。

5）大量崩落矿柱时，应采取措施保障爆破冲击波和地震波影响范围内的巷道、设备及设施的安全。未达到预期崩落效果的，应进行补充崩落设计后再次爆破。

（5）采用壁式崩落法回采应遵守下列规定：

1）应遵守设计规定的悬顶、控顶、放顶距离和放顶的安全措施。

2）放顶前应进行全面检查，以确保出口畅通、照明良好和设备安全。

3）放顶时人员不应在放顶区附近的巷道中停留。

4）在密集支柱中，每隔 3~5 m 应有一个宽度不小于 0.8 m 的安全出口，密集支柱受压过大时，应及时采取加固措施。

5）若放顶未达到预期效果，应重新设计，方可进行二次放顶。

6）放顶后应及时封闭落顶区，禁止人员进入。

7）多层矿体分层回采时，应待上层顶板岩石崩落并稳定后再回采下部矿层。

8）相邻两个中段同时回采时，上中段回采工作面应比下中段回采工作面超前一个工作面斜长的距离，且应不小于 20 m。

9）除倾角小于 10°的矿体外，机械撤柱及人工撤柱，应自下而上、由远而近进行。

（6）采用分层崩落法回采应遵守下列规定：

1）每个分层进路宽度不超过 3 m，分层高度不超过 3.5 m，进路长度不超过 50 m。

2）上下分层同时回采时，上分层在水平方向上应超前相邻下分层 15 m 以上。

3）崩落假顶时人员不应在相邻的进路内停留。

4）假顶降落受阻时不应继续开采分层。顶板降落产生空洞时不应在相邻进路或下部分层巷道内作业。

5）崩落顶板时不应用砍伐法撤出支柱。

6）顶板不能及时自然崩落的缓倾斜矿体应进行强制放顶。

7）凿岩、装药、出矿等作业应在支护区域内进行。

8）采区采完后应在天井口铺设加强假顶。

9）采矿应从矿块一侧向天井方向进行，以免形成通风不良的独头工作面。采掘接近天井时，分层沿脉或穿脉应在分层内与另一天井相通。

10）清理工作面应从出口开始向崩落区进行。

（7）采用有底柱分段崩落法和阶段崩落法回采应遵守下列规定：

1）采场电耙道应有贯穿风流，电耙的耙运方向应与风流方向相反。

2）电耙道间的联络道应设在入风侧，并在电耙绞车的侧翼或后方。

3）电耙道放矿溜井口旁应有宽度不小于 0.8 m 的人行道。

4）不得用未修复的电耙道出矿。

5）采用挤压爆破时应控制补偿空间和放矿量，以免造成悬拱。

6）拉底空间应形成厚度不小于 3~4 m 的松散垫层。

7）采场顶部应有厚度不小于崩落层高度的覆盖岩层。若采场顶板不能自行冒落，应及时强制崩落，或用充填料充填。

（8）采用无底柱分段崩落法回采应遵守下列规定：

1）回采工作面的上方应有大于分段高度的覆盖岩层，以保障回采工作的安全；上盘不能自行冒落或冒落的岩石量达不到规定厚度时应及时进行强制放顶。

2）上下两个分段同时回采时，上分段应超前于下分段，超前距离应使上分段位于下分段回采工作面的错动范围之外，且不小于 20 m。

3）分段联络道应有足够的新鲜风流。

4）各分段回采完毕应及时封闭本分段的溜井口。

（9）采用自然崩落法回采应遵守下列规定：

1）应编制放矿计划，严格控制放矿，崩落面与松散物料面之间的高差不大于 5 m，防止产生空气冲击波造成人员伤害和设施破坏。

2）应采用可靠的监测手段对崩落顶板的变化情况进行监测。

3）雨季出矿应采取相应的安全措施，严格控制单个放矿点的出矿量，防止泥石流伤人。

4）不应采用裸露药包处理放矿点堵塞、结拱或者破碎大块；如特殊情况需要，应由矿长批准。

（10）采用充填法回采应遵守下列规定：

1）井下充填不应产生或者释放有毒有害气体。

2）采场中的顺路行人井、溜矿井、水砂充填用泄水井和通风井，应保持畅通。

3）用组合式钢筒作行人、滤水、放矿的顺路天井时，钢筒组装作业前应在井口悬挂安全网。

4）上向充填法每一分层回采完后应及时充填，最后一个分层回采完后应接顶密实。

5）下向充填法回采，进路两帮底角的矿石应清理干净，每采完一条进路应及时充填，并应接顶密实。

6）采场或进路充填前应架设坚固的充填挡墙，并装设泄水井或泄水管道。膏体充填可不设泄水设施。

7）人员不应在非管道输送充填料的充填井下方停留或通行。

8）各充填工序间应有通信联络。

9）人员和设备进入充填体面层之前，应确认充填体具有足够的支撑强度。

10）采场下部巷道及水沟堆积的充填料应及时清理。

11）采用人工间柱上向分层充填法采矿时，人工间柱两侧采场应错开一定距离。

12）采用空场嗣后充填采矿法回采时，相临采场或矿房的充填体达到设计强度后才能开始第二步骤采场或矿柱的回采。

三、岩爆预防安全要求 

（1）有下列情况之一的，应当进行岩爆倾向性研究：

1）有强烈震动、瞬间底鼓或帮鼓、矿岩弹射等现象的。

2）相邻矿井开采同一深度发生过岩爆的。

3）埋深超过 1 000 m 的。

（2）开采岩爆倾向性大的矿段时应该进行岩爆危险性评价。

（3）具有岩爆危害的矿井，防治岩爆工作应遵守下列规定：

1）矿山应有专门的机构与人员负责岩爆防治工作。

2）矿山应制定防治岩爆灾害的专门技术措施。

3）应对作业人员进行相关的培训。

4）应选择有利于减少应力集中的采矿方法和工艺、开采顺序，主要设施应布置在岩爆危害相对较弱的区域。

5）巷道或采场支护应采用锚网或喷锚网等柔性支护为主的支护型式。

6）岩爆危害严重的矿山应建立微震监测设施和危险区域日常监测和预警制度。

7）判定有岩爆危险时，应立即停止作业，撤出人员，并上报，采取安全措施并确认危险解除后方可恢复正常作业。

四、采矿设备安全要求 

（1）采用电耙绞车出矿应遵守下列规定：

1）应有良好的照明。

2）绞车前部应设防断绳回甩的防护设施。

3）绞车开动前司机应发出信号。

4）电耙运行时人员不应跨越钢丝绳，耙道内及尾部不应有人。

5）电耙停止运行时应将钢丝绳放松。

（2）无轨设备应符合下列规定：

1）采用电动机或者柴油发动机驱动。

2）柴油发动机尾气中：一氧化碳的体积浓度小于或等于 1.5×10^{-3}，一氧化氮的体积浓度小于或等于 9×10^{-4}。

3）每台设备均应配备灭火装置。

4）刹车系统、灯光系统、警报系统应齐全有效。

5）作业人员上方应有防护板或者防护网。

6）用于运输人员、油料的无轨设备应采用湿式制动器。

7）井下专用运人车应有行车制动系统、驻车制动系统和应急制动系统。

8）行车制动系统和应急制动系统至少有一个为失效安全型。

（3）采用无轨设备运输应遵守下列规定：

1）应采用地下矿山专用无轨设备。

2）行驶速度不超过 25 km/h。

3）通过斜坡道运输人员时，应采用井下专用运人车，每辆车乘员数量不超过 25 人。

4）油料运输车辆在井下的行驶速度不超过 15 km/h，与其他同向运行车辆距离不小于 100 m。

5）自动化作业采区应设置门禁系统。

6）按照设备要求定期进行检查和维护保养。

（4）无轨运输系统应符合下列要求：

1）设备顶部至巷道顶板的距离不小于 0.6 m。

2）斜坡道每 400 m 应设置一段坡度不大于 3%、长度不小于 20 m 的缓坡段。

3）错车道应设置在缓坡段。

4）斜坡道坡度：承载 5 人以上的运人车辆通行的，不大于 16%；承载 5 人以下的运人车辆通行的，不大于 20%。

5）斜坡道路面应平整，主要斜坡道应有良好的混凝土、沥青或级配均匀的碎石路面。

6）溜井卸矿口应设置格筛、防坠梁、车挡等防坠设施。车挡的高度不小于运输设备车轮轮胎直径的 1/3。

(5) 无轨设备运行应遵守下列规定：

1) 不超载。

2) 不熄火下滑。

3) 避让行人。

4) 不站在铲斗内作业。

5) 不在设备的工作臂、升举的铲斗下方停留。

6) 不从设备的工作臂、升举的铲斗下方通过。

7) 车辆间距不小于 50 m。

8) 在斜坡道上停车时采取可靠的挡车措施。

9) 司机离开前停车制动并熄灭柴油发动机，切断电动设备电源。

10) 维修前柴油设备熄火，切断电动设备电源。

第四节　提升运输作业存在的主要职业病危害因素及其安全要求

一、提升运输作业存在的主要职业病危害因素 

竖井提升运行过程中存在的主要隐患为高处坠落（坠罐）。提升系统存在缺陷、设备带“病”运转、钢丝绳断裂、未设置安全保护装置、提升速度过快等均会引起坠罐事故。斜井提升过程中存在的主要隐患为斜井跑车事故，不仅会造成设备损毁，而且可能导致人员伤亡、生产停顿。轨道运输过程中存在的主要隐患为车辆伤害和触电，无轨运输环节存在的主要危害为车辆伤害。

二、提升运输安全要求 

1. 有轨运输安全要求

(1) 专用人车应有坚固的金属顶棚和确保人员安全的车辆结构，车辆的顶棚、车厢和车架应有良好的连接，通过钢轨实现电气接地。

专用人车运送人员应遵守下列规定：

1）人员上、下车地点应有良好的照明和声光信号装置。

2）人员上、下车时，其他车辆不应进入乘车区域。

3）不应超员。

4）列车行驶前应挂好安全门链。

5）列车行驶速度不超过 3 m/s。

6）架线式电机车的滑触线应设分段开关，人员上、下车时应切断电源。

7）不应用人车运送具有爆炸性、易燃性、腐蚀性等危险特性的物品。

8）除了处理事故外，不应附挂材料车。

（2）乘车人员应遵守下列规定：

1）服从司机指挥。

2）在人车车厢内乘坐。

3）携带的工具和零件不应露出车外。

4）不应扒车、跳车。

5）列车停稳前，不应上、下车或将头部和身体探出车外。

（3）车辆的连接装置不得自行脱钩，车辆两端的碰头或缓冲器的伸出长度不小于 100 mm。

（4）人力推车应遵守下列规定：

1）人力推车区段轨道坡度不大于 1%。

2）人力推车区段应有良好的照明。

3）推车人员应携带和使用矿灯。

4）每人只允许同时推一辆车。

5）同向行驶的车辆间距：轨道坡度不大于 0.5%的，不小于 10 m；坡度大于 0.5%的，不小于 30 m。

6）推车人员不应骑跨车辆滑行或放任车辆自由滑行。

7）推车人员视线受阻时应及时发出警示信号。

（5）停放在轨道上的车辆有可能自滑时，应采取有效措施制动。

（6）在运输巷道内，人员应沿人行道行走，不应在轨道上或者两条轨道之间停留，不应横跨列车。

(7) 运输线路曲线半径应符合下列规定：

1) 行驶速度不大于1.5 m/s时，不小于车辆最大轴距的7倍。

2) 行驶速度大于1.5 m/s时，不小于车辆最大轴距的10倍。

3) 线路转弯大于90°时，不小于车辆最大轴距的10倍。

4) 采用6 m^3 以上大型车辆运输时，不小于车辆固定轴距的20倍。

5) 采用无人驾驶电机车运输时，不小于车辆固定轴距的20倍。

(8) 有轨运输线路曲线段轨道应加宽，外轨应设超高，满足车辆稳定运行通过的要求。

(9) 维修线路时，应在维修地点前后各80 m以外设置警示标志，维修结束后撤除。

(10) 禁止使用内燃机车；有发生气体爆炸或自燃发火危险的，严禁使用非防爆型电机车。

(11) 电机车司机应遵守下列规定：

1) 每班应检查电机车的闸、灯、警铃，任何一项不正常，均不应使用。

2) 驾驶车辆运行时不应将头或身体探出车外。

3) 离开机车前应将机车制动并切断电动机电源。

(12) 电机车运行应遵守下列规定：

1) 列车制动距离不超过80 m；10 t以下机车牵引运输时，制动距离不超过40 m；运送人员时，制动距离不超过20 m。

2) 列车正常行车时机车应在列车的前端牵引。

3) 双机牵引列车允许1台机车在前端牵引，1台机车在后端推动。

4) 电机车司机视线受阻时应减速行驶并发出警告信号。

5) 任何人发现列车运行前方有障碍物或者危险时，应发出紧急停车信号。

6) 不应采用无连接方式顶车。

7) 顶车速度不大于0.5 m/s，且应有专人在行驶前方观察监护。

(13) 架线式电机车的滑触线架设高度应符合下列规定：

1) 主要运输巷道：线路电压低于500 V时，不低于1.8 m；线路电压高于500 V时，不低于2.0 m。

2）井下调车场、轨道与人行道交叉点：线路电压低于 500 V 时，不低于 2.0 m；线路电压高于 500 V 时，不低于 2.2 m。

3）井底车场，不低于 2.2 m。

4）地表架线高度不低于 2.4 m。

（14）电机车滑触线架设应符合下列规定：

1）滑触线悬挂点的间距在直线段内不超过 5 m，在曲线段内不超过 3 m。

2）滑触线线夹两侧的横拉线应用瓷瓶绝缘，线夹与瓷瓶的距离不超过 0.2 m，线夹与巷道顶板或支架横梁间的距离不小于 0.2 m。

3）滑触线与管线外缘的距离不小于 0.2 m。

4）滑触线与金属管线交叉处应用绝缘物隔开。

（15）电机车滑触线应设分段开关，分段距离不超过 500 m。每一条支线也应设分段开关。在上、下班时间，距井筒 50 m 以内的滑触线应切断电源。

（16）架线式电机车工作中断时间超过一个班时，应切断非工作区域内的电机车线路电源。维修电机车线路时应先切断电源，并将线路接地。

（17）同时运行数量多于 2 列车的主要运输水平应设有轨运输信号系统。

（18）无人驾驶电机车运输应符合下列规定：

1）设置通信系统。

2）设置报警系统。

3）设置视频监视系统。

4）设置装卸矿控制系统。

5）设置具备信号闭锁和道岔自动控制及人工控制功能的电机车运行控制系统。

6）设置地面或者井下集中控制室。

7）电机车运行时不应有人员进入作业区域。

2. 斜井提升安全要求

（1）斜井人车应符合下列要求：

1）有坚固的顶棚，并装有可靠的断绳保险器。

2）列车每节车厢的断绳保险器应相互连接，并能在断绳时起作用。

3）断绳保险器应具有自动和手动功能。

4）各节车厢之间除连接装置外还应附挂保险链并定期进行检查，不合格者立即更换。

5）在用斜井人车的断绳保险器，每日进行一次手动落闸试验，每月进行一次静止松绳落闸试验，试验结果应记录存档。

（2）斜井提升应遵守下列规定：

1）严禁人员在提升轨道上行走。

2）多水平提升时，各水平发出的信号应有区别。

3）收发信号的地点应悬挂明显的信号编码牌。

（3）斜井升降人员时应遵守下列规定：

1）不应采用人货混合串车提升。

2）每节车厢均能向提升机司机发出紧急停车信号。

3）随车安全员应乘坐在能操纵断绳保险器的第一节车厢内。

4）乘车人员应听从随车安全员指挥，按指定地点上、下车；人员应乘坐在人车车厢内；上车后应关好车门，挂好车链。

5）斜井人车停运时，应停放在专用存车线路上，并采取安全措施防止人车坠落或者下滑。

（4）斜井提升速度应符合下列规定：

1）串车提升：斜井长度不大于 300 m 时，不大于 3.5 m/s；斜井长度大于 300 m 时，不大于 5 m/s。

2）箕斗提升：斜井长度不大于 300 m 时，不大于 5 m/s；斜井长度大于 300 m 时，不大于 7 m/s。

（5）加速或者减速过程中不应出现松绳现象。提升人员的，加速度或减速度不超过 $0.5\ m/s^2$；提升物料的，加速度或减速度不超过 $0.75\ m/s^2$。

（6）倾角大于 10°的斜井，应有轨道防滑措施。

（7）斜井串车提升系统应设常闭式防跑车装置。

（8）斜井各水平车场应设阻车器或挡车栏，下部车场应设躲避硐室。

（9）斜井串车提升时，矿车的连接钩、环和连接杆的安全系数不小于 6。

3. 带式输送机运输安全要求

（1）井下带式输送机应采用阻燃型输送带。

（2）钢丝绳芯输送带静载荷安全系数不小于 7，棉织物芯输送带静载荷安全系数不小于 8，其他织物芯输送带静载荷安全系数不小于 10。

（3）各种输送带的动载荷安全系数不小于 3。

（4）使用带式输送机应遵守下列规定：

1）物料不应从输送带上向下滚落。

2）带式输送机倾角向上不大于 15°，向下不大于 12°。

3）任何人员均不应搭乘非载人带式输送机。

4）跨越输送机的地点应设置带有安全栏杆的跨越桥。

5）清除附着在输送带、滚筒和托辊上的物料，应停车进行。

6）不应在运行的输送带下清理物料。

7）输送机运转时不应进行注油、检查和修理等工作。

8）维修或者更换备件时，应停车并切断电源，并由专人监护，不许送电。

（5）带式输送机应有下列安全保护装置：

1）装料点和卸料点设空仓、满仓等保护和报警装置，并与输送机联锁。

2）输送带清扫装置以及防大块冲击、防输送带跑偏等的保护装置。

3）紧急停车装置。

4）制动装置。

（6）长度超过 400 m 的带式输送机应设下列保护装置：

1）防输送带撕裂、断带等保护装置。

2）防止过速、过载、打滑等的保护装置。

3）线路上的信号、电气联锁和紧急停车装置。

（7）上行带式输送机应有防止输送带逆转的措施。

（8）大倾角带式输送机应符合下列要求：

1）输送带形式、结构和参数，与输送机倾角相适应。

2）物料不应从输送带上滚落。

3）设制动装置和防止逆转装置。

（9）带式输送机斜井检修道作辅助提升时，提升容器与带式输送机最突出部分或者斜井壁之间的间隙不小于 0. 3 m，提升速度不超过 1. 5 m/s。采用无轨设备运输检修材料和人员时，无轨设备与带式输送机或者斜井壁之间的间隙不小于 0. 6 m，车辆运行速度不超过 2 m/s。

4. 竖井提升安全要求

（1）提升容器和平衡锤在竖井中运行时应有罐道导向。缠绕式提升系统应用木罐道或者钢丝绳罐道，摩擦式提升系统应采用型钢罐道、钢丝绳罐道或者木罐道。

（2）提升容器的导向槽或者滑动罐耳与罐道之间的间隙应符合下列规定：

1）采用型钢罐道的：采用滚轮罐耳时，导向槽每侧间隙为 10~15 mm；不用滚轮罐耳时，导向槽每侧间隙不超过 5 mm。

2）采用钢丝绳罐道的，导向器内径比罐道绳直径大 2~5 mm。

3）采用木罐道的，每侧不超过 10 mm。

（3）罐道磨损达到下列程度，应该更换：

1）型钢罐道一侧磨损超过型钢壁厚的 50%。

2）罐道钢丝绳在一个捻距内的表面钢丝断丝超过 15%。

3）罐道钢丝绳的表面钢丝磨损超过 50%。

4）木罐道一侧磨损超过 15 mm。

（4）导向槽或者导向器磨损达到下列程度，应该更换：

1）导向槽一侧磨损超过 8 mm。

2）钢丝绳罐道导向器磨损超过 8 mm。

3）型钢罐道和容器导向槽一侧总磨损量达到 10 mm。

（5）提升容器之间以及提升容器与井壁、罐道梁、井梁之间的间隙，应符合《金属非金属矿山安全规程》（GB 16423—2020）的规定。

（6）钢丝绳罐道应采用密封钢丝绳，罐道绳的刚性系数不小于 500 N/m。每个提升容器的罐道绳张紧力应相差 5%~10%，内侧张紧力大，外侧张紧力小。

（7）罐道钢丝绳采用重锤拉紧时，井上应设钢丝绳固定装置，井下应设钢丝绳导向装置。拉紧重锤的最低位置到井底最高水面的距离应不小于 1. 5 m。

（8）罐道钢丝绳采用液压拉紧时，应在井上设置罐道绳拉紧力调节装置。

（9）罐道钢丝绳应有 20 m 以上备用长度。每 3 个月应对罐道钢丝绳固定装置和拉紧装置进行一次检查，及时串动和转动钢丝绳。检查和处理情况应记录存档。

（10）采用多绳摩擦式提升时，粉矿仓应设在尾绳之下，粉矿仓顶面距离尾绳最低位置应不小 5 m。罐道钢丝绳穿过粉矿仓的，应用隔离套筒保护钢丝绳。

（11）罐道钢丝绳直径应不小于 28 mm，防撞钢丝绳直径应不小于 40 mm。

（12）缠绕式提升系统应符合下列规定：

1）卷筒到天轮的钢丝绳最大偏角不超过 1°30′。

2）天轮绳槽剖面中心线应与天轮轴中心线垂直，天轮不应有变形和活动现象。

3）采用钢丝绳罐道时，提升钢丝绳应采用不旋转钢丝绳。

4）双卷筒提升机的提升钢丝绳规格应相同。

（13）摩擦式提升系统应符合下列规定：

1）首绳应为同一生产批次的钢丝绳。

2）采用扭转钢丝绳作首绳时应按左右捻相间的顺序悬挂。

3）首绳悬挂前应去除表面油脂。

4）腐蚀性严重的矿井，钢丝绳除油后应涂增摩脂。

5）圆尾绳悬挂装置应保证尾绳自由旋转。

6）井底应设尾绳隔离装置。

（14）提升竖井的井塔或者井架内和竖井井底应设置过卷段，过卷段高度应符合下列规定：

1）提升速度大于 6 m/s 时，不小于最高提升速度下运行 1 s 的距离或者 10 m。

2）提升速度为 3~6 m/s 之间时，不小于 6 m。

3）提升速度小于 3 m/s 时，不小于 4 m。

4）凿井期间用吊桶提升时，不小于 4 m。

（15）过卷段终端应设置过卷挡梁，发生过卷事故后过卷挡梁应能正常使用。

（16）竖井提升系统应符合下列规定：

1）过卷段应设过卷缓冲装置或者楔形罐道，使过卷容器能够平稳地在过卷段内停住。

2）深度大于 800 m 的竖井应设过卷缓冲装置，使过卷容器在缓冲装置内平稳停住，并不再反向下滑或反弹。

3）楔形罐道的楔形部分的斜度为1%；包括较宽部分的直线段在内的长度不小于过卷段高度的2/3；摩擦式提升系统的下行容器应比上行容器提前接触楔形罐道，提前距离不小于1 m。

（17）提升人员的罐笼提升系统应在井架或者井塔的过卷段内设置罐笼防坠装置，使罐笼下坠高度不超过0.5 m。

（18）垂直深度超过50 m的竖井用作人员主要出入口时，应采用罐笼或矿用电梯升降人员。

（19）提升人员的罐笼提升系统应符合下列规定：

1）井口和井下各中段马头门应设安全门。

2）自动安全门应与提升机联锁。

3）手动安全门应由信号工负责开闭。

4）同一层罐笼不应同时升降人员和物料。

5）负责运输爆破器材的人员应跟罐监护，并通知信号工和提升机司机。

6）乘罐人员应在距井筒5 m以外候罐，并听从信号工指挥。

（20）主要提升矿、废石的罐笼提升系统应符合下列规定：

1）井口和井下各中段马头门应设安全门。

2）自动安全门应与提升机联锁。

3）井口和井下各中段马头门应设摇台。

4）采用钢丝绳罐道时，井下各中段应设稳罐装置。

5）摇台和稳罐装置应与提升机闭锁。

（21）使用矿用电梯应遵守下列规定：

1）机房通道应设照明，通道门应向外开，门外应设警示标志。

2）电梯井井筒应设梯子间。

3）与电梯井连接的中段马头门铺设轨道时应设阻车器。

4）井筒底部应设排水设施和通达最低服务水平的梯子。

5）电梯机房硐室应无渗水，井底不应积水。

6）曳引电动机、控制柜应接地，接地电阻不大于2 Ω。

（22）矿用电梯应符合下列要求：

1）控制柜应采用密封结构，柜内相对湿度不大于80%。

2）电气设备外壳防护等级不低于IP55，开关、按钮及井底电气设备外壳防护等级不低于IP67。

3）曳引电动机的绝缘等级不低于F级。

4）钢丝绳和金属零件应满足防腐蚀要求。

5）轿厢内应设紧急报警装置，轿厢顶不应漏水。

（23）出现下列情况之一，应对矿用电梯进行检验：

1）安装、改造或者重大维修完成后。

2）由于安全性能导致停用，再次使用前。

3）停止使用3个月以上，再次使用前。

4）距上次检验满一年。

（24）电梯钢丝绳出现下列情况之一时应报废：

1）笼状畸变、绳芯挤出、扭结、部分压扁、弯折或严重锈蚀。

2）一个捻距内单股的断丝数大于4根。

3）钢丝绳直径小于公称直径的90%。

（25）升降人员的竖井井口和提升机室应悬挂下列布告牌：

1）每班上下井时间表。

2）信号标志。

3）每层罐笼允许乘人数。

4）其他有关升降人员的注意事项。

（26）无隔离设施的混合井升降人员时，箕斗提升系统应停止运行。

（27）人员站在提升容器的顶盖上检修、检查井筒时，应遵守下列规定：

1）应在保护伞下作业。

2）应佩戴与提升钢丝绳牢固连接的安全带。

3）提升容器升降速度不超过0.3 m/s。

4）作业人员应有专用通信装置。

5）井口及各中段马头门设专人警戒，防止坠物。

（28）在井筒范围内进行清理、检查和维护作业时，上部中段应设保护设施，防止物体坠落，提升系统应停止工作。

（29）箕斗提升系统应在箕斗装载地点、卸载地点设置信号装置，信号应与提升机启动有闭锁关系。

（30）罐笼提升信号系统应符合下列规定：

1）应在井口和井下各中段马头门设信号装置。

2）不同地点发出的信号应有区别。

3）跟罐信号工使用的信号装置应便于跟罐信号工在罐内发信号。

4）井口信号工或跟罐信号工可直接向提升机司机发信号。

5）中段信号工经过井口信号工同意可以向提升机司机发信号，紧急情况下可直接向提升机司机发出紧急停车信号。

（31）竖井提升系统应按照下列要求进行检查，发现问题立即处理，并将检查和处理结果记录存档：

1）提升容器的防坠器、连接装置、保险链、罐门、导向槽、罐体、罐内阻车器等，每天由专人检查一次，每月由矿机电部门组织检查一次。

2）新安装或大修后的单绳罐笼防坠器应进行脱钩试验，合格后方可使用。在用防坠器每半年进行一次不脱钩试验，每年进行一次脱钩试验。防坠器的抓捕器断面减少 20% 或者导向套衬瓦一侧磨损超过 3 mm 时应更换。

3）提升系统的钢丝绳、悬挂装置、提升容器、防坠器等，每天由专人检查一次，每月由矿机电部门组织检查一次。

4）天轮、导向轮、过卷缓冲装置、罐道、尾绳隔离装置、安全门、摇台、阻车器、装卸矿设施等，每月由专人检查一次。

5）提升机的卷筒或摩擦轮、制动装置、调绳装置、传动装置、电动机和控制设备以及各种保护装置和闭锁装置等，每天由专人检查一次，每月由矿机电部门组织检查一次。

（32）井架和多绳提升机井塔，每年检查一次；木质井架每半年检查一次。发现问题应及时处理。检查和处理结果应记录存档。

（33）提升系统每年应进行一次检验，发现问题立即处理。检验和处理结果应记录存档。检验项目如下：

1）电气传动装置和控制系统的情况。

2）工作制动和安全制动的工作性能，包括验算和检测制动力矩，测定安全制动减速度。

3）《金属非金属矿山安全规程》（GB 16423—2020）规定的各种安全保护。

5. 提升容器安全要求

（1）单绳罐笼应设可靠的断绳防坠装置。

（2）多绳提升首绳悬挂装置应能自动平衡各首绳张力，圆尾绳悬挂装置应保证尾绳自由旋转。

（3）竖井提升罐笼应符合下列要求：

1）罐笼顶部应设置可以拆卸的检修用安全棚和栏杆。

2）罐顶下部应设防止淋水的安全棚。

3）罐笼顶部应设坚固的罐顶门或逃生通道，各层之间应设坚固的人孔门。

4）罐笼各层均应设置安全扶手。

5）罐笼内各层均应设逃生爬梯。

6）罐门应设在罐笼端部，且不应向外打开。罐门应自锁。

7）罐笼内的轨道应设护轨和阻车器。

6. 钢丝绳和连接装置安全要求

（1）矿井提升设施应采用适合矿山使用的钢丝绳。

（2）缠绕式提升钢丝绳悬挂时的安全系数应符合下列规定：

1）专作升降人员用的，不小于 9。

2）升降人员和物料用的，升降人员时不小于 9，升降物料时不小于 7. 5。

3）用作应急提升人员的，不小于 7. 5。

4）专作升降物料用的，不小于 6. 5。

（3）摩擦式提升钢丝绳悬挂时的安全系数应符合下列规定：

1）专作升降人员用的，不小于 8。

2）升降人员和物料用的，升降人员时不小于 8，升降物料时不小于 7. 5。

3）专作升降物料用的，不小于 7。

4）平衡尾绳，不小于6。

（4）罐道钢丝绳和防撞钢丝绳安全系数不小于6。

（5）制动钢丝绳安全系数不小于3。

（6）凿井用的钢丝绳安全系数应符合下列规定：

1）悬挂吊盘、水泵、排水管用的，不小于6。

2）悬挂风筒、压缩空气管、混凝土输送管、电缆及拉紧装置用的，不小于5。

（7）连接装置的安全系数应符合下列规定：

1）升降人员的，不小于13。

2）专用于升降物料的，不小于10。

3）悬挂吊盘、安全梯、水泵、抓岩机的，不小于10。

4）悬挂风管、水管、风筒、注浆管的，不小于8。

5）吊桶提梁和连接装置，不小于13。

7. 钢丝绳的检查与报废安全要求

（1）提升钢丝绳、平衡钢丝绳、罐道钢丝绳、制动钢丝绳使用前均应进行检验，并有经过相关责任人员签字的检验报告。经过检验的钢丝绳贮存期不超过6个月，超过6个月应重新检验。

（2）钢丝绳的钢丝有变黑、锈皮、点蚀麻坑等损伤时，不应用作升降人员。

（3）摩擦式提升系统在用钢丝绳应按照下列要求检查断丝和磨损情况：

1）当班作业人员每日检查一次。

2）提升管理部门每周组织检查一次。

3）矿山管理部门每月组织检查一次。

4）检查时钢丝绳速度不高于0.3 m/s。

（4）在用的摩擦式提升系统钢丝绳首绳张力，应每周由提升管理部门组织检查一次，如各绳张力反弹波时间差超过10%，应调绳。

（5）在用的摩擦式提升系统钢丝绳首绳和圆尾绳自悬挂时起一年内至少应进行一次无损探伤检验，以后每6个月至少检验一次，并应有检验报告。

（6）在用的缠绕式提升钢丝绳应按照下列要求检查断丝和磨损情况：

1）当班作业人员每日检查一次。

2）提升管理部门每周组织检查一次。

3）矿山管理部门每月组织检查一次。

4）检查时钢丝绳速度不大于 0.3 m/s。

5）钢丝绳在运行中由于卡罐或突然停车等受到猛烈拉力时，应立即停止运转并进行检查。

（7）在用的缠绕式提升钢丝绳应按下列周期进行定期检验：

1）升降人员或升降人员和物料用的，自悬挂时起每 6 个月检验一次；有腐蚀气体的矿山，每 3 个月检验一次。

2）专门升降物料用的，自悬挂时起一年内进行第一次检验，以后每 6 个月检验一次。

3）悬挂吊盘等用的，自悬挂时起每年检验一次。

（8）钢丝绳定期检验应有检验报告。所有检查结果均应记录存档。

（9）钢丝绳一个捻距内的断丝断面积与钢丝总断面积之比达到下列数值时，应更换：

1）升降人员的钢丝绳，5%。

2）专为升降物料用的提升钢丝绳、平衡钢丝绳、防坠器的制动钢丝绳，10%。

3）罐道钢丝绳，15%。

4）倾角 30°以下的斜井提升钢丝绳，10%。

（10）钢丝绳直径减小量达到下列数值时，应更换：

1）提升钢丝绳或制动钢丝绳，10%。

2）罐道钢丝绳，15%。

3）密封钢丝绳外层钢丝厚度磨损量达到 50%。

（11）在用的提升钢丝绳，定期检验时安全系数小于下列数值的，应更换：

1）专作升降人员用的，7。

2）升降人员和物料用的，升降人员时为 7，升降物料时为 6。

3）专作升降物料的，5。

4）悬挂吊盘等用的，5。

（12）多绳摩擦提升机的首绳，检验时或者使用中有一根不合格的，应全部更换。

（13）出现下列情况之一者，应更换钢丝绳：

1）钢丝绳产生严重扭曲或变形。

2）钢丝绳局部伸长超过0.5%。

3）断丝数突然增加或伸长突然加快。

4）钢丝绳严重锈蚀、点蚀或外层钢丝松弛。

8. 提升装置安全要求

（1）缠绕式提升机的卷筒和天轮的直径与钢丝绳直径之比，应符合下列规定：

1）用作竖井、斜井和凿井提升的，不小于60。

2）用作排土场提升或运输的，不小于50。

3）悬挂吊盘、吊泵、管道用绞车的，不小于20。

4）凿井时提升物料的绞车卷筒，不小于20。

（2）摩擦式提升机的摩擦轮、天轮和导向轮的最小直径与钢丝绳直径之比，应符合下列规定：

1）塔式提升机的摩擦轮直径：有导向轮时不小于100，无导向轮时不小于80。

2）落地式提升机的摩擦轮和天轮直径：不小于100。

3）塔式提升机的导向轮直径：不小于80。

（3）缠绕式提升机卷筒缠绕钢丝绳的层数应符合下列规定：

1）卷筒表面带有平行折线绳槽和层间过渡装置的：升降人员时不超过3层，专用于升降物料时不超过4层。

2）卷筒表面带有螺旋绳槽和层间过渡装置的：升降人员时不超过2层，专用于升降物料时不超过3层。

3）卷筒表面无绳槽的：升降人员时缠绕1层，专用于升降物料时不超过2层。

4）凿井期间提升人员的不超过3层。

（4）移动式提升装置、专为提升物料用的辅助提升装置、凿井期间专用于升降物料的提升机卷筒可多层缠绕。

（5）缠绕式提升机的卷筒应符合下列规定：

1）卷筒边缘应高出最外一层钢丝绳，高出部分应大于钢丝绳直径的2.5倍。

2）卷筒内应设固定钢丝绳的专用装置，不应将钢丝绳固定在卷筒轴上。

3）卷筒上的绳孔不应有锋利的边缘和毛刺，折弯处不应形成锐角。

（6）缠绕式提升应遵守下列规定：

1）定期试验用的补充绳应缠绕在卷筒上或保留在卷筒内。

2）卷筒上保留的钢丝绳不少于 3 圈。

3）每季度应将钢丝绳的位置串动 1/4 绳圈。

4）多层缠绕卷筒，应每周检查钢丝绳由下层转至上层的过渡段部分，并统计其断丝数，检查结果应记录存档。

5）双筒提升机调绳应在无负荷情况下进行。

（7）天轮的轮缘应高于绳槽内的钢丝绳，高出部分大于钢丝绳直径的 1.5 倍。衬垫磨损深度达到钢丝绳直径的 1 倍，或侧面磨损量达到钢丝绳直径的 1/2 时，应立即更换。

（8）竖井升降人员时，加速度和减速度应不超过 0.75 m/s^2；升降物料时，加速度和减速度应不超过 1.0 m/s^2。

（9）吊桶升降人员的最高速度：有导向绳时，不超过罐笼提升最高速度的 1/3；无导向绳时，不超过 1 m/s。吊桶升降物料的最高速度：有导向绳时，不超过罐笼提升最高速度的 2/3；无导向绳时，应不超过 2 m/s。

（10）提升装置的机电控制系统应采用双 PLC（可编程逻辑控制器）控制系统，实现位置和速度的冗余保护，并具有下列保护功能：

1）限速保护。

2）主电动机的短路及断电保护。

3）过卷保护。

4）过速保护。

5）过负荷及无电压保护。

6）闸瓦磨损保护。

7）润滑系统油压过高、过低或制动油温过高的保护。

8）直流电动机失励磁保护。

9）测速回路断电保护。

（11）提升装置的机电控制系统应符合下列要求：

1）使用电气制动的，当制动电流消失时应实现安全制动。

2）深度指示器故障时，应实现安全制动。

3）制动油压过高、制动油泵电动机断电、制动闸瓦异常时，应实现安全制动。

4）提升容器到达预定减速点时，提升机应自动减速。

5）提升机与信号系统之间应实现闭锁，无工作执行信号不能开车。

6）未经提升管理部门批准不得解除闭锁和安全制动。

（12）提升系统应设下列保护和联锁：

1）控制电源的失压保护。

2）主电动机回路接地保护。

3）制动状态下主电动机的过电流保护。

4）辅机控制系统采用交流不停电电源装置（UPS）供电时的电源失电保护。

5）高压换向器（或全部电气设备）的隔墙（或围栅）门与断路器之间的联锁。

6）安全制动时不能接通电动机电源的联锁。

7）工作制动时电动机不能加速的联锁。

8）高压换向器的电弧闭锁。

9）控制屏加速接触器主触头的失灵闭锁。

10）缠绕式提升机应设松绳保护联锁。

11）采用电气制动时，高压换向器与直流接触器间应有电弧闭锁。

12）主电动机冷却故障或者温升超过额定值的联锁。

13）可控硅整流装置冷却故障的联锁。

14）尾绳工作不正常的联锁。

15）装卸载装置运行不到位的联锁。

16）装矿设施不正常及超载过限的联锁。

17）深度指示器调零装置失灵、摩擦式提升机位置同步未完成的联锁。

18）摇台工作状态的联锁。

19）井口及各中段安全门未关闭的联锁。

（13）提升机制动系统应符合下列要求：

1）能用自动和手动两种方式实现安全制动。

2）制动时提升机电机自动断电。

（14）缠绕式提升机应有定车装置。

（15）安全制动空行程时间不超过 0.3 s。

（16）用于竖井和倾角不小于30°的斜井提升系统的安全制动减速度应符合下列要求：

1）满载下放时不小于1.5 m/s^2。

2）满载提升时不大于5 m/s^2。

（17）倾角小于30°的斜井提升系统的安全制动减速度应符合下列要求：

1）满载下放时不小于0.75 m/s^2。

2）满载提升时不应使提升钢丝绳产生松弛现象。

（18）提升机最大制动力矩和提升系统最大静张力差产生的旋转力矩的比值应符合下列要求：

1）正常生产提升：不小于3。

2）凿井期间升降物料：不小于2。

3）双卷筒提升机空载条件下调绳：不小于1.2。

（19）多绳摩擦提升系统设有导向轮时，摩擦轮的钢丝绳围包角应不大于200°。

（20）多绳摩擦提升系统的钢丝绳静防滑安全系数应大于1.75，动防滑安全系数应大于1.25，重载侧和空载侧的静张力比应小于1.5。

（21）提升人员的提升机应采用人工控制。每班升降人员之前，应空车运行一个循环，检查提升机的运转情况，并将检查结果记录存档。

发生故障时，司机应立即向调度报告，并应记录停车时间、故障原因、修复时间和所采取的措施。事故及处理记录应由相关人员签字确认后存档。

第五节　井下通风、防尘防毒、防排水、防灭火基本要求

一、井下通风安全要求

1. 通风系统

（1）地下矿山应采用机械通风。设有在线监测系统的矿山应根据监测结果及时调整

通风系统；未设置在线监测系统的矿山每年应对通风系统进行一次检测，并根据检测结果及时调整通风系统。矿山应及时更新通风系统图。通风系统图应标明通风设备、风量、风流方向、通风构筑物、与通风系统隔离的区域等。

（2）矿井通风系统的有效风量率应不低于 60%。

（3）矿山形成系统通风、采场形成贯穿风流之前不应进行回采作业。

（4）进入矿井的空气不应受到有害物质的污染，主要进风风流不应直接通过采空区或塌陷区；需要通过时，应砌筑严密的通风假巷引流。

（5）主要进风巷和回风巷应经常维护，不应堆放材料和设备，应保持清洁和风流畅通。放射性矿山回风井与进风井的间距应大于 300 m。

（6）矿井排出的污风不应对矿区环境造成危害。

（7）箕斗井、混合井作进风井时，应采取有效的净化措施，保证空气质量。

（8）井下硐室通风应符合下列要求：

1）来自破碎硐室、主溜井等处的污风经净化处理达标后可以进入通风系统，未经净化处理达标的污风应引入回风道。

2）爆破器材库应有独立的回风道。

3）充电硐室空气中氢气的体积浓度不超过 0. 5%。

4）所有机电硐室都应供给新鲜风流。

（9）采场、二次破碎巷道和电耙巷道应利用贯穿风流通风或机械通风。

（10）采场回采结束后，应及时密闭采空区，并隔断影响正常通风的相关巷道。

（11）通风构筑物应由专人负责检查、维修，保持完好状态。

2. 通风机

（1）正常生产情况下主通风机应连续运转，满足井下生产所需风量。当主通风机发生故障或需要停机检查时，应立即向调度室和矿长报告，并采取必要措施。

（2）每台主通风机电机均应有备用，并能迅速更换。

（3）主通风设施应能使矿井风流在 10 min 内反向，反风量不小于正常运转时风量的 60%。

（4）采用多级机站通风的矿山，主通风系统的每台通风机都应满足反风要求，以保证整个系统可以反风。

（5）每年应至少进行一次反风试验，并测定主要风路的风量。

（6）主通风机房应设有测量风压、风量、电流、电压和轴承温度等的仪表。每班都应对通风机运转情况进行检查，并有运转记录。采用自动控制的主通风机，每两周应进行一次自控系统的检查。

（7）掘进工作面和通风不良的工作场所，应设局部通风设施，并应有防止其被撞击破坏的措施。

（8）局部通风应采用阻燃风筒，风筒口与工作面的距离应符合下列要求：

1）压入式通风：不超过 10 m。

2）抽出式通风：不超过 5 m。

3）混合式通风：压入风筒出口不超过 10 m，抽出风筒入口滞后压入风筒出口 5 m 以上。

（9）人员进入独头工作面之前，应启动局部通风设备通风，确保空气质量满足作业要求，较长时间无人进入的工作面还应进行空气质量检测。独头工作面有人作业时，通风机应连续运转。

停止作业且无贯穿风流的采场、独头巷道，应设栅栏和警示标志，防止人员进入。重新进入前，应进行通风并分析空气成分，确认安全后方准进入。

二、井下防尘安全要求

（1）井下凿岩应采用湿式作业，集中产尘作业地点应设有效的除尘设施，爆破后和装卸矿、岩时应喷雾洒水。凿岩、出渣前应清洗工作面和 10 m 范围内的巷壁。进风道、人行道及运输巷道的岩壁，应每季度清洗一次。

（2）矿山企业应经常检查防尘设施，发现问题，及时处理，保证防尘设施正常运转。

（3）矿山企业应为井下作业人员配备满足防护要求的劳动防护用品。接尘作业人员应佩戴防尘口罩，防尘口罩阻尘率应大于 99%。

三、井下防毒安全要求

（1）钻井、修井作业，有毒有害气体超标时，应配备相应的防护器具（防毒面具、排风扇等），并有专人监护。

（2）水溶开采，在有毒有害气体聚集的井口、卤池、取样阀等地点作业时，应采取防毒措施，并有专人监护。

（3）有氡气释放的矿山，应加大通风量，将氡气的浓度稀释到安全的水平。氡容易黏附在柴油机排出的尾气颗粒上，用水降尘是常用的办法。用洗涤器和陶瓷过滤器可以有效控制柴油机尾气。在这种环境下，作业人员应戴上防毒面具。

（4）当发现有人员中毒时，必须在采取通风排毒措施、戴防毒面具以后才能进入抢救。

四、井下防排水安全要求 

1. 井下防水

（1）应调查核实矿区范围内的小矿井、老井、老采空区、现有生产矿井的积水区、含水层、岩溶带、地质构造等详细情况，并填绘矿区水文地质图。

（2）对积水的旧井巷、老采空区、流砂层、各类地表水体、沼泽、强含水层、强岩溶带等不安全地带应留设防水矿（岩）柱。防治水设计应确定防水矿（岩）柱的尺寸，在设计规定的保留期内不应开采或破坏防水矿（岩）柱。在上述区域附近开采时应采取预防突然涌水的安全措施。

（3）矿山井下最低中段的主水泵房和变电所的进口应装设防水门，防水门压力等级不低于 0.1 MPa。

水文地质条件复杂的矿山应在关键巷道内设置防水门，防止水泵房、中央变电所和竖井等井下关键设施被淹。防水门压力等级应高于其承受的静压且高于一个中段高度的水压。

水仓与水泵房之间应隔开，隔墙、水仓与配水井之间的配水阀的压力等级应与防水门相同。

通往强含水带、积水区、有可能突然大量涌水区域的巷道和专用的截水、放水巷道应设置防水门。防水门压力等级应高于其承受的静压。

防水门应设置在岩石稳固的地点，由专人管理，定期维修，确保可以随时启用。

（4）矿井最大涌水量超过正常涌水量的 5 倍，且大于 50 000 m^3/d 时，应在中段石门设置防水门，减少进入水仓的水量，保障矿山生产人员和设施的安全。

（5）对接近水体的地带或与水体有联系的可疑地段，应坚持“有疑必探，先探后掘”的原则，编制探水设计。

（6）掘进工作面或其他地点发现透水预兆时，应立即停止工作，并报告矿长，采取措施。情况紧急时应立即发出警报，撤出所有可能受透水威胁的人员。

（7）进行老采空区、硫化矿床氧化带的溶洞、与深大断裂有关的含水构造探水作业时，以及进行被淹井巷的排水和放水作业时，为预防有害气体逸出造成危害，应事先采取通风安全措施，并使用防爆照明灯具。发现有害气体、易燃气体泄出应及时采取处置措施。

（8）受地下水威胁的矿山应采取矿床疏干、堵水等治理措施。

（9）裸露型岩溶充水矿区、地面塌陷发育的矿区，应做好气象观测。雨季应加强降雨观测并根据暴雨强度采取应对措施，直至暂停生产。

（10）井筒掘进过程中预测裸露段涌水量大于 20 m^3/h 时应先行治水。巷道穿越强含水层或高压含水断裂破碎带之前应先治水后再掘进。

2. 井下排水设施

（1）主要水仓应由两个独立的巷道系统组成。最低中段水仓总容积应能容纳 4 h 的正常涌水量；正常涌水量超过 2 000 m^3/h 时，应能容纳 2 h 的正常涌水量，且不小于 8 000 m^3。应及时清理水仓中的淤泥，水仓有效容积不小于总容积的 70%。

（2）井下最低中段的主水泵房的出口不少于两个，其中一个通往中段巷道并装设防水门，另一个在水泵房地面 7 m 以上与安全出口连通，或者直接通达上一水平。水泵房地面应至少高出水泵房入口处巷道底板 0.5 m，潜没式泵房应设两个通往中段巷道的出口。

（3）井下主要排水设备应包括工作水泵、备用水泵和检修水泵。工作水泵应能在 20 h 内排出一昼夜正常涌水量，工作水泵和备用水泵应能在 20 h 内排出一昼夜设计最大涌水量。备用水泵能力不小于工作水泵能力的 50%，检修水泵能力不小于工作水泵能力的 25%。只设 3 台水泵时，水泵型号应相同。

（4）应设工作排水管路和备用排水管路。水泵出口应直接与工作排水管路和备用排水管路连接。工作排水管路应能配合工作水泵在 20 h 内排出一昼夜正常涌水量，全部排水管路应能配合工作水泵和备用水泵在 20 h 内排出一昼夜设计最大涌水量。任意一条排水管路检修时，其他排水管路应能完成正常排水任务。

五、井下防灭火安全要求

1. 基本要求

（1）应结合井下供水系统设置井下消防管路。

（2）下列场所应设消火栓：

1）内燃自行设备通行频繁的主要斜坡道和巷道。

2）燃油储存硐室和加油站。

3）主要中段井底车场和无轨设备维修硐室。

（3）斜坡道或巷道中的消火栓设置间距应不大于 100 m。每个消火栓应配有水枪和水带，水带的长度应满足消火栓设置间距内的消防要求。

（4）井下消防系统应符合下列规定：

1）井下消防供水水池应能服务井下所有作业地点，容积不小于 200 m^3。

2）消火栓栓口处动压力应为 0.25~0.5 MPa。供水系统压力过大时应采取减压措施。

3）消火栓最不利点的水枪充实水柱不小于 7 m。

4）消防主水管内径不小于 80 mm。

（5）木材场、有自燃发火危险的矿岩堆场、炉渣场，应布置在常年最小频率风向上风侧，距离进风口 80 m 以上。

（6）在下列地点或区域应配置灭火器：

1）有人员和设备通行的主要进风巷道、进风井井口建筑、主要通风机房和压入式辅助通风机房、风硐及暖风道。

2）人员提升竖井的马头门、井底车场。

3）变压器室、变配电所、电机车库、维修硐室、破碎硐室、带式输送机驱动站等主要机电设备硐室、油库和加油站、爆破器材库、材料库、避灾硐室、休息或排班硐室等。

4）内燃自行设备通行频繁的斜坡道和巷道，灭火器配置点间距不大于 300 m。

（7）每个灭火器配置点的灭火器数量不少于 2 具，灭火器应能扑灭 150 m 范围内的初始火源。

（8）井口和平硐口 50 m 范围内的建筑物内不得存放燃油、油脂或其他可燃材料。

（9）井下车库、加油站和储油硐室应符合下列要求：

1）应设在发生火灾或爆炸事故时对井下主要设施及作业区影响最小的位置。

2）加油站和储油硐室应与车库分开。

3）应设置防止失控车辆闯入的保护措施。

4）储油硐室应有独立回风道，其储油量应不超过 3 昼夜的需用量。储油硐室与通道相连接处应设置甲级防火门。

5）油桶应分类摆放整齐，油桶和空桶分开存放，并严密封盖。

6）储油硐附近和加油站内应设集油坑。收集的油料应尽快运出矿井。

7）在显著位置设置“严禁烟火”的标志。

（10）运送燃油的油罐不得与其他物料混装。运油车辆上显著位置应有“严禁烟火”标志，并应配备消防器材。

（11）车辆加油时，应采用输油泵或唧管输油，操作人员应按规范进行操作，严格控制加油的速度。发生跑、冒、漏油时，应及时处理。

（12）井下燃油设备或液压设备不应漏油，出现漏油应及时处理。

（13）采用管道向井下输送燃油时，地表油罐应距离井口 50 m 以上，并远离井口常年最大频率风向的上风侧。井巷中的输油管应和动力电缆分开布置，并能避免坠落物的撞击。巷道中的输油管应挂有“严禁烟火”“油管”等标志。不应在容易发生变形的井筒和巷道采用管道输送燃油。

（14）井下固定柴油设备应安装在不可燃的基础上，并应装有热传感器，当温度过高时能自动停止发动机。

（15）井下不得使用乙炔发生装置。

（16）不应用明火直接加热井下空气或烘烤井口冻结的管道。井下不应使用电炉和灯泡防潮、烘烤和采暖。

（17）应建立动火制度，在井下和井口建筑物内进行焊接等明火作业，应制定防火措施，经矿长批准后方可动火。在井筒内进行焊接时应派专人监护，在作业部位的下方应设置收集焊渣的设施，焊接完毕应严格检查清理。

（18）矿井发生火灾时，主通风机是否继续运转或反风，应根据矿井火灾应急预案和当时的具体情况，由矿长决定。

2. 防自然发火

（1）有自然发火危险的矿山应设井下环境监测系统，实现连续自动监测与报警。监测内容应包括井下空气成分、温度、湿度和水的 pH 等，应系统研究内因火灾的特点和发火规律。有沼气渗出的矿山，应加强沼气监测。

（2）开采有自然发火危险的矿床应采取以下防火措施：

1）主要运输巷道、总进风道、总回风道，均应布置在无自然起火危险的围岩中，并采取预防性注浆或者其他有效措施。

2）选择合适的采矿方法，合理划分矿块，并采用后退式回采顺序。根据采取防火措施后的矿床最短发火期确定采区开采期限。充填法采矿时，应采用惰性充填材料及时充填采空区。

3）应有灭火的应急预案。

4）采用黄泥或其他物料注浆灭火时应按应急预案规定的钻孔网度、泥浆浓度和注浆系数进行。

5）应防止上部中段的水泄漏到采矿场，并防止水管在采场漏水。

6）严密封闭采空区。

7）应清理采场矿石，工作面不应留存坑木等易燃物。

3. 井下灭火

（1）发现井下起火应立即采取一切可能的措施直接扑灭，并迅速报告矿调度室。矿山各层级应按照矿井火灾应急预案，首先将人员撤离危险地区，并组织人员利用现场的一切工具和器材及时灭火。火源不能扑灭时，应封闭火区。

（2）电气设备着火时，应首先切断电源。在电源切断之前，只准用不导电的灭火器材灭火。

（3）矿长接到火灾报告后，应立即组织有关人员查明火源及发火地点的情况，根据矿井火灾应急预案，拟订具体的灭火和抢救行动计划，同时应采取措施防止风流自然反向和有害气体蔓延。

（4）需要封闭的发火地点应先采取临时封闭措施，然后再砌筑永久性防火墙。进行封闭工作之前，应由佩戴隔绝式呼吸器的救护队员检查回风流的成分和温度。在有害气体中封闭火区，应由救护队员佩戴隔绝式呼吸器进行。在新鲜风流中封闭火区，应准备隔绝式呼吸器。

如发现有爆炸危险，应暂停工作，撤出人员，并采取措施消除危险。

封闭具有爆炸危险的火区时，应遵守下列规定：

1）应先采取注入惰性气体等抑爆措施，然后在安全位置构筑进、回风密闭设施。

2）封闭具有多条进、回风通道的火区，应同时封闭各条通道；不能实现同时封闭的，应先封闭次要进回风通道，后封闭主要进回风通道。

3）加强火区封闭的施工组织管理。封闭过程中密闭墙预留通风孔，封孔时进、回风巷同时封闭。封闭完成后所有人员立即撤出。

4）检查或加固密闭墙等工作应在火区封闭完成 24 h 后实施。发现已封闭火区发生爆炸造成密闭墙破坏时，严禁调派救护队侦察或恢复密闭墙；应采取安全措施，实施远距离封闭。

（5）防火墙应符合下列规定：

1）严密坚实。

2）在墙的上、中、下部，各安装一根直径为 35~100 mm 的铁管，以便取样、测温、放水和充填，铁管露头要用带螺纹的塞子封闭。

3）设人行孔，封闭工作结束应立即封闭人行孔。

4. 火区管理

（1）对已封闭的火区，应建立火区检查记录档案，绘制火区位置关系图，并归档永久保存。

（2）永久性防火墙应有编号，并在火区位置关系图和通风系统图上标出。发现火区封闭不严或有其他缺陷以及火区内有异常变化时，应及时处理和报告。

（3）封闭的火区启封和恢复开采：应根据监测结果确认封闭火区内的火已熄灭，制定安全措施，并报矿长批准后，方可进行。应先打开回风侧，无异常现象再打开进风侧。火区面积较大时，应设多道调节门，分段启封，逐步推进。

（4）启封火区的风流应直接引入回风流，回风流经过的巷道中的人员应事先撤出。恢复火区通风时，应监测回风流中有害气体的浓度，发现有复燃征兆，应立即停止通风，重新封闭。

（5）火区启封后 3 天内，应由矿山救护队每班进行气体成分、温度、湿度和水的 pH 的检测。确认一切情况良好，方可转入生产。

（6）在活动性火区下部和同一中段进行回采时，应留防火矿柱；其设计和安全措施，应经矿长批准。

第六节　地下矿山常见事故征兆及防范措施

一、地压事故征兆及防范措施 

1. 矿山地压事故征兆

当矿体的围岩完整、稳定时，可采用空场法开采地下资源。空场法（包括留矿法）的采场地压显现，从时间和空间上看，大体可分为开采初期采场回采期间的局部地压显现和开采中、后期大规模剧烈的地压显现两个时期。局部地压显现表现为采场矿体、围岩或矿柱的变形、断裂、片帮、冒顶等现象；大规模剧烈的地压显现表现为采空区上方大面积覆盖岩层急剧冒落，与冒落区相邻的采场压力剧增，出现矿柱压裂、顶板破裂、采准巷道开裂及冒顶现象。

2. 矿山地压事故防范措施

（1）井巷的支护应遵循以下主要原则：

1）合理选择井巷的位置。当生产条件允许时，尽可能选在地质和水文地质条件较好，没有软弱夹层的岩体中；尽量避免回采的影响；主要巷道应布置在崩落带以外，并保持一定距离。

2）采用合理的施工。在井巷施工中，应快速掘进，尽量采用光面爆破、预裂爆破等先进的爆破技术，以减少爆破对围岩的振动和破坏，保持围岩体的完整性。应积极采用锚喷支护，以提高围岩岩体强度，充分发挥其自承能力。

3）选择合理的支护类型。对于以变形地压为主的巷道，应选择可缩性大的柔性支架，如锚喷支护、可缩性钢支架及在钢性支架的棚梁和棚腿的接触面、砌混凝土巷道的肩部夹入可缩性材料如橡胶等。对于以松动地压为主的巷道，则可选用有足够强度的刚性支架来支撑松动岩石的重量，如石料砌混凝土、钢木支架、钢筋混凝土支架等。

4）选择合理的断面形状和尺寸。圆形与椭圆形井巷断面的应力集中程度最低。巷道面越高，巷道两侧的压力越大，巷道两侧应采用圆弧形断面；巷道断面越宽，巷道顶部的压力越大，巷道顶部应采用圆弧形断面，以减少应力集中。巷道断面的最大尺寸应沿着最大来压方向布置，最大来压方向的巷道周边应尽量选用曲线形状。

5）确定合理的支护时间。要根据围岩性质、地压状况等情况，合理确定支护的时间。譬如，对于蚀变闪长岩等易风化的破碎围岩，应随掘随支，缩短围岩的裸露时间；地压显现较为明显的围岩，应释压稳定后再支护。

（2）采场地压防范措施如下：

1）合理确定采场断面形状及矿房、矿柱参数。利用矿柱控制采矿房的跨度、形状，并支撑上覆岩层的压力；利用围岩与矿柱的自支撑能力维护回采矿房的稳定是地压控制的基本方法。为此，必须合理选择矿房、矿柱参数及矿房断面形状与布置方向，以使矿房周围应力分布尽可能地合理，既便于充分发挥围岩自承能力，维护自身的稳定，又能做到充分采出矿石。

2）支撑与岩体加固。回采不稳定矿体时，常利用人工支护回采工作空间，防止冒落。传统的支护方法是用立柱、支架、木垛等进行支撑。之后又发展了岩体加固法，用锚杆、长锚索、注浆等加固不稳定矿体，增强其强度，维持其稳定。若对待采的不稳固矿体预先进行加固，则可收到预控的效果，使回采更接近于在稳固矿体中进行的状况。

3）利用免压拱解除采场地压。在高压力区进行回采时，可利用形成免压拱的方法使待采矿块处于卸压区内，借以解除原有的高应力状态，使应力释放，并使来自原岩体的载荷转移到该区域之外，从而改善待采矿块的回采条件。

4）合理的回采顺序。在地质构造复杂地段应先回采高应力块段，自断层下盘后退式回采，回采空间的长轴方向尽可能与矿体最大主应力方向平行。

5）充填。在回采期间利用充填处理采空区来改善采场围岩及矿柱的受力状态（充填后由于有侧向约束形成三维应力状态），增强采场围岩的稳定性和矿柱的强度，以及利用充填处理采空区，借以阻挡围岩冒落。充填可缓和地压显现，减少地表下沉，是一种常用的地压控制方法。

6）崩落。利用崩落围岩的方法消除采空区，控制地压显现以及使承压带卸载，改善相邻采场的回采条件。

（3）冲击地压防范措施如下：

1）合理布置采掘工程与选择合理的回采顺序。为避免造成过高的应力集中，应尽可能避免巷道之间及巷道与构造断裂之间呈锐角交叉，使相邻采掘工程的间距达到可避免应力增高带相互重叠的程度。回采工作面应是直线布置，避免出现急转角变化；采掘空间的长轴，应尽可能与岩体中最大主应力方向呈平行布置；回采时应从构造应力高的地段或构造断裂面、矿脉交叉处后退回采，以避免过高的应力集中；回采跨度的扩大，即卸压拱跨度的扩大应逐渐扩展，避免突然成倍增长（如两个采场突然合并），以防造成脉冲载荷诱发冲击地压。

2）使有冲击地压危险的矿层卸压。在矿层上部或下部先行采动，可对有冲击地压危险的矿层起卸压保护作用。

3）使矿岩中积累的弹性变形能有控制地释放。采取松动爆破、振动性爆破，采用较小矿柱，使其小到逐渐压碎但又不至于引起强烈冲击。

4）向岩层中注水使其软化。注水可使岩体强度、弹性模量降低，而增加塑性变形成分，从而可以预防冲击地压。

5）选择合理的采矿方法。从减小冲击地压危险来看，宜选用崩落法，崩落围岩可起卸载作用。

6）减小冲击地压危害的其他措施。先用宽工作面掘进巷道，后用废石回填，在巷道周围形成一条防冲击的隔离带，一旦发生冲击地压时可保护人员和设备；在回采工作面架设防冲击挡板、隔栅等；采用带快速排液阀的可缩性液压支柱支撑回采工作面。

二、地下水灾害事故征兆及防范措施 

1. 突水事故征兆及应急处置措施

采掘工作面或者其他地点发现有变湿、挂红、挂汗、空气变冷、出现雾气、水叫、顶板来压、片帮、淋水加大、底板鼓起或者裂隙渗水、钻孔喷水、矿石溃水、水色发浑、有臭味等透水征兆时，应当立即停止作业，撤出所有受水患威胁地点的人员，报告矿调度室，并发出警报。在原因未查清、隐患未排除之前，不得进行任何采掘活动。

2. 矿山地下水灾害的主要表现形式

（1）矿井突水。矿井突水是因井巷、工作面与含水层溶洞、溶穴、陷落柱、构造破碎带等接近或沟通而突然发生的出水事故。矿井在掘进或工作面回采过程中，破坏了岩层天然平衡，周围水体在静水压力和矿山压力作用下，通过断层、隔水层和岩层的薄弱处进入采掘工作面，形成矿井突水。

（2）地面塌陷。岩溶矿床疏干排水后，地表往往产生塌陷，对矿山建设及周围环境的危害极大。塌陷发展到水域区，会增加矿井地下水的补给，影响采矿作业正常、安全进行。塌陷还会造成大面积范围内的建筑、交通、农田、水利设施和区域环境被破坏，并呈日趋严重之势。

（3）破坏水资源。疏干排水作为矿山主要防治水手段时，改变了天然地下水流场，不仅补给区的地下水不断补给矿坑，而且排泄区的地下水或地表水又反向补给矿坑。同时，通过地下水分水岭外移及地面塌陷等又产生新的补给源。当矿坑排水量大于地下水单元的补给量时，矿区地下水流场平衡关系即被打破，导致地下水位不断下降，甚至水资源枯竭，停采后也很难恢复。

（4）井下泥石流。矿床疏干或巷道揭露破碎带时，常伴有泥砂随水涌入矿井，发生泥石流事故。泥石流不仅摧毁设备，甚至可能造成人身事故。

（5）片帮、崩落。巷道、采场遇含水的松散岩体或有软弱结构面的岩体时，在地下水的动水压力作用下，巷道侧帮、顶板易发生片帮、崩落事故。

3. 矿山地下水灾害事故防范措施

（1）一般要求如下：

1）矿山建设项目设计之前，应委托具有相关资质的单位对矿区进行工程地质、水文地质勘探，探明矿区水文地质条件，划分水文地质类型。

2）矿山防治水应坚持“预测预报，有疑必探，先探后掘，先治后采”的原则，采取“防、堵、疏、排、截、避”综合治理措施。

3）水文地质条件中等及以上矿山应成立相应防治水机构，配置防治水专业技术人员，配备防治水及抢险救灾设备，建立探放水队伍。

4）矿山在未调查核实矿区内及周边的小矿井、老采空区、现有生产矿坑的积水区、含水层、岩溶带、导水构造及周边区域水文地质条件前，严禁进行采矿活动，应先采取物探、钻探、水文试验等手段查清水文地质条件。

5）发现有透（突）水征兆时，应立即停止受水害威胁区域的作业，撤出所有可能受水害威胁区域的人员，分析查找透水原因，采取有效安全措施，防止发生透水事故。

（2）地表水防治措施如下：

1）矿山应查清矿区及其附近地表水系的汇水、渗漏情况及排泄能力和有关水利工程等情况，掌握当地历年降水量和矿山布置永久建（构）筑物及井筒位置处的最高洪水位资料及建立的疏水、防水和排水系统情况。

2）矿山应主动与气象、水利、防汛等部门联系，建立灾害性天气预警和预防机制。

3）矿山应对本矿区范围内及周边废弃老井、地面塌陷坑、岩溶裂缝、采动裂隙进行巡视检查，并建立与可能影响矿井（坑）安全生产的水库、湖泊、河流、涵闸、堤防工程主管部门的通报机制。

4）雨季前，矿山必须全面检查防范暴雨洪水引发事故灾难措施的落实情况，对排查出的隐患，要落实责任，限定在汛期前完成整改。

5）矿区各井口的标高应高于当地历史最高洪水位 1 m 以上。工业场地的地面标高应高于当地历史最高洪水位。达不到要求的，应以历史最高洪水位为防护标准修筑防洪堤，井口应筑人工岛，使井口高于最高洪水位 1 m 以上。

6）井口附近或塌陷区内外的地表水体可能溃入井下时，必须采取必要措施避免渗入井下。

7）废石、矿石和其他堆积物等杂物严禁堆放在山洪、河流可能冲刷到的地段。

8）报废的竖井应充填密实或浇注 1 个大于井筒断面的坚实钢筋混凝土盖板，并应设栅栏和标志。井口封闭盖必须达到防止地表水灌入的要求。

9）使用中的钻孔应安装孔口保护装置，报废的钻孔应及时封孔。观测孔、注浆孔、电缆孔、与井下或含水层相通的钻孔，其孔口管必须高出当地最高洪水位或具备防止地表水倒灌（下泄）的装置。

（3）疏干塌陷防治措施如下：

1）疏干排水时有地表沉降、塌陷的矿山必须进行塌陷和沉降观测，分析塌陷和沉降的发展趋势，预测塌陷和沉降范围及灾害程度。危及居民安全的，必须采取加固措施或搬迁。

2）采取有效的物探方法查明塌陷区的岩溶裂隙过水通道的分布情况及发展规律。

3）建立矿区塌陷发生、发展趋势台账，统计塌陷个数、塌陷面积、裂缝位置、规模、时间、降雨量、矿坑排水量等。

4）露天转井下矿山应加强地面泥石流的监测和预防，对可能存在地面泥石流的矿山进行长期动态监测和预测预报，并应制定应急和治理措施。

5）疏干岩溶塌陷、滑坡、泥石流等地质灾害的评价、设计必须由具有相关资质的单位完成。

（4）矿区截流帷幕措施。当矿区具有以下水文地质条件时，应采用矿区帷幕截流防治水方案：

1）在采矿错动带以外有相对狭窄且集中的地下水进水通道。

2）有可靠的隔水边界（两端）。

3）有可靠的隔水底板。

4）包围式帷幕有可靠隔水底板即可。

（5）地下水防治措施如下：

1）查清水害隐患。要调查核实矿区范围内的其他矿山、废弃矿井、老采空区，以及本矿井积水区、含水层、岩溶带、地质构造等详细情况，并填绘矿区水文地质图；要摸清矿井水与地下水、地表水和大气降水的水力关系，预判矿井透水的可能性。

2）超前探水。在水文地质条件复杂、有水害威胁的矿井进行采掘作业，必须坚持“有疑必探、先探后掘”的原则。

超前钻孔的位置、方向、数目、孔径及每次钻进深度和超前距离，应根据水头高低、岩石性质等条件来确定。

探水前要检查钻孔巷道的稳定性，并加固巷道支护；清理巷道，准备水沟或其他水路；工作地点或附近安装电话，巷道及其出口要有照明和便于行人的通道，有与外界联络的信号。

在探水作业中，如发现岩石松软（发松），或沿钻杆向外流水超过正常打钻供水量，或有毒有害气体逸出等现象，必须停止打钻，并不得移动钻杆，撤退人员，立即向上级报告，采取安全措施。

3）排水疏干。有计划地将可能威胁矿井安全的地下水全部或部分排放，或降低矿区地下水位，称为排水疏干，这是最安全、最有效的防治水灾事故的措施。

疏干方法：在地面打钻，用深井泵或潜水泵把地下水抽到地表，即地表疏干；在井下用各种过滤管配合水泵排水，即地下疏干；在井下用巷道及地表钻孔排水，即地表与地下联合疏干。

4）隔水与堵水。有的矿山受条件限制，无法疏放地下水，或者采用疏干方法不经济时，可采取隔离水源和堵截水流，即隔水、堵水措施。

隔离水源就是采取留隔离矿（岩）柱和建立隔水帷幕，防止水源入侵矿井或采区。隔水帷幕是在水源与矿井或采区之间的主要通道上，将预先制备的浆液经过钻孔压入岩层裂隙并沿裂隙扩散、凝固，形成防止地下水渗透的一道帷幕。

堵截水流是在井下适当的位置，如通往水害威胁区域的巷道总汇合处、井底车场和井下水泵房等处设置防水闸门，堵住水源；在积水老采空区及有透水危险的区域与采区之间设置防水墙，堵截来水，保护采区安全。

5）完善排水系统。要按照设计和《金属非金属矿山安全规程》（GB 16423—2020）建立排水系统，加强对排水设备的检修、维护，确保排水系统完好可靠。

6）强化应急保障。要不断完善透水事故应急救援预案，水文地质情况复杂的矿井要按照要求建设紧急避险设施，并配备满足抢险救灾必需的大功率水泵等排水设备；要加强对作业人员的安全培训和透水事故应急救援预案的演练，提高作业人员应对透水事故的能力；严禁相邻矿井井下贯通，严禁开采隔水矿柱等各类保安矿柱。

4. 探放水安全技术措施

（1）探放水安全措施如下：

1）探水的巷道中间不得有低洼积水段。

2）探水巷必须在探水钻孔有效控制范围内掘进，探水钻孔的超前距、帮距及孔间距应符合设计要求。每次探水后、掘进前，应在起点处设置标志，并建立挂牌制度。

3）巷道支护应牢固，顶、帮背实，无高吊棚脚，斜巷有撑杆，使巷道有较强的抗水流冲击能力。

4）探放水地点必须装设电话和报警装置。

5）必须向受水害威胁区域的作业人员贯彻、交代报警信号及避灾路线。

6）应加强探水巷道出水征兆的观察，一旦发现异常应立即停止工作，及时处理。情况紧急时必须立即发出警报，撤出所有受水害威胁区域的人员。

7）钻孔接近老（采）空区、预计可能有有害气体涌出时，必须有矿山救护队队员在现场值班，检查空气成分。有害气体超过有关条文规定时，必须立即停止打钻，切断电源，撤出人员，并报告主管部门，采取措施，进行处理。

8）放水工作应尽量避免在雨季进行。

9）探放水人员必须按照批准的设计施工，未经审批单位允许，不得擅自改变设计。

（2）探放水应急处理措施如下：

1）钻杆接口断开无法退出时，必须及时关闭探水钻机，退出钻杆，更换新钻头接口，继续钻进，与断开的钻杆进行套钻，如未能套钻，必须重新进行开孔钻探。

2）探水过程中，如开、关按钮控制器失灵，必须切断电源，更换控制按钮。

3）钻探过程中无法钻进时，必须检查钻杆是否脱节，检查工作面回水颜色及钻探情况，退出钻杆检查钻头。待查明原因后，方可继续进行探放水。

4）探水过程中，水开始变大时，应立即报告矿相关技术和管理部门，分析后方可进行重新探放或停止探放。

5）探水过程中电机烧坏时，应及时更换电机，退出钻杆，将探水钻孔口封严实。

6）推进杆折断时，应及时退出钻杆，关闭电源，进行检查、更换。

7）发现钻探松软或有异常响声时，必须立即停止钻进，报告调度室或矿分管领导，待研究决定后，重新进行钻探或停止钻探。

三、火灾事故征兆及防范措施 

1. 火灾类型

金属非金属地下矿山的火灾类型分为外因火灾和内因火灾两类。

外因火灾又称外源火灾，是由外部各种原因引起的火灾。按照引发火灾的原因，外因火灾主要有以下几种类型：①明火（包括火柴点火、吸烟、电焊、氧焊、明火灯等）所引燃的火灾；②油料（包括润滑油、变压器油、液压油、柴油设备用油、维修设备用油等）在运输、储存和使用过程中所引起的火灾；③炸药在运输、加工和使用过程中所引起的火灾；④机械作用（包括摩擦、振动、冲击等）所引起的火灾；⑤电气设备（包括动力线、照明线、变压器、电动设备等）的绝缘损坏和性能不良所引起的火灾。

内因火灾又称自燃火灾，是由矿岩本身的物理和化学反应热所引起的火灾。内因火灾的形成除矿岩本身有氧化自热特点外，还必须有聚热条件。当热量得到积聚时，必然会产生升温现象，温度的升高又导致矿岩加速氧化，发生恶性循环。当温度达到该种物质的发火点时，则导致自燃火灾的发生。

2. 内因火灾发火前的征兆

(1) 矿物氧化时生成的水分会增加空气的湿度。在巷道内能看到有雾气或巷道壁“出汗”，这是火灾孕育期最早的外部征兆，但并不是唯一可靠的。在平时，能从地面的岩石裂缝或井口冒出水蒸气或刺鼻的烟气，在冬季则有冰雪融化现象。

(2) 在硫化矿井中，硫化矿物氧化时会生成二氧化硫，产生强烈的刺激性臭味，这种臭味是矿内火灾将要发生的较可靠的征兆。

(3) 人体对于不正常的气体会有不舒服的感觉，如头痛、闷热、裸露皮肤微疼、精神感到过度兴奋或疲乏等。

(4) 井下温度升高。

3. 火灾防范措施

(1) 明火引发火灾的防范措施如下：

1) 禁止用明火或火炉直接接触的方法加热井内空气，也不准用明火烤热井口冻结的管道。

2) 井下使用过的废油、棉纱、布头、油毡等易燃物应放入盖严的铁桶内，并及时运至地面集中处理。

3) 在大爆破作业过程中，要加强对火种的管制，防止明火与炸药及其包装材料接触引起燃烧、爆炸。

4) 不得在井下点燃木材照明或生火取暖，特别是对外包队伍更要加强明火的管理。

(2) 焊接作业引发火灾的防范措施如下：

1) 在井口建筑物内或井下从事焊接和切割作业时，要严格按照安全操作规程和井下动火作业管理规定执行，并制定经主管矿长批准的防火措施。

2）必须在井筒内进行焊接作业时，须派专人监护防火工作。焊接完毕后，应严格检查和清理现场。

3）在木材支护的井筒内进行焊接时，必须在作业部位下方设置接收火星、铁渣的设施，并派专人喷水淋湿，及时扑灭火星。

4）在井口或井筒内进行焊接作业时，应停止井筒中的其他作业，必要时设置信号与井口联系，以确保安全。

（3）爆破作业引发火灾的防范措施如下：

1）对于有硫化矿尘燃烧、爆炸危险的矿山，应限制一次装药量，并填塞好炮泥，以防止矿石过分破碎和爆破时喷出明火，在爆破过程中和爆破后应采取喷雾洒水等降尘措施。

2）对于一般金属矿山，要按《金属非金属矿山安全规程》（GB 16423—2020）要求，严格检查炸药库照明和防潮设施，防止工作面照明线路短路和产生电火花而引燃炸药，造成火灾。

3）爆破作业时，不得使用在黄铁矿中钻孔时所产生的粉末作为填塞炮孔的材料。

4）大爆破作业时，应认真检查运药路线，以防止电气短路、顶板冒落、明火等引燃炸药，造成火灾、中毒窒息、爆炸事故。

5）爆破后要进行有效的通风，防止可燃性气体局部积聚，达到燃烧和爆炸极限，引发火灾或爆炸事故。

（4）电气引发火灾的防范措施如下：

1）井下禁止使用电热器和灯泡取暖、防潮和烘烤，以防止热量积聚而引燃可燃物造成火灾。

2）正确地选择、装配和使用电气设备及电缆，防止发生短路和过负荷。注意电路中接触不良、电阻增加发生过热现象，正确进行线路连接、插头连接、电缆连接、灯头连接等。

3）井下输电线路和直流回馈线路通过木质井框、井架和易燃材料的场所时，必须采取有效的防止漏电或短路的措施。

4）变压器、控制器等用油，在倒入前必须清除杂质，按有关规程与标准采样，进行理化性质试验，以防引起电气火灾。

5）严禁将易燃易爆器材存放在电缆接头、铁道接头、临时照明线灯头接头或接地极附近，以免因电火花引起火灾。

（5）内因火灾防范措施如下：

1）减少井下可燃物。新建和改扩建矿井要使用具备阻燃特性的动力线、照明线、输送带、风筒等材料，生产矿井要严格落实《国家安全监管总局关于发布金属非金属矿山禁止使用的设备及工艺目录（第一批）的通知》（安监总管一〔2013〕101 号）的要求。

2）严格井下动火作业和用电管理。井下切割、焊接等动火作业必须制定安全措施，并经矿长签字批准后实施。严禁在井下吸烟，严禁违规使用电器，严禁使用电炉、灯泡等进行防潮、烘烤、做饭和取暖。

3）强化井下油品管理。井下各种油品必须单独存放在安全地点，并严密封盖。柴油设备或油压设备一旦出现漏油，要及时处理。

4）完善井下消防系统。要按照有关规定设置地面和井下消防设施，并要有足够可用的消防用水。要制定火灾事故现场处置方案，并定期进行演练。

4. 火灾的处置措施

（1）外因火灾的处置措施。无论发生在矿山地面还是井下的火灾，都应立即采取一切可能的方法直接扑灭，并同时报告消防、救护部门，以减少人员和财产的损失。对于井下外因火灾，要依照矿井火灾处置方案，首先将人员撤离危险区，并组织人员利用现场一切工具和器材及时灭火。要有防止风流自然反向和有毒有害气体蔓延的措施。扑灭井下火灾的方法主要有直接灭火法、隔绝灭火法和联合灭火法。

（2）内因火灾的处置措施如下：

1）直接灭火法。直接灭火法是指用灭火器在火源附近直接进行灭火，是一种积极的灭火方法。一般可以采用水或者其他化学灭火剂、泡沫剂、惰性气体等。

2）隔绝灭火法。隔绝灭火法是在通往火区的所有巷道内建筑密闭墙，并用黄土、灰浆等材料堵塞巷道壁上的裂缝，填平地面塌陷区的裂隙，以阻止空气进入火源，从而使火区因缺氧而熄灭。只有在不可能用直接灭火法或在没有联合灭火法所需的设备时，才能用密闭墙隔绝火区作为单独的灭火方法。

3）联合灭火法。当井下发生火灾不能用直接灭火法时，一般均采用联合灭火法。此方法是先用密闭墙将火区密闭，再向火区注入泥浆或其他灭火材料。

4）均压法灭火。均压法灭火的实质是设置调压装置或调整通风系统，以降低漏风通道两端的风压差，减少漏风量，使火区缺氧而灭火。用调压装置调节风压的具体做法：风窗调压、局部通风机调压、风窗—局部通风机联合调压等。

（3）发生火灾时风流的变化与控制。用减少井下风量的方法，或用开闭风门、建筑临时密闭的方法使流向火源的风流短路，以控制火灾生成的有毒有害气体扩散速度，为人员的撤离创造条件，在条件适合时用反风的方法把有毒有害气体排出地面。为此，矿井主扇应能使风流在 10 min 之内反向。每年至少进行一次反风试验，并测定主要风路反风路的风量。

根据井下火灾发生的地点和具体情况，风流调度应遵循以下原则：

1）在入风井口建筑物、入风井筒、井底车场或硐室发生火灾时，应尽快反转风流。

2）在回风井筒、井底车场发生火灾时，维持原风流方向。

3）在回采工作面、采准巷道或其他作业区发生火灾时，应降低主要通风机转数，打开回风井井盖，使主要通风机风流短路、巷道增阻，以减少井下风量，维持原有风流方向。

四、高处坠落事故防范措施

（1）在天井、竖井、大断面硐室施工时，在 6 m 以上高度作业人员都必须佩戴安全带。吊桶升降人员也应佩戴安全带或安全绳。

（2）在天井、大断面硐室及距顶板 1.8~2 m 处，要设牢固的安全平台。掘进高度超过 8 m 时，应设隔板和安全棚。

（3）上、下人的梯子或扒钉的支撑点应位于井框的横梁上，梯子倾角不得大于 80°。不打横梁的天井，应用铁钩架设托梁，铁钩应用直径不小于 20 mm 的圆钢制作，插入两帮的深度不得小于 800 mm，并应保持水平。

（4）竖井口的封口盘在不提升时应关闭。在封口盘、固定盘、吊盘及井架上作业必须佩戴安全带。

第五章 爆破安全

第一节 爆破基本知识

一、爆破作业的基本要求 

1. 爆破作业环境

（1）爆破前应对爆区周围的自然条件和环境状况进行调查，了解危及安全的不利环境因素，并采取必要的安全防范措施。

（2）爆破作业场所有下列情形之一时，不应进行爆破作业：

1）距工作面 20 m 以内的风流中瓦斯含量达到 1%或有瓦斯突出征兆的。

2）爆破会造成巷道涌水、堤坝漏水、河床严重阻塞、泉水变迁的。

3）岩体有冒顶或边坡滑落危险的。

4）硐室、炮孔温度异常的。

5）地下爆破作业区的有害气体浓度超标的。

6）爆破可能危及建（构）筑物、公共设施或人员的安全而无有效防护措施的。

7）作业通道不安全或堵塞的。

8）支护规格与支护说明书的规定不符或工作面支护损坏的。

9）危险区边界未设警戒的。

10）光线不足且无照明或照明不符合规定的。

11）未按《爆破安全规程》（GB 6722—2014）的要求做好准备工作的。

（3）露天和水下爆破装药前，应与当地气象、水文部门联系，及时掌握气象、水文资料，遇以下恶劣天气和水文情况时，应停止爆破作业，所有人员应立即撤到安全地点：

1）热带风暴或台风即将来临时。

2）雷电、暴雨雪来临时。

3）大雾天或沙尘暴，能见度不超过 100 m 时。

4）现场风力超过 8 级、浪高大于 1.0 m 时或水位暴涨暴落时。

（4）应急抢险爆破可以不受《爆破安全规程》（GB 6722—2014）的限制，但应采取安全保障措施并经应急抢险负责人批准。

（5）在有关法规不允许进行常规爆破作业，但又必须进行爆破时，应先与有关部门协调一致，做好安全防护，制定应急预案。

（6）采用电爆网路时，应对高压电、射频电等进行调查，对杂散电流进行测试。发现存在危险，应立即采取预防或排除措施。

（7）浅孔爆破应采用湿式凿岩，深孔爆破凿岩机应配收尘设备。在残孔附近钻孔时应避免凿穿残留炮孔，在任何情况下均不许钻残孔。

2. 爆破工程施工准备

（1）施工组织的内容如下：

1）A 级、B 级爆破工程，都应成立爆破指挥部，全面指挥和统筹安排爆破工程的各项工作。指挥部的设置及职能如下：

①指挥部应设指挥长 1 人，副指挥长若干人。指挥长负责指挥部的全面工作并对副指挥长的工作进行分工。

②指挥部应根据需要设置设计施工组、起爆组、物资供应组、安全保卫组、警戒组、安全监测组和后勤组等。

③指挥部和各职能组的每位成员，都应分工明确，职责清楚，各尽其责。

2）其他爆破应设指挥组或指挥人，指挥组应适应爆破类别、爆破工程等级、周围环境的复杂程度和爆破作业程序的要求，并严格按爆破设计与施工组织计划实施，确保工程安全。

（2）施工公告的内容如下：

1）凡须经公安机关审批的爆破作业项目，爆破作业单位应于施工前 3 天发布公告，并在作业地点张贴，施工公告内容应包括爆破作业项目名称、委托单位、设计施工单位、安全评估单位、安全监理单位、爆破作业时限等。

2）装药前1天应发布爆破公告并在现场张贴，内容包括爆破地点、每次爆破时间、安全警戒范围、警戒标识、起爆信号等。

3）邻近交通要道的爆破需进行临时交通管制时，应预先申请并至少提前3天由公安交管部门发布爆破施工交通管制通知。

4）在邻近通航水域进行爆破施工时，应在3天前通知相关部门。

5）爆破可能危及供水、排水、供电、供气、通信等线路以及运输交通隧道、输油管线等重要设施时，应事先准备好相应的应急措施，应向有关主管部门报告，做好协调工作并在爆破时通知有关单位到场。

6）在同一地区同时进行露天、地下、水下爆破作业或几个爆破作业单位平行作业时，应由建设单位组织协商后共同发布施工公告和爆破公告。

（3）施工现场清理与准备的内容如下：

1）爆破工程施工前，应根据爆破设计文件要求和场地条件，对施工场地进行规划，并开展施工现场清理与准备工作。

施工场地规划应包括以下内容：

①爆破施工区段或爆破作业面划分及其程序编排。爆破与清运交叉循环作业时，应制定相关的安全措施。

②有碍爆破作业的障碍物或废旧建（构）筑物的拆除与处理方案。

③现场施工机械配置方案及其安全防护措施。

④进出场主通道及各作业面临时通道布置。

⑤夜间施工照明与施工用风、水、电供给系统敷设方案，施工器材、机械维修场地布置。

⑥施工用爆破器材现场临时保管、施工用药包现场制作与临时存放场所安排及其安全保卫措施。

⑦施工现场安全警戒岗哨、避炮防护设施与工地警卫值班设施布置。

⑧施工现场防洪与排水措施。

2）爆破工程施工之前，应制定施工安全与施工现场管理的各项规章制度。

（4）通信联络的内容如下：

1）爆破指挥部应与爆破施工现场、起爆站、主要警戒哨建立并保持通信联络。不成立指挥部的爆破工程，在爆破组（人）、起爆站和警戒哨间应建立通信联络，保持畅通。

2）通信联络制度、联络方法应由指挥长或指挥组（人）决定。

（5）装药前的施工验收内容如下：

1）装药前应对炮孔、硐室、爆炸处理构件逐个进行测量验收，做好记录并保存。

2）凡须经公安机关审批的爆破作业项目施工验收，应有爆破设计人员参加。

3）对验收不合格的炮孔、硐室、构件，应按设计要求进行施工纠正，或报告爆破技术负责人进行设计修改。

3. 爆破器材现场检测、加工和起爆方法

（1）一般要求如下：

1）爆破工程使用的炸药、雷管、导爆管、导爆索、电线、起爆器、测量仪表均应进行现场检测，检测合格后方可使用。

2）进行爆破器材检测、加工和爆破作业的人员，应穿戴防静电的衣物。

3）在爆破工程中推广应用爆破新技术、新工艺、新器材、新仪表装备，应经有关部门或经授权的行业协会批准。

4）在潮湿或有水环境中应使用抗水爆破器材或对不抗水爆破器材进行防潮、防水处理。

（2）爆破器材现场检测内容如下：

1）在实施爆破作业前，爆破器材现场检测应包括以下内容：

①对所使用的爆破器材进行外观检查。

②对电雷管进行电阻值测定。

③对使用的仪表、电线、电源进行必要的性能检验。

2）爆破器材外观检查项目如下：

①雷管管体不应变形、破损、锈蚀。

②导爆索表面要均匀且无折伤、压痕、变形、霉斑、油污。

③导爆管管内无断药，无异物或堵塞，无折伤、油污和穿孔，端头封口良好。

④粉状硝铵类炸药不应吸湿结块，乳化炸药和水胶炸药不应破乳或变质。

⑤电线无锈痕，绝缘层无划伤、开绽。

3）起爆电源及仪表的检验内容如下：

①起爆器的充电电压、外壳绝缘性能。

②采用交流电起爆时，应测定交流电压，并检查开关、电源及输电线路是否符合要求。

③各种连接线、区域线、主线的材质、规格、电阻值和绝缘性能。

④爆破专用电桥、欧姆表和导通器的输出电流及绝缘性能。

4）A 级、B 级爆破工程检测及试验项目还应包括以下内容：

①炸药的殉爆距离。

②延时雷管的延时时间。

③起爆网路连接方式的传爆可靠性试验。

（3）起爆器材加工的要求如下：

1）加工起爆药包和起爆药柱，应在指定的安全地点进行，加工数量应不超过当班爆破作业用量。

2）在水孔中使用的起爆药包，孔内不得有电线、导爆管和导爆索接头。

3）当采用孔（硐）内延时爆破时，应在起爆药包引出孔（硐）外的电线和导爆管上标明雷管段别和延时时间。

4）切割导爆索应使用锋利刀具，不得使用剪刀剪切。

（4）起爆方法如下：

1）电雷管应使用电力起爆器、动力电、照明电、发电机、蓄电池、干电池起爆。

2）电子雷管应使用配套的专用起爆器起爆。

3）导爆管雷管应使用专用起爆器、雷管或导爆索起爆。

4）导爆索应使用雷管正向起爆。

5）不应使用药包起爆导爆索和导爆管。

6）工业炸药应使用雷管或导爆索起爆，没有雷管感度的工业炸药应使用起爆药包或起爆器具起爆。

7）各种起爆方法均应远距离操作，起爆地点应不受空气冲击波、有害气体和个别飞散物危害。

8）在有瓦斯和粉尘爆炸危险的环境中爆破，应使用煤矿许用起爆器材起爆。

9）在杂散电流大于 30 mA 的工作面或高压线、射频电危险范围内，不应采用普通电雷管起爆。

4. 起爆网路

（1）一般要求如下：

1）多药包起爆应连接成电爆网路、导爆管网路、导爆索网路、混合网路或数码电子雷管网路起爆。

2）起爆网路连接工作应由工作面向起爆站依次进行。

3）雷雨天禁止任何露天起爆网路连接作业，正在实施的起爆网路连接作业应立即停止，人员迅速撤至安全地点。

4）各种起爆网路均应使用合格的器材。

5）起爆网路连接应严格按设计要求进行。

6）在可能对起爆网路造成损害的部位，应采取保护措施。

7）敷设起爆网路应由有经验的爆破员或爆破技术人员实施，并实行双人作业制。

（2）电力起爆网路要求如下：

1）同一起爆网路，应使用同厂、同批、同型号的电雷管，电雷管的电阻值差不得大于产品说明书的规定。

2）电力起爆网路的连接线不应使用裸露导线，不得利用照明线、铁轨、钢管、钢丝作为爆破线路，电力起爆网路与电源开关之间应设置中间开关。

3）电力起爆网路的所有导线接头，均应按电工接线法连接，并确保其对外绝缘。在潮湿有水的地区，应避免导线接头接触地面或浸泡在水中。

4）起爆电源能量应能保证全部电雷管准爆；用变压器、发电机作为起爆电源时，流经每个普通电雷管的电流应满足：一般爆破，交流电不小于 2.5 A，直流电不小于 2 A；硐室爆破，交流电不小于 4 A，直流电不小于 2.5 A。

5）用起爆器起爆电力起爆网路时，应按起爆器说明书的要求连接网路。

6）电力起爆网路的导通和电阻值检查，应使用专用导通器和爆破电桥，导通器和爆破电桥应每月检查一次，其工作电流应小于 30 mA。

（3）导爆管起爆网路要求如下：

1）导爆管网路应严格按设计要求进行连接，导爆管网路中不应有死结，炮孔内不应有接头，孔外相邻传爆雷管之间应留有足够的距离。

2）用雷管起爆导爆管网路时，应遵守下列规定：

①起爆导爆管的雷管与导爆管捆扎端端头的距离应不小于 15 cm。

②应有防止雷管聚能射流切断导爆管的措施和防止延时雷管的气孔烧坏导爆管的措施。

③导爆管应均匀地分布在雷管周围并用胶布等捆扎牢固。

3）使用导爆管连通器时，应夹紧或绑牢。

4）采用地表延时网路时，地表雷管与相邻导爆管之间应留有足够的安全距离，孔内应采用高段别雷管，确保地表未起爆雷管与已起爆药包之间的水平间距大于 20 m。

（4）导爆索起爆网路要求如下：

1）起爆导爆索的雷管与导爆索捆扎端端头的距离应不小于 15 cm，雷管的聚能穴应朝向导爆索的传爆方向。

2）导爆索起爆网路应采用搭接、水手结等方法连接，两根导爆索搭接长度应不小于 15 cm，中间不得夹有异物或炸药，捆扎应牢固，支线与主线传爆方向的夹角应小于 90°。

3）连接导爆索中间不应出现打结或打圈；交叉敷设时，应在两根交叉导爆索之间设置厚度不小于 10 cm 的木质垫块或土袋。

（5）电子雷管起爆网路要求如下：

1）电子雷管起爆网路应使用专用起爆器起爆，专用起爆器使用前应进行全面检查。

2）装药前应使用专用仪器检测电子雷管，并进行注册和编号。

3）应按说明书要求连接子网路，雷管数量应小于子起爆器规定数量。子网路连接后应使用专用设备进行检测。

4）应按说明书要求，将全部子网路连接成主网路，并使用专用设备检测主网路。

（6）混合起爆网路要求如下：

1）大型起爆网路可以同时使用电雷管、导爆管雷管、电子雷管和导爆索连接成混合起爆网路。

2）混合网路中的地表导爆索应与雷管、导爆管和电线之间留有足够的安全距离。

3）用导爆索引爆导爆管时，应使用单股导爆索与导爆管垂直连接，或使用专用联结块连接。

（7）起爆网路试验要求如下：

1）硐室爆破和 A 级、B 级爆破工程，应进行起爆网路试验。

2）电起爆网路应进行实爆试验或等效模拟试验。起爆网路实爆试验应按设计网路连接起爆；等效模拟试验，应至少选一条支路按设计方案连接雷管，其他各支路可用等效电阻代替。

3）大型混合起爆网路、导爆管起爆网路和导爆索起爆网路试验，应至少选一组（地下爆破选一个分区）典型的起爆支路进行实爆。对重要爆破工程，应考虑在现场条件下进行网路实爆。

（8）起爆网路检查要求如下：

1）起爆网路检查，应由有经验的爆破员组成的检查组进行，检查组不得少于 2 人。大型或复杂起爆网路检查应由爆破工程技术人员组织实施。

2）电力起爆网路，应进行下述检查：

①电源开关是否接触良好，开关及导线的电流通过能力是否满足设计要求。

②网路电阻是否稳定，与设计值是否相符。

③网路是否有接头接地或锈蚀，是否有短路或开路。

④采用起爆器起爆时，应检验其起爆能力。

3）导爆索或导爆管起爆网路，应进行下述检查：

①有无漏接或中断、破损。

②有无打结或打圈，支路拐角是否符合规定。

③雷管捆扎是否符合要求。

④线路连接方式是否正确，雷管段数是否与设计相符。

⑤网路保护措施是否可靠。

4）电子雷管起爆网路应按设计复核电子雷管编号、延时量、子网路和主网路的检测结果。

5. 装药

（1）一般要求如下：

1）装药前应对作业场地、爆破器材堆放场地进行清理，装药人员应对准备装药的全部炮孔、药室进行检查。

2）从炸药运入现场开始，应划定装药警戒区，警戒区内禁止烟火，并不得携带火柴、打火机等火源进入警戒区域；采用普通电雷管起爆时，不得携带手机或其他移动式通信设备进入警戒区。

3）炸药运入警戒区后，应迅速分发到各装药孔口或装药硐口，不应在警戒区临时集中堆放大量炸药，不得将起爆器材、起爆药包和炸药混合堆放。

4）搬运爆破器材应轻拿轻放，装药时不应冲撞起爆药包。

5）在铵油、重铵油炸药与导爆索直接接触的情况下，应采取隔油措施或采用耐油型导爆索。

6）在黄昏或夜间等能见度差的条件下，不宜进行露天及水下爆破的装药工作，如确需进行装药作业时，应有足够的照明设施保障作业安全。

7）炎热天气不应将爆破器材在强烈日光下暴晒。

8）爆破装药现场不得用明火照明。

9）爆破装药用电灯照明时，在装药警戒区 20 m 以外可装 220 V 的照明器材，在作业现场或硐室内应使用电压不高于 36 V 的照明器材。

10）从带有电雷管的起爆药包或起爆体进入装药警戒区开始，装药警戒区内应停电，采用安全蓄电池灯、安全灯或绝缘手电筒照明。

11）各种爆破作业都应按设计药量装药并做好装药原始记录。记录应包括装药基本情况、出现的问题及其处理措施。

（2）人工装药要求如下：

1）人工搬运爆破器材时应遵守《爆破安全规程》（GB 6722—2014）的规定，起爆体、起爆药包应由爆破员携带、运送。

2）炮孔装药应使用木、竹等制成的炮棍。

3）不应往孔内投掷起爆药包和敏感度高的炸药，起爆药包装入后应采取有效措施，防止后续药卷直接冲击起爆药包。

4）装药发生卡塞时，若在雷管和起爆药包放入之前，可用非金属长杆处理。装入雷管或起爆药包后，不得用任何工具冲击、挤压。

5）在装药过程中，不得拔出或硬拉起爆药包中的导爆管、导爆索和电雷管引出线。

（3）机械装药要求如下：

1）现场混装多孔粒状铵油炸药装药车应符合以下规定：

①料箱和输料螺旋应采用耐腐蚀的金属材料，车体应有良好的接地装置。

②输药软管应使用专用半导体材料软管，钢丝与厢体的连接应牢固。

③装药车整个系统的接地电阻值应不大于 $1\times10^5\ \Omega$。

④输药螺旋与管道之间应有一定的间隙，不应与壳体相摩擦。

⑤发动机排气管应安装消焰装置，排气管与油箱、轮胎应保持适当的距离。

⑥应配备灭火装置和有效的防静电接地装置。

⑦制备炸药的原材料时，装药车制药系统应能自动停车。

2）现场混装乳化炸药装药车应符合以下规定：

①料箱和输料部分应采用防腐材料。

②输药软管应采用带钢丝棉织塑料或橡胶软管。

③排气管应安装消焰装置，排气管与油箱、轮胎应保持适当的距离。

④车上应设有灭火装置和有效的防静电接地装置。

⑤清洗系统应能保证有效地清理管道中的余料和积污。

⑥应具有出现原材料缺项、螺杆泵空转、螺杆泵超压等情况下自动停车等功能。

3）现场混装重铵油炸药装药车除符合现场混装乳化炸药装药车的规定以外，还应保证输药螺旋与管道之间应有足够的间隙，不应与壳体相摩擦。

4）小孔径炮孔爆破使用的装药器应符合下列规定：

①装药器的罐体使用耐腐蚀的导电材料制作。

②输药软管应采用专用半导体材料软管。

③整个系统的接地电阻不大于 $1\times10^5\ \Omega$。

5）采用装药车、装药器装药时应遵守下列规定：

①输药风压不超过额定风压的上限值。

②装药车和装药器应保持良好接地。

③拔管速度应均匀，并控制在 0.5 m/s 以内。

④返用的炸药应过筛，不得有石块和其他杂物混入。

（4）压气装药孔底起爆要求如下：

1）压气装药孔底起爆应使用经安全性试验合格的起爆器材或采用孔底起爆具。孔底起爆具应在现场装入导爆管、雷管和炸药，导爆管应放在装置的槽内，并用胶布固定在装置尾端。炸药的感度和威力均应不小于2号粉状乳化炸药，装药密度应大于0.95 g/cm^3。

2）孔底起爆具应符合下列规定：

①通过激波管试验，能承受6×10^5 Pa的空气冲击波入射超压。

②在锤重2 kg、落高1.5 m的卡斯特落锤试验中不损坏。

③对导爆管应有保护措施。

④能起爆孔底起爆具以外的炸药。

⑤每年至少检测一次。

3）压气装药安全性技术指标应符合下列规定：

①装药器应符合小孔径炮孔爆破使用的装药器的规定。

②现场装药空气相对湿度不小于80%。

③装药器的工作压力不大于6×10^5 Pa。

④炮孔内静电电压应不超过1 500 V，在炸药和输药管类型改变后应重新测定静电电压。

（5）现场混装炸药车装药要求如下：

1）使用现场混装炸药车装药应经安全验收合格。

2）混装炸药车司机、操作工，应经过严格培训和考核持证上岗，应熟练掌握混装炸药车各部分的操作程序和使用、维护方法。

3）混装炸药车上料前应对计量控制系统进行检测标定，配料仓不应有其他杂物；上料时不应超过规定的物料量；上料后应检查输药软管是否畅通。

4）混装炸药车应配备消防器具，接地良好，进入现场应悬挂“危险”警示标识。

5）混装炸药车行驶速度应不超过40 km/h，扬尘、起雾、暴风雨等能见度差时速度减半。在平坦道路上行驶时，两车距离应不小于50 m；上山或下山时，两车距离应不小于200 m。

6）装药前，应先将起爆药柱、雷管和导爆索按设计要求加工并按设计要求装入炮孔内。

7）混装炸药车行车时严禁压坏、刮坏、碰坏爆破器材。

8）装药前应对炸药密度进行检测，检测合格后方可进行装药。

9）混装炸药车装药前，应对前排炮孔的岩性及抵抗线变化进行逐孔校核，设计参数变化较大的，应及时调整设计后再进行装药。

10）采用输药软管方式输送混装炸药时，对干孔应将输药软管末端送至孔口填塞段以下 0.5~1 m 处；对水孔应将输药软管末端下至孔底，并根据装药速度缓缓提升输药软管。

11）装药过程中发现漏药的情况，应及时采取处理措施。

12）装药时应进行护孔，防止孔口岩屑、岩渣混入炸药中。

13）混装乳化炸药装药完毕 10 min 后，经检查合格才可进行填塞，应测量填塞段长度是否符合爆破设计要求。

14）混装乳化炸药装药至最后一个炮孔时，应将软管中剩余炸药装入炮孔中，装药完毕将软管内残留炸药清理干净。

15）现场混制装填炸药时，炮孔内导爆索、导爆管雷管、起爆具等起爆器材的性能除应满足国家标准要求外，还应满足耐水、耐油、耐温、耐拉等现场作业要求；严禁电雷管直接入孔。

16）孔底起爆时，起爆药包应离开孔底一定距离。

（6）预装药要求如下：

1）进行预装药作业，应制定安全作业细则并经爆破技术负责人审批。

2）预装药爆区应设专人看管，并设置醒目的警示标识，无关人员和车辆不得进入预装药爆区。

3）雷雨天气露天爆破不得进行预装药作业。

4）高温、高硫区不得进行预装药作业。

5）预装药所使用的雷管、导爆管、导爆索、起爆药柱等起爆器材应具有防水防腐性能。

6）正在钻进的炮孔和预装药炮孔之间，应有 10 m 以上的安全隔离区。

7）预装药炮孔应在当班进行填塞，填塞后应注意观察炮孔内装药高度的变化。

8）如果采用电力起爆网路，由炮孔引出的起爆导线应短路；如果采用导爆管起爆网路，导爆管端口应可靠密封，预装药期间不得连接起爆网路。

6. 填塞

(1) 硐室、深孔和浅孔爆破装药后都应进行填塞，禁止无填塞爆破。

(2) 填塞炮孔的炮泥中不得混有石块和易燃材料，水下炮孔可用碎石渣填塞。

(3) 用水袋填塞时，孔口应用不小于 0.15 m 的炮泥将炮孔填满堵严。

(4) 水平孔和上向孔填塞时，不得紧靠起爆药包或起爆药柱楔入木楔。

(5) 不得捣固直接接触起爆药包的填塞材料或用填塞材料冲击起爆药包。

(6) 分段装药间隔填塞的炮孔，应按设计要求的间隔填塞位置和长度进行填塞。

(7) 发现有填塞物卡孔应及时进行处理（可用非金属杆或高压风处理）。

(8) 填塞作业应避免夹扁、挤压和拉扯导爆管、导爆索，并应保护电雷管引出线。

(9) 深孔机械填塞应遵守下列规定：

1) 当填塞物潮湿、黏性较大或表面冻结时，应采取措施防止将大块装入孔内。

2) 填塞水孔时，应放慢填塞速度，让水排出孔外，避免产生悬料。

7. 爆破警戒和信号

(1) 爆破警戒内容如下：

1) 装药警戒范围由爆破技术负责人确定，装药时应在警戒区边界设置明显标识并派出岗哨。

2) 爆破警戒范围由设计确定。在危险区边界，应设有明显标识，并派出岗哨。

3) 执行警戒任务的人员，应按指令到达指定地点并坚守工作岗位。

4) 靠近水域的爆破安全警戒工作，除按上述要求封锁陆岸爆区警戒范围外，还应对水域进行警戒。水域警戒应配有指挥船和巡逻船，其警戒范围由设计确定。

(2) 信号要求如下：

1) 预警信号：该信号发出后爆破警戒范围内开始清场工作。

2) 起爆信号：起爆信号应在确认人员全部撤离爆破警戒区，所有警戒人员到位，具备安全起爆条件时发出。起爆信号发出后现场指挥应再次确认达到安全起爆条件，然后下令起爆。

3) 解除信号：安全等待时间过后，检查人员进入爆破警戒范围内检查、确认安全后，报请现场指挥同意，方可发出解除信号。在此之前，岗哨不得撤离，不允许非检查人员进入爆破警戒范围。

4）各类信号均应使爆破警戒区域及附近人员能清楚地听到或看到。

8. 爆后检查

（1）爆后检查等待时间具体要求如下：

1）露天浅孔、深孔、特种爆破，爆后超过 5 min 后方准许检查人员进入爆破作业地点；如不能确认有无盲炮，应经 15 min 后才能进入爆区检查。

2）露天爆破经检查确认爆破点安全后，经当班爆破班长同意，方准许作业人员进入爆区。

3）地下工程爆破后，经通风、除尘、排烟确认井下空气合格，等待时间超过 15 min 后，方准许检查人员进入爆破作业地点。

4）对于拆除爆破，应等待倒塌建（构）筑物和保留建筑物稳定之后，方准许人员进入现场检查。

5）硐室爆破、水下深孔爆破及《爆破安全规程》（GB 6722—2014）未规定的其他爆破作业，爆后检查的等待时间由设计确定。

（2）爆后检查内容如下：

1）确认有无盲炮。

2）露天爆破爆堆是否稳定，有无危坡、危石、危墙、危房及未炸倒建（构）筑物。

3）地下爆破有无瓦斯及地下水突出，有无冒顶、危岩，支撑是否被破坏，有害气体是否排除。

4）在爆破警戒区内公用设施及重点保护建（构）筑物安全情况。

（3）检查人员要求如下：

1）A 级、B 级及复杂环境的爆破工程，爆后检查工作应由现场技术负责人、起爆组长和有经验的爆破员、安全员组成检查小组实施。

2）其他爆破工程的爆后检查工作由安全员、爆破员共同实施。

（4）检查发现问题的处置

1）检查人员发现盲炮或怀疑盲炮，应向爆破负责人报告后组织进一步检查和处理；发现其他不安全因素应及时排查处理。在上述情况下，不得发出解除信号，经现场指挥同意，可缩小警戒范围。

2）发现残余爆破器材应收集上缴，集中销毁。

3）发现爆破作业对周边建（构）筑物、公用设施造成安全威胁时，应及时组织抢险、治理，排除事故隐患。

4）对影响范围不大的险情，可以进行局部封锁处理，解除爆破警戒。

9. 盲炮处理

（1）一般要求如下：

1）处理盲炮前应由爆破技术负责人定出警戒范围，并在该区域边界设置警戒，处理盲炮时无关人员不许进入警戒区。

2）应派有经验的爆破员处理盲炮，硐室爆破的盲炮处理应由爆破工程技术人员提出方案并经单位技术负责人批准。

3）电力起爆网路发生盲炮时，应立即切断电源，及时将盲炮电路短路。

4）导爆索和导爆管起爆网路发生盲炮时，应首先检查导爆索和导爆管是否有破损或断裂，发现有破损或断裂的可修复后重新起爆。

5）严禁强行拉出炮孔中的起爆药包和雷管。

6）盲炮处理后，应再次仔细检查爆堆，将残余的爆破器材收集起来统一销毁。在不能确认爆堆无残留的爆破器材之前，应采取预防措施并派专人监督爆堆挖运作业。

7）盲炮处理后应由处理者填写登记卡片或提交报告，说明产生盲炮的原因、处理的方法、效果和预防措施。

（2）裸露爆破的盲炮处理要求如下：

1）处理裸露爆破的盲炮，可安置新的起爆药包（或雷管）重新起爆或将未爆药包回收销毁。

2）发现未爆炸药受潮变质，则应将变质炸药取出销毁，重新敷药起爆。

（3）浅孔爆破的盲炮处理要求如下：

1）经检查确认起爆网路完好时，可重新起爆。

2）可钻平行孔装药爆破，平行孔距盲炮孔应不小于 0.3 m。

3）可用木、竹或其他不产生火花的材料制成的工具，轻轻地将炮孔内填塞物掏出，用药包诱爆。

4）可在安全地点外用远距离操纵的风水喷管吹出盲炮填塞物及炸药，但应采取措施回收雷管。

5）处理非抗水类炸药的盲炮，可将填塞物掏出，再向孔内注水，使其失效，但应回收雷管。

6）盲炮应在当班处理，当班不能处理或未处理完毕，应将盲炮情况（盲炮数目、炮孔方向、装药数量和起爆药包位置，处理方法和处理意见）在现场交接清楚，由下一班继续处理。

（4）深孔爆破的盲炮处理要求如下：

1）爆破网路未受破坏，且最小抵抗线无变化者，可重新连接起爆；最小抵抗线有变化者，应验算安全距离，并加大警戒范围后，再连接起爆。

2）可在距盲炮孔口不少于 10 倍炮孔直径处另打平行孔装药起爆。爆破参数由爆破工程技术人员确定并经爆破技术负责人批准。

3）所用炸药为非抗水炸药且孔壁完好时，可取出部分填塞物向孔内灌水使之失效，然后做进一步处理，但应回收雷管。

（5）硐室爆破的盲炮处理要求如下：

1）如能找出起爆网路的电线、导爆索或导爆管，经检查正常仍能起爆者，应重新测量最小抵抗线，重划警戒范围，连接起爆。

2）可沿竖井或平硐清除填塞物并重新敷设网路连接起爆，或取出炸药和起爆体。

（6）水下爆破的盲炮处理要求如下：

1）因起爆网路绝缘不好或连接错误造成的盲炮，可重新连接起爆。

2）对填塞长度小于炸药殉爆距离或全部用水填塞的水下炮孔盲炮，可另装入起爆药包诱爆。

3）处理水下裸露药包盲炮，也可在盲炮附近投入裸露药包诱爆。

4）在清渣施工过程中发现未爆药包，应小心地将雷管与炸药分离，分别销毁。

（7）其他盲炮处理要求如下：

1）地震勘探爆破发生盲炮时应从炮孔或炸药安放点取出拒爆药包销毁；不能取出拒爆药包时，可装填新起爆药包进行诱爆。

2）凡《爆破安全规程》（GB 6722—2014）没有提到处理方法的盲炮，在处理之前应制定安全可靠的处理办法及操作细则，经爆破技术负责人批准后实施。

10. 爆破有害效应监测

（1）D 级以上爆破以及可能引起纠纷的爆破，均应进行爆破有害效应监测。监测项目由设计和安全评估单位提出，监理单位监督实施。

（2）监测项目涉及爆破振动、空气或水中冲击波、动水压力、涌浪、爆破噪声、飞散物、有害气体、瓦斯以及可能引起次生灾害的危险源。

（3）监测单位应经有关部门认证具有法定资质，所使用的测试系统应满足国家计量法规的要求。

（4）爆破振动有害效应测试系统应由县级以上计量行政部门所属或者授权的计量检定机构定期标定。

（5）监测报告内容应包括监测目的和方法、测点布置、测试系统的标定结果、实测波形图及其处理方法、各种实测数据、判定标准和判定结论。

（6）重复爆破的监测项目，应在每次爆破后及时提交监测简报。

（7）爆破有害效应监测单位，不应作为本单位承担爆破工程仲裁的监测方。

11. 爆破总结

（1）爆破作业单位应在一项爆破工程结束或告一段落时，进行爆破总结。

（2）爆破总结应包括以下内容：

1）设计方案和爆破参数的评述，提出改进设计的意见。

2）施工概况、爆破效果及安全分析，论述施工中的不安全因素、隐患以及防范办法。

3）安全评估及安全监理的作用。

4）经验和教训，提出类似爆破工程设计与施工的建议。

（3）爆破总结资料应整理归档。

二、露天爆破

1. 一般要求

（1）露天爆破作业时，应建立避炮掩体，避炮掩体应设在冲击波危险范围之外。掩体结构应坚固紧密，位置和方向应能防止飞石和有害气体的危害。通达避炮掩体的道路不应有任何障碍。

（2）起爆站应设在避炮掩体内或设在警戒区外的安全地点。

（3）露天爆破时，起爆前应将机械设备撤至安全地点或采用就地保护措施。

（4）雷雨天气、多雷地区和附近有通信基站等射频源时，进行露天爆破不应采用普通电雷管起爆网路。

（5）松软岩土或砂矿床爆破后，应在爆区设置明显标识，发现空穴、陷坑时应进行安全检查，确认无危险后，方准许恢复作业。

（6）在寒冷地区的冬季实施爆破，应采用抗冻爆破器材。

（7）硐室爆破爆堆开挖作业遇到未松动地段时，应对药室中心线及标高进行标示，确认是否有硐室盲炮。

（8）当怀疑有盲炮时，应设置明显标识并对爆后挖运作业进行监督和指挥，防止挖掘机盲目作业引发爆炸事故。

（9）露天岩土爆破严禁采用裸露药包。

2. 深孔爆破

（1）验孔时，应将孔口周围 0.5 m 范围内的碎石、杂物清除干净，孔口岩壁不稳者，应进行维护。

（2）深孔验收标准：孔深允许误差为±0.2 m，间排距允许误差为±0.2 m，偏斜度允许误差为 2%。发现不合格钻孔应及时处理，未达验收标准不得装药。

（3）爆破工程技术人员在装药前应对第一排各钻孔的最小抵抗线进行测定，对形成反坡或有大裂隙的部位应考虑调整药量或间隔填塞。底盘抵抗线过大的部位，应进行处理，使其符合爆破要求。孔口抵抗线过小者，应适当加大填塞长度。

（4）爆破员应按爆破技术设计的规定进行操作，不得自行增减药量或改变填塞长度；如确需调整，应征得现场爆破工程技术人员同意并做好变更记录。

（5）台阶爆破初期应采取自上而下分层爆破形成台阶，如进行双层或多层同时爆破，应有可靠的安全措施。

（6）装药过程中发现炮孔可容纳药量与设计装药量不符时，应及时报告，由爆破工程技术人员检查校核处理。

（7）装药过程中出现阻塞、卡孔等现象时，应停止装药并及时疏通。如已装入雷管或起爆药包，不得强行疏通，应保护好雷管或起爆药包，报告爆破工程技术人员采取补救措施。

（8）装药结束后，应进行检查验收，验收合格后再进行填塞和联网作业。

（9）高台阶抛掷爆破应与预裂爆破结合使用。

（10）深孔爆破使用空气间隔器时，应确保空气间隔器与使用环境要求相匹配；使用前应进行空气间隔器充气速度测试和负荷试验；使用时不应损伤空气间隔器外防护层。

3. 预裂爆破和光面爆破

（1）采用预裂爆破或光面爆破技术时，验孔、装药等应在现场爆破工程技术人员指导监督下由熟练爆破员操作。

（2）预裂孔、光面孔应按设计要求钻凿在一个布孔面上，钻孔偏斜误差不得超过1.5%。

（3）布置在同一控制面上的预裂孔，应采用导爆索网路同时起爆，如同时起爆药量超过安全允许药量时，也可分段起爆。

（4）预裂爆破、光面爆破应严格按设计的装药结构装药。若采用药串结构药包，在加工和装药过程中应防止药卷滑落；若设计要求药包装于钻孔轴线，应使用专门的定型产品或采取定位措施。

（5）预裂爆破、光面爆破应按设计进行填塞。

（6）预裂爆破孔应超前相邻主爆破孔或缓冲爆破孔起爆，时差应不小于75 ms。光面爆破孔应滞后相邻主爆破孔起爆。

4. 复杂环境深孔爆破

（1）复杂环境深孔爆破工程应设立指挥部，统筹安排设计施工及善后工作。设计前应对爆区周围人员、地面和地下建（构）筑物及各种设备、设施分布情况等进行详细的调查研究，爆破前还应进行复核。

（2）爆破孔深一般应限制在20 m之内，并严格控制钻孔偏差。

（3）应采用毫秒延时爆破，并严格控制可能发生的段数重叠。应按环境要求限制单段最大爆破药量，并采取必要的减振措施。

（4）填塞长度应不小于底盘抵抗线与装药顶部抵抗线平均值的1.2倍。

（5）起爆网路应由有经验的爆破员连接，并经爆破工程技术人员检查验收。

（6）爆破有害效应的监测除按《爆破安全规程》（GB 6722—2014）有关规定执行外，对C级及其以下级别的复杂环境深孔爆破工程，如认为可能引起民房及其他建（构）筑物、设施损伤，应进行相应的有害效应监测。

5. 浅孔爆破

（1）露天浅孔开挖应采用台阶法爆破。

（2）在台阶形成之前进行爆破应加大填塞长度和警戒范围。

（3）装填的炮孔数量，应以一次爆破为限。

（4）采用浅孔爆破平整场地时，应尽量使爆破方向指向一个临空面，并避免指向重要建（构）筑物。

（5）破碎大块时，单位炸药消耗量应控制在150 g/m³以内，应采用齐发爆破或短延时毫秒爆破。

6. 保护层开挖爆破

（1）建（构）筑物岩石基础邻近保护层开挖爆破时，应按要求控制单段爆破药量、一次爆破总装药量和起爆排数。

（2）紧邻水平建基面的开挖，应优先采用预留保护层的开挖方法。紧邻水平建基面的岩体保护层厚度，应由设计或现场爆破试验确定，台阶爆破钻孔不应钻入预留的保护层内。

（3）保护层的一次爆破法应根据施工条件在下列方法中选取，并经爆破技术负责人批准：

1）水平预裂爆破与水平孔台阶爆破相结合的方法。

2）水平预裂爆破与上部竖直浅孔台阶爆破相结合的方法。

3）岩石较软或较坚硬，选用水平光面爆破与水平浅孔台阶爆破相结合的方法。

4）孔底加柔性或复合垫层的台阶爆破法。

（4）保护层开挖爆破方法，应经过试验验证后才能大规模实施，无论采用何种开挖爆破方式，钻孔均不应钻入建基面。

7. 冻土爆破

（1）冻土爆破应选择防水耐冻爆破器材。

（2）冻土爆破施工前，应进行冻土温度测定，通过试爆确定爆破参数。当冻土温度发生变化时，应依据冻土物理力学性质的变化及时调整爆破参数。

（3）采用现场加工聚能药包在冻土凿孔时，应制定安全操作细则并经爆破技术负责人批准。

8. 硐室爆破

（1）爆破作业单位应有不少于一次同等级别的硐室爆破设计施工实践，爆破技术负责人应有不少于一次同等级别的硐室爆破工程的主要设计人员或施工负责人的经历。

（2）硐室爆破设计施工、安全评估和安全监理，除执行《爆破安全规程》（GB 6722—2014）的有关规定外，还应重点考虑以下几个方面的安全问题：

1）爆破对周围地质构造、边坡以及滚石等的影响。

2）爆破对水文地质、溶洞、采空区的影响。

3）爆破对周围建（构）筑物的影响。

4）在狭窄沟谷进行硐室爆破时空气冲击波、气浪可能产生的安全问题。

5）大量爆堆本身的稳定性。

6）地下硐室爆破在地表可能形成的塌陷区。

7）爆破产生的大量气体窜入地下采矿场和其他地下空间带来的安全问题。

8）大量爆堆入水可能造成的环境破坏和安全问题。

（3）在硐室开挖施工期间应成立工程指挥部，负责开挖工程组织、临时作业人员培训、考核和其他准备工作。爆破之前应按《爆破安全规程》（GB 6722—2014）的规定成立爆破指挥部。

（4）硐室爆破导硐设计开挖断面不小于 1.5 m×1.8 m，小井不小于 1 m^2，一般平硐坡度应≥1%。掘进工程完成后，应由设计、施工、监理三方共同验收，主要验收标准如下：

1）硐内清洁无杂物，不残存爆破器材、爆渣和金属物。

2）硐顶、硐壁无浮石，支护地段稳固并做好地质编录工作。

3）硐内无积水，渗漏的药室硐应设防水棚和排水沟。

4）药室容积不小于设计要求，中心坐标误差不超过±30 cm。

5）硐内杂散电流不大于 30 mA。

（5）装药前应根据开挖工程验收结果及实测最小抵抗线大小，调整爆破设计并按硐口做出施工分解图，图中应标明以下内容：

1）每个硐口内各药室的装药量、装药部位、起爆体编号、雷管段别和安装位置。

2）填塞段位置及填塞料数量。

3）该硐内所需起爆器材、电线、线槽等的总量。

4）辅助器材及工具。

（6）硐室爆破起爆体应由熟练的爆破员加工、存放、安装，且应满足下列要求：

1）在专门场所加工、存放。

2）质量应不超过 20 kg。

3）外包装应用木箱，内衬为防水包装。

4）应在包装箱上写明导硐号、药室号、雷管段别、电阻值。

5）起爆箱内的雷管和导爆索结应固定在木箱内。

6）起爆体运输、安装应由 2 名熟练的爆破员操作，并做好安装记录。

7）起爆体应存放在安全地点并有专人看守，不得存放在硐口、硐内。

（7）装药应由爆破员在工作面操作或指挥，严格按设计分解图规定的数量（袋数）整齐紧密码放。

（8）装药时可使用 36 V 以下的低压电源照明，照明灯应加保护网，照明线路应绝缘良好，电灯与炸药堆之间的水平距离应不小于 2 m；电雷管起爆体装入药室前，应切断一切电源并拆去除起爆网路外的一切金属导体，改为安全矿灯或绝缘手电筒照明。

（9）每个药室装药完成后均应进行验收，核实装药和起爆网路连接无误后才允许进行填塞作业。填塞时应保护好硐内敷设的起爆网路。

（10）硐室爆破填塞工作应由爆破员在工作面指挥，应使用编织袋装开挖石渣作为填塞料，填塞应整齐、严密，不得有空顶，不得以任何方式减少填塞长度。硐内有水时应在硐底留排水沟并保持排水通畅。填塞过程应检查质量，填塞完成后应验收、记录。

（11）硐室爆破应采用复式起爆网路并进行网路试验。敷设起爆网路应由熟练爆破员实施、爆破技术人员督查，按从后爆到先爆、先里后外的顺序联网，联网应双人作业，一人操作，另一人监督、测量、记录，严格按设计要求敷设。电力起爆网路应设中间开关。

（12）起爆站应配置良好的通信设备，起爆站站长负责站内工作，从联网工作开始，应安排专人看管起爆站。

(13) 爆后检查除应遵守《爆破安全规程》(GB 6722—2014) 的规定外，还应在清挖爆破岩渣时派专人跟班巡查有无疑似盲炮，发现疑似盲炮的迹象，应立即停止清挖并设置警戒区，报告爆破技术负责人，进行排查处理。在排查处理期间禁止一切爆破作业。

(14) 重大硐室爆破工程应按设计要求安排现场小型试验爆破，并根据试验结果修改爆破设计。

(15) 爆破结束后应进行总结，总结报告除了应符合《爆破安全规程》(GB 6722—2014) 的规定外，还应包括主要技术经济指标、社会效益和经济效益。

9. 地震勘探爆破

(1) 实施地震勘探爆破的有关爆破人员应严格执行定岗、定责的规定，坚持规范上岗。爆破人员岗位或工作单位变动，要报上一级安全管理部门登记备案。

(2) 制作炸药包时，应设置半径大于 15 m 的警戒区，并远离炸药车 15 m 以上，远离无线电设备 30 m 以上。不应提前制作炸药包，炸药包不得在野外过夜。

(3) 往炮井中安放炸药包时，应由专人负责，炸药包下到井底并确认没有上浮后方可用细土、细砂埋井，不应用石块、砖块、冻土块、铁片等硬物埋井，严禁使用钻杆等机械往井下压炸药包。

(4) 起爆站应设在视野开阔与炮井通视条件良好的炮井上风方向的安全区内。如不能通视，则应派人站在双方均能看到的安全位置监视爆破点警戒区域内的安全情况并用旗语通知起爆站。起爆站距炮井的距离应不小于以下值：

1) 砂土、黏土层，30 m。

2) 岩石、冻土层，60 m。

3) 井深小于 5 m (或坑炮)，100 m。

4) 特殊情况应按爆炸方式、使用药量由设计计算确定。

在起爆站周围 30 m 范围内，无关人员不应进入，站内不准堆放与爆破作业无关的物品。不应将 2 个 (包含 2 个) 以上炮井的炮线同时引到起爆站。

(5) 在水域进行地震勘探爆破施工时，应遵守《爆破安全规程》(GB 6722—2014) 中关于水下爆破的规定。爆破作业船应有专人负责警戒，确保爆破点周围 200 m 内无任何船只和人员；爆破作业船与爆破点之间的距离不得小于 100 m。

三、地下爆破

1. 一般要求

（1）地下爆破可能引起地面塌陷和山坡滚石时，应在通往塌陷区和滚石区的道路上设置警戒，树立醒目的警示标识，防止人员误入。

（2）工作面的空顶距离超过设计或超过作业规程规定的数值时，不应爆破。

（3）采用电力起爆时，爆破主线、区域线、连接线不应与金属物接触，不应靠近电缆、电线、信号线、铁轨等。

（4）距井下爆破器材库 30 m 以内的区域不应进行爆破作业。在离爆破器材库 30~100 m 区域内进行爆破时，人员不应停留在爆破器材库内。

（5）地下爆破时，应明确划定警戒区，设立警戒人员和标识，并应采用适合井下的声响信号。发布的预警信号、起爆信号、解除信号，应确保受影响人员均能辨识。

（6）井下工作面所用炸药、雷管应分别存放在受控加锁的专用爆破器材箱内，爆破器材箱应放在顶板稳定、支架完整、无机械电气设备、无自燃易燃或其他危险物品的地点。每次起爆时均应将爆破器材箱放置于警戒线以外的安全地点。

（7）地下爆破出现不良地质或渗水时，应及时采取相应的支护和防水措施；出现严重地压、岩爆、瓦斯突出、温度异常及炮孔喷水时，应立即停止爆破作业，制定安全方案和处理措施。

（8）爆破后，应进行充分通风，检查处理边帮、顶板安全，做好支护，确认地下爆破作业场所空气质量合格、通风良好、环境安全后方可进行下一循环作业。

（9）在城市、大海、河流、湖泊、水库、地下积水下方及复杂地质条件下实施地下爆破时，应进行专项安全设计并应有切实可行的应急预案。

（10）地下爆破应有良好照明，距爆破作业面 100 m 范围内照明电压不得超过 36 V。

2. 井巷掘进爆破

（1）用爆破法贯通巷道，两工作面相距 15 m 时，只准从一个工作面向前掘进，并应在双方通向工作面的安全地点设置警戒，待双方作业人员全部撤至安全地点后，方可起爆。天井掘进到上部贯通处附近时，不宜采取从上向下的坐炮贯通法；如果最后一炮在下面钻孔爆破不安全，需在上面坐炮处理时，应采取可靠的安全措施。

（2）间距小于 20 m 的两个平行巷道中的一个巷道工作面需进行爆破时，应通知相邻巷道工作面的作业人员撤到安全地点。

（3）独头巷道掘进工作面爆破时，应保持工作面与新鲜风流巷道之间畅通；爆破后，作业人员进入工作面之前，应进行充分通风。

（4）天井掘进采用大直径深孔分段装药爆破时，装药前应在通往天井底部出入通道的安全地点设置警戒，确认底部无人时，方准起爆。

（5）竖井、盲竖井、斜井、盲斜井或天井的掘进爆破，起爆时井筒内不应有人；井筒内的施工提升悬吊设备，应提升到施工组织设计规定的安全范围。

（6）在井筒内运送起爆药包，应把起爆药包放在专用木箱或提包内，不应使用底卸式吊桶，不应同时运送起爆药包与炸药。

（7）往井筒掘进工作面运送爆破器材时，应遵守《爆破安全规程》（GB 6722—2014）的规定，还应做到以下几点：

1）除爆破员和信号工外，任何人不应留在井筒内。

2）工作盘和稳绳盘上除押运爆破器材的爆破员外，不应有其他人员。

3）装药时，不应在吊盘上从事其他作业。

（8）井筒掘进使用电力起爆时，应使用绝缘良好的柔性电线或电缆作为爆破导线，电力起爆网路的所有接头都应用绝缘胶布严密包裹并高出水面。

（9）井筒掘进起爆时，应打开所有的井盖门，与爆破作业无关的人员应撤离井口。

（10）用钻井法开凿竖井井筒时，破锅底和开马头门的爆破作业应制定安全技术措施，并报单位爆破技术负责人批准。

（11）用冻结法施工竖井井筒，冻结段的爆破作业应制定安全技术措施，并报单位爆破技术负责人批准。

（12）人工冻土爆破应采取下列措施确保冻结管安全：

1）爆破前书面通知冻结站停止盐水循环。

2）爆破后与冻结站人员一起下井检查，确认冻结管无损坏时，方可恢复盐水循环。

3）在后续出渣和钻孔过程中，要认真观察井帮，发现有出水或出现黄色水迹，应立即通知冻结站，关闭有关冻结管并检查。

（13）用反井法掘进时，爆破作业应遵循下列规定：

1）反井应及时采用木垛盘支护，爆破前最后一道小垛盘距离工作面应不超过 1.6 m。

2）爆破前应将人行格和材料格盖严；爆破后，首先充分通风，待有害气体吹散，方可进入检查，检查人员应不少于 2 人。经检查确认安全，方可进行作业。

3）用吊罐法施工时，爆破前应摘下吊罐，并将其放置在水平巷道的安全地点。爆破后，应指定专人检查提升钢丝绳和吊具有无损坏。

（14）桩井爆破应遵守下列规定：

1）桩井掘进爆破，应遵守井巷掘进爆破的有关规定。

2）桩井爆破作业应有专人负责指挥。

3）井深不足 10 m 时，井口应做重点覆盖防护。

4）应控制爆破振动的影响，确保邻井井壁和桩体的安全。

5）爆后应修整井壁并及时清渣。

3. 地下大跨度硐群开挖爆破

（1）深孔爆破的钻孔直径应不超过 90 mm，台阶高度应不超过 8 m。

（2）大跨度硐室边墙、顶板及硐群交汇部位应进行预裂爆破或光面爆破。

（3）当地下厂房需留岩锚梁时，岩锚梁岩壁保护层开挖应采用浅孔爆破法。

（4）大跨度硐群开挖，应按设计的开挖顺序进行，爆破时应监控爆破振动对本硐室及相邻硐室的影响。

4. 地下采场爆破

（1）浅孔爆破采场应通风良好、支护可靠并应至少有 2 个人行安全出口；特殊情况下不具备 2 个安全出口时，应报单位爆破技术负责人批准。

（2）深孔爆破采场爆破前应做好以下准备工作：

1）建立通往爆破区井巷的良好通行条件和装药现场的作业条件，必要时在适当位置建立防冲击波阻波墙。

2）巷道中应设有通往爆破区和安全出口的明显路标，并设联通爆破作业区和地表爆破指挥部的通信线路。

3）现场划定爆破危险区，并在通往爆破危险区的所有井巷入口处设置明显的警示标识。

4）验收合格的深孔应用高压风吹干净，列出深孔编号，废孔应设置明显标识。

（3）地下深孔爆破作业，应遵守深孔爆破、预裂爆破、光面爆破的有关规定，还应符合以下要求：

1）装药开始后，爆破区 50 m 范围内不应进行其他爆破。

2）现场加工起爆药包应选择不受其他作业影响的安全地点。

3）现场装药、填塞、联网、起爆，应由专职爆破员进行，遇有装药故障，应在爆破技术人员指导下进行处理。

4）需要回收的装药操作台、人行梯子等物，应在起爆网路连接完成并经现场爆破负责人检查无误后，由专人从工作面开始向起爆站方向依次回收。回收操作不得影响和损坏起爆网路。

（4）地下开采二次爆破时，应遵守下列规定：

1）起爆前应通知可能受影响的相邻采场和井巷中的作业人员撤到安全地点。

2）人员不应进入溜井与漏斗内爆破大块矿石。

3）人员不应进入采场放矿出现的悬拱或立槽下方危险区实施二次爆破。

4）在与采场短溜井、溜眼相对或斜对的出矿漏斗处理卡斗或二次爆破时，应待溜井、溜眼下部的放矿作业人员撤到安全地点后方可进行，且爆破作业人员应有可靠的防坠措施。

5）地下二次破碎地点附近，应设专用炸药箱和起爆器材箱，其存放量应不超过当班二次爆破使用量。

6）在旋回、漏斗等设备、设施中的裸露药包爆破，应在停电、停机状态下进行，并应采取相应的安全措施。

5. 溜井（含矿仓）堵塞处理

（1）用爆破法处理溜井堵塞，不允许作业人员进入溜井，应采用竹、木等材料制作的长杆把炸药包送到堵头表面进行爆破振动处理。

（2）当溜井堵塞、矿石粘壁，经多次爆振仍未塌落，准备采用特殊方法处理时，应制定和采取可靠安全措施，经爆破技术负责人批准后，在安全管理部门监护下作业。

（3）用矿用火箭弹处理溜井堵塞时，应遵守下列规定：

1）爆破员应经过火箭弹使用技术的专门培训。

2）堵塞处不稳定（如掉石块）时，不得使用矿用火箭弹处理。

3）用矿用火箭弹处理溜井堵塞时，相邻井巷、采场不应进行其他爆破作业。

4）堵塞物一次未处理完，当班不应第二次用矿用火箭弹处理。

（4）处理采场卡斗和悬顶爆破，应遵守下列规定：

1）处理卡斗和悬顶人员，应经专门技术培训。

2）处理卡斗和悬顶前，应保证作业人员进出通道畅通，观察人员应在照明充足和有人监护的条件下，确认卡斗、悬顶类型并做好记录。

3）根据卡斗高度不同，应采用不同的处理方法（爆破振动法、直接爆破法和火箭弹法等）。

4）当有人进入漏斗作业时，应停止相邻采场的爆破和出矿，且应有专人监护和警戒。

5）振动爆破每次用药量不超过 2 kg，破碎爆破每次用药量不超过 20 kg。

6）巨型石块卡堵在漏斗上方且无冒落危险，采用浅孔爆破法处理时，应在漏斗内搭操作平台，支护四壁岩石。从支护到爆破完毕应连续作业。

7）用爆破方法处理采场残柱及悬顶，应由爆破技术负责人组织制定处理方案并实施。

6. 钾矿井下爆破

（1）装药前应测定爆破作业面及其 20 m 以内的所有巷道和起爆站等重要部位空气中的氢气和瓦斯浓度，确认无危险时，方准进行爆破准备工作。

（2）起爆站应设在安全区的新鲜风流中。

（3）装药前，应切断采区的动力电源和照明电源；起爆前，应检查起爆网路绝缘情况。

（4）起爆网路的设计，应保证炮孔按逆风流方向依次顺序起爆。

（5）爆后 15 min，瓦斯检查员方准进入爆破作业面和电气设备附近检查瓦斯、氢气等浓度；确认无瓦斯爆炸危险，并检查确认动力电网、照明电网和电气设备无破损且绝缘良好，方可恢复送电；通风正常之后，方准人员进入工作面作业。

（6）在有氢气和瓦斯爆炸危险的矿井爆破时，应使用符合钾矿爆破安全要求的爆破器材。

7. 石油矿和地蜡矿井下爆破

（1）应根据矿井空气中有毒气体、瓦斯和油蒸气等爆炸危险性气体的浓度，确定允许进行爆破作业的工作面，经单位爆破技术负责人批准后方可爆破。

（2）在批准爆破作业的地点进行爆破，应遵守下列规定：

1）确保爆破作业面有新鲜风流，可燃气体的浓度不超标。

2）使用煤矿许用炸药。

3）使用煤矿许用型雷管。

4）不准使用裸露药包或不足 1.0 m 深的炮孔爆破。

5）炮孔深度为 1.0~1.5 m 时，填塞长度应不小于孔深的 1/2；炮孔深度超过 1.5 m 时，填塞长度应不小于孔深的 1/3，且不小于 0.75 m；不得采用无填塞爆破。

6）有多个自由面时，每个方向的最小抵抗线应不小于 0.5 m。

（3）装药与起爆前，应测定工作面及其 20 m 以内的所有巷道和起爆站的瓦斯、油蒸气浓度。

（4）应清除工作面及其 20 m 以内各巷道底板上的石油，并覆盖砂子。

（5）爆破作业现场应有专人监护。

（6）每次爆破后，应有专人检查工作面及通风情况，经爆破技术负责人批准后，方准许人员进入工作面。

（7）有轻石油和瓦斯强烈喷出的炮孔，不应装药爆破；只有少量滴状石油析出的炮孔，装药前应仔细清除油滴。

8. 放射性矿井爆破

（1）放射性矿井爆破与放射性物探应遵守下列规定：

1）井下采掘作业面应根据物探编录进行爆破设计。

2）凿炮孔前应对工作面进行 γ 取样，确定矿体厚度、品位，圈定矿体边界，打孔后应进行 γ 测孔，区分矿石和废石。

3）根据物探测孔资料确定炮孔装药方案，实施分爆分采。

4）爆破后应进行放射性测量，根据物探测量资料进行分装分运。

5）采场作业面分爆分运之后，还需进行物探钻孔找边，只有在物探找边完毕后，才能实施上采钻孔的施工。

（2）采用原地爆破浸出工艺的采场，在爆破筑堆前应结合采切工程进行生产探矿设计和施工，并根据生产探矿资料计算采场储量，作为深孔爆破施工设计和浸出效果评估的基础资料。

钻孔施工结束后及时验孔并同时进行物探测孔、编录和上图，为爆破装药设计提供资料，并按炮孔排面进行储量核算。

（3）采场原地浸出爆破宜采用小补偿空间一次挤压爆破方式，挤压爆破空间补偿系数宜控制在15%~20%。

（4）原地爆破浸出采场的爆破作业应遵守下列规定：

1）对于中等厚度以下矿体，采场采用上向平行凿岩，炮孔深度应不大于15 m。

2）对于中等厚度以上矿体，可采用大于15 m的深孔爆破，但应经过严格的论证。

3）一次爆破取段长度控制在60 m以内。

4）应保证爆破后80%以上的矿岩粒度小于150 mm。

5）设计装药单耗比非原地爆破浸出采场的装药单耗增加20%~30%。

6）爆破装药到起爆的时间不超过24 h。

（5）放射性矿井爆破后的通风应符合下列规定：

1）以稀释氡气及氡子体浓度作为计算爆破后通风量的依据。

2）爆破后工作面通风时间应不少于30 min。

3）井下深孔大爆破后应开启主风机，经通风吹散有害气体，达到设计要求的通风时间（不得少于48 h）后，安全检查人员佩戴防护装置和检测仪器到各工作面检测有毒有害气体的含量。

4）只有氡气浓度小于2 700 Bq/m^3，方可允许作业人员进入工作面作业。

5）原地爆破浸出采场的布液巷和集液巷应与矿井回风系统贯通，确保原地爆破浸出采场析出的氡引入回风系统。

（6）放射性矿井的凿岩爆破作业人员应遵守下列规定：

1）应佩戴好劳动防护用品（包括口罩、个人计量剂）后进入工作面。

2）每天应只上一班，每班作业时间应不超过6 h。

3）作业结束后应洗澡，并经放射性剂量监测合格。

（7）自然温度高于 30 ℃的放射性矿井的工作面，应有完备的降温措施，保证工作面的温度低于 30 ℃，同时适当控制持续作业时间。

（8）水文地质条件复杂的大水铀矿床的采掘工作面应布置 3 个以上超前探水钻孔，钻孔深度不小于 25 m。

9. 隧道开挖爆破

（1）隧道开挖方法应根据隧道周围环境、工程地质条件、开挖断面形式及尺寸、施工设备、工期等因素，选择全断面法、半断面法或分部爆破开挖法。

（2）非长大隧道掘进时，起爆站应设在硐口侧面 50 m 以外；长大隧道在硐内的避车洞中设立起爆站时，起爆站距爆破位置应不小于 300 m，并能防飞石、冲击波、噪声等对人员的伤害。

（3）隧道爆破时，所有人员和机械应撤离到安全地点，警戒人员应从爆破工作面向外全面清场，待警戒人员到达起爆站后，确认隧道内无人方可进行起爆。

（4）隧道贯通爆破应遵守井巷掘进爆破中贯通爆破的有关规定，两条相邻平行隧道开挖爆破应遵守井巷掘进爆破中关于相邻平行巷道爆破的有关规定。

（5）长大隧道掘进，应配备充足的通风设备加强通风，保证硐内空气质量符合标准。

（6）用压气盾构法掘进隧道时，不应将爆破器材放在有压缩空气的区域内。

（7）隧道掘进遇到煤夹层时，应进行瓦斯监测并调整人员避炮安全距离。

四、油气井爆破

1. 施工井场条件

（1）施工人员到达井场后，施工负责人应将“施工设计书”或“施工通知单”的内容告知作业队负责人与作业队，一起识别并纠正在作业过程中可能造成事故的井场条件。

（2）在井场施工前应设置安全警戒线及醒目的安全警示标识，并应指定爆炸物品临时存放地点和装枪地点。

（3）消除施工用电及通信电磁波干扰的方法如下：

1）关掉阴极保护系统。

2）停止所有用电作业。

3）检查作业井架有无漏电，如有漏电应立即采取措施消除漏电。

4）作业期间应关闭手机、对讲机等无线通信工具。

2. 施工准备

（1）油气井爆破施工前，应确认施爆处的井深和井温，计算井压并根据井压和井温选择爆破器材的类型。

（2）使用的电气仪表对地绝缘和仪表线路间绝缘电阻应大于 2×10^7 Ω。

（3）作业人员穿戴好防静电工作服。

3. 弹体装配

（1）组装爆破器材时，应正确操作，不使部件受力，避免产生火花；已装弹的有枪身射孔器端部，应安装防护帽或其他防护装置；应保护好枪或带有暴露起爆部件的装置。组装作业应做到以下几点：

1）在雷电、雨、雪、沙尘暴、6 级以上大风等恶劣天气及有直升机或船只抵达现场时，不应进行组装作业。

2）装卸射孔器、切割器、压裂弹、雷管等爆炸器材时，装卸现场周围 10 m 以内严禁无关人员进入，作业人员应站在射孔器材两端。射孔器材丝扣上如有药粉，须轻擦干净后方能上扣。

3）装配好的射孔器下井前不允许再用任何仪表测量。

4）施工结束后，对现场进行清理，检查核对爆炸物品数量，剩余爆炸物应及时交库核销，严禁在其他地方存放。

（2）有枪身和无枪身的射孔器装配时，应遵守下列规定：

1）安装有枪身的射孔器时，应将装有射孔弹的弹架平稳送入射孔器管内，均匀用力拉直导爆索；安装枪尾时，应用手托好并准确定位。

2）安装无枪身的射孔器时，雷管应捆系牢固，不应脱落、摩擦。

（3）取芯器装药时，应将弹筒向上用钳子夹牢，并设置保护装置。放置衬垫时不应使用产生火花的工具，不应与烟火、电源接近。已装药的取芯器弹筒应向下放置，不准将其朝向作业人员。

（4）在井场装药（弹）时，装药地点应离开井口、输油管线和电源，枪身两侧不准站人。

4. 弹体输送及起爆

（1）压裂弹、切割弹、射孔器（弹）、取芯器搬到井口前，应切断井场电源；绞车、仪器车应接好地线；待压裂弹、射孔器（弹）、取芯器进入井内 70 m 方可检查通断情况；井口联炮前应切断仪器电源，将缆芯接地放电，确认缆芯无电后，方可将缆芯与雷管导线接通。

（2）严禁利用已装药的压裂弹、切割弹、射孔器、取芯器通井。

（3）电缆输送射孔应遵守下列规定：

1）用电雷管起爆时，应选用安全磁电雷管，并用专用起爆器起爆。爆破器材的耐温耐压性能应满足该施工井的要求。

2）爆破器材升降中，点火开关必须断开。

3）电缆在升降过程中应平稳，避免打结、扭缠；出现异常时，应立即停车处理。

4）在套管内的有枪身射孔器，电缆的上提或下放速度不超过 8 000 m/h；过油管射孔器下放电缆速度应均匀，其最大速度不超过 4 000 m/h；取芯器的上提速度不超过 4 000 m/h，下放速度不超过 6 000 m/h。

（4）油管输送射孔应遵守下列规定：

1）管柱下井前，需将每根管柱逐一用标准通管规通过，保证管柱畅通。

2）下井管柱应平稳下放，下放速度控制在 30 根/h 以内。严禁溜钻、顿钻、急停。

3）防止落物掉进管柱内，引起误爆。

（5）在硫化氢、一氧化碳浓度大于 1 g/m^3 的油气井中进行爆炸、射孔和取芯作业时，井口工作人员应佩戴防毒面具。

（6）用导爆索爆炸松扣解卡时，井口周围不准站人；装配好的高温导爆索和高温管束的直径，应不超过导向套（扶正器）的直径；在含硫化氢、井温高于 130 ℃、液压高于 50 MPa 的井内，不应使用塑料导爆索。

（7）不允许现场装配和使用自制的爆炸筒处理井下卡钻事故，应采用定型切割弹处理井下卡钻事故。

（8）弹体到位后应采用投棒引爆或电缆引爆，引爆程序是现场指挥确认安全后发布引爆命令，爆破员引爆。

5. 盲炮处理

（1）处理电缆输送射孔的盲炮时应先检查线路，当发现线路不通时应关闭引爆开关，上提射孔器（速度小于 3 000 m/h）。射孔器提到距井口 70 m 时，关闭井场所有电源、移动电话、对讲机；剪断引爆线，提出井口后拆除引爆体；确定盲炮是引爆体造成还是枪身（弹体）漏水所致，再进行相应处理。

（2）处理油管输送射孔撞击引爆的盲炮时，必须用投棒打捞器下井打捞投棒，不准采用追加投棒处理法。投棒捞出后，起出管柱，将射孔器起到距井口约两根管柱长度时，由现场技术人员指导处理。已损坏的爆破器材应回收。

（3）处理定时的盲炮，应在井下放置 24 h，使定时器电源电量耗尽，再进行处理。

（4）拒爆的压裂弹、射孔器、取芯器提出井口前，应切断仪器电源和引爆电源，提出井口后剪断导线，使其短路，并立即卸掉起爆装置或雷管，搬运到安全地点后再进行处理。

（5）拒爆的电雷管应就地销毁或装入防爆箱交还弹药库。打开拒爆的取芯器取芯室时，不得使用金属工具敲砸，应在现场附近安全地点先向药室内灌水，再用专用工具打开，用燃烧法销毁取芯器内的火药。射孔器、切割弹按规定拆掉点火装置，然后将拆卸的射孔弹和切割弹送回库房，分别存放，统一销毁。

6. 油、气井爆炸灭火

（1）地面装药地点应设在井口火源的上风侧，其距井口的水平距离应不小于 100 m，并设安全警戒。

（2）安放炸药的木箱内、外，应用耐火材料包裹并用石棉绳紧密缠绕。石棉绳应浸水（用于气井灭火）或浸泡沫灭火剂（用于油井灭火）。

（3）全部高压灭火水龙头应配足水源，并聚集在药箱和火苗与喷气界面处。爆破前，全部高压水龙头应固定在设计的位置。

五、钻孔雷爆

（1）实施钻孔雷爆前应勘查井场环境，测试杂散电流，了解含水层的位置及凿井施工偏差度，清洗井筒，清除残留岩心及障碍物。

（2）钻孔雷爆应选用猛度与密度较大并有良好耐压及抗水性能的炸药，制成直径不超过井筒直径的4/5、装药长度为1/2含水层高度的金属材料药筒进行装药。

（3）爆破筒搬到井口前应切断周围一切电源。装药前应检查孔壁和水位，孔内缺水时应进行灌水，使水位高出药筒顶部2 m以上。

（4）药筒应用标有定长标记的钢丝绳缓慢吊入井筒，确保药筒到达含水层位置并固定于孔中心。

（5）钻孔雷爆应采用双雷管引爆，安装雷管后不准冲击、摩擦筒体。装药时应有专人负责保护起爆线。待药筒进入井内50 m后，方可检查电力起爆网路。

（6）起爆站宜设置在钻孔上风侧，站内不应堆放与爆破无关的设备和用具。

六、往爆破作业地点运输爆破器材 

（1）在竖井、斜井运输爆破器材，应遵守下列规定：

1）事先通知卷扬司机和信号工。

2）在上、下班或人员集中的时间内，不应运输爆破器材。

3）除爆破人员和信号工外，其他人员不应与爆破器材同罐乘坐。

4）运送硝化甘油类炸药或雷管时，罐笼内只准放1层爆破器材料箱，不得滑动；运送其他类炸药时，炸药箱堆放的高度不得超过罐笼高度的2/3。

5）用罐笼运输硝化甘油类炸药或雷管时，升降速度应不超过2 m/s；用吊桶或斜坡卷扬设备运输爆破器材时，速度应不超过1 m/s；运输电雷管时应采取绝缘措施。

6）爆破器材不应在井口房或井底车场停留。

（2）用矿用机车运输爆破器材时，应遵守下列规定：

1）列车前后设“危险”警示标识。

2）采用封闭型的专用车厢，车内应铺软垫，运行速度不超过2 m/s。

3）在装爆破器材的车厢与机车之间，以及装炸药的车厢与装起爆器材的车厢之间，应用空车厢隔开。

4）运输电雷管时，应采取可靠的绝缘措施。

5）用架线式电力机车运输爆破器材，在装卸时机车应断电。

（3）在斜坡道上用汽车运输爆破器材时，应遵守下列规定：

1）行驶速度不超过 10 km/h。

2）不应在上、下班或人员集中时运输。

3）车头、车尾应分别安装特制的蓄电池红灯作为危险标识。

（4）人工搬运爆破器材时，应遵守下列规定：

1）在夜间或井下，应随身携带完好的矿用灯具。

2）不应一人同时携带雷管和炸药。雷管和炸药应分别放在专用背包（木箱）内，不应放在衣袋里。

3）领到爆破器材后，应直接送到爆破地点，不应乱丢乱放。

4）不应提前班次领取爆破器材，不应携带爆破器材在人群聚集的地方停留。

5）一人一次运送的爆破器材数量不超过以下规定：

①雷管，1 000 发。

②拆箱（袋）运搬炸药，20 kg。

③背运原包装炸药，1 箱（袋）。

④挑运原包装炸药，2 箱（袋）。

⑤用手推车运输爆破器材时，载重量应不超过 300 kg，运输过程中应防止碰撞并采取防滑、防摩擦产生火花等安全措施。

七、爆破器材的收发

（1）新购进的爆破器材，应逐个检查包装情况，并按规定进行性能检测。

（2）建立爆破器材收发、领取和清退制度，定期核对账目，应做到账物相符。

（3）变质、过期和性能不详的爆破器材，不应发放使用。

（4）爆破器材应按出厂时间和有效期的先后顺序发放使用。

（5）库房内不准许拆箱（袋）发放爆破器材，只准许整箱（袋）搬出后发放。

（6）爆破器材的发放应在单独的发放间（发放硐室）里进行，不应在库房硐室或壁槽内发放。

（7）退库的爆破器材应单独建账、单独存放。

八、爆破器材的领取

(1) 不论在井上还是在井下，接触爆破器材时，必须穿棉布或防静电的衣服。

(2) 领取的爆破器材必须符合国家规定的质量标准和使用条件。井下爆破作业，必须使用煤矿许用炸药和煤矿许用电雷管。不得领用过期或严重变质的爆破器材。不能使用的爆破器材必须交回爆破器材库房。

(3) 根据生产计划、爆破工作量和消耗定额，确定当班领用爆破器材的品种、规格和数量，填写爆破工作指示单，经班组长审批后签章。

(4) 爆破员携带“爆破资格证”和班组长签章的爆破工作指示单到爆破器材库领取爆破器材。

(5) 领取爆破器材时，必须当面检查品种、规格和数量，并从外观上检查其质量。电雷管必须实行专人专号，不得借用、遗失或挪作他用。

(6) 必须在爆破器材库的发放间（发放硐室）领取爆破器材。

九、爆破器材的清退

(1) 每次爆破作业完成后，爆破员应将爆破的炮眼数、使用的爆破器材的品种和数量、爆破情况、爆破事故及处理情况等，认真填写在爆破作业记录中。

(2) 爆破员在爆破工作结束后，必须回收剩余的及不能使用的爆破器材，清楚每种爆破器材的来龙去脉，保证“实领、实用、缴回”三个环节中爆破器材的品种、规格和数量相一致。

(3) 领取的爆破器材，不得遗失，不得转交他人，更不得私自销毁、扔弃和挪作他用。发现爆破器材遗失应及时报告班组长，严禁私藏爆破器材。

十、安全装药要求

装药前和爆破前有下列情况之一的，不应装药、爆破：

(1) 采掘工作面的控顶距离不符合作业规程的规定，或者支架有损坏，采掘工作面支护状态不好。

(2) 爆破地点附近 20 m 内风流中瓦斯浓度达到 1%。

（3）在装药地点 20 m 以内，矿车、未清除矿石或其他物体堵塞巷道断面 1/3 以上。

（4）炮眼内发现异状、有显著瓦斯涌出、矿岩松散、温度骤高骤低、透空区等情况。

（5）采掘工作面风量不足，风向不稳，或风筒末端距掘进工作面的距离超过作业规程规定，循环风未处理好。

（6）炮眼内矿石、岩粉没有清除干净，爆破地点未洒水降尘。

（7）炮眼深度与最小抵抗线小于《金属非金属矿山安全规程》（GB 16423—2020）的规定。

（8）有冒顶、透水、瓦斯突出预兆，以及过断层、冒顶区无安全措施，发现拒爆未处理时。

（9）装药安全警戒范围内，正在打眼、装岩。

（10）没有合乎质量和满足数量要求的黏土炮泥和水炮泥。

十一、安全起爆程序 

（1）爆破前，爆破员必须把爆破器材箱放到警戒线以外，做好爆破准备。

（2）爆破员在检查连线工作无误后，通知班组长布置警戒。

（3）在掘进工作面爆破前，爆破地点附近 20 m 的巷道内，都必须洒水降尘。

（4）爆破前，必须加强对机器、液压支架和电缆等的保护或将其移出工作面。

（5）班组长在认真检查顶板、支架、上下出口、风量、阻塞物、工具设备、洒水等爆破准备工作无误，达到爆破要求条件时，负责布置警戒，组织人员撤离到规定的安全地点待避。

（6）班组长必须清点人数，确认无误后，安全检查人员对爆破地点附近 20 m 内风流中有毒有害气体进行检测，有毒有害气体浓度及粉尘浓度符合规定后，方准下达起爆命令。

（7）爆破员接到爆破命令后，才允许将爆破母线与连接线（或脚线）进行连接。

（8）检查线路和爆破通电工作只能由爆破员一人操作。

（9）若网路正常，爆破员接到起爆命令后，必须先发出起爆信号，鸣笛数声，至少再等 5 s，方可起爆。

（10）爆破时，先将爆破母线扭结解开，牢固地接在发爆器的接线柱上。

(11) 爆破后，爆破员必须立即取下发爆器把手或钥匙，并把爆破母线从发爆器电源上摘下，使其短路。

(12) 装药的炮眼应当班爆破完毕。特殊情况下，当班留有尚未爆破的装药的炮眼时，当班爆破员必须在现场向下一班爆破员交接清楚。

第二节　爆破有害效应及爆破安全防范措施

一、爆破有害效应

爆破有害效应包括爆破地震、爆破冲击波、爆破飞石、早爆、拒爆、炮烟中毒等，这些效应都随与爆源距离的增加而有规律地减弱。由于各种效应所占炸药爆炸能量的比例不同，能量的衰减规律也不相同，同时不同的效应对保护对象的破坏作用不同，所以在规定安全距离时，应根据各种效应分别核定最小安全距离，然后取其最大值作为爆破的警戒范围。

1. 爆破地震

当药包在岩石中爆破时，临近药包周围的岩石会产生压碎圈和破裂圈。应力波通过破裂圈时强度迅速衰减，无法引起岩石的破裂，只能使岩石质点产生弹性振动，这种弹性波造成地面的振动即爆破地震。

2. 爆破冲击波

爆破冲击波是爆破产生的一种压缩波。炸药在空气中爆炸，高温高压的爆炸产物直接作用在空气介质上；炸药在岩体中爆炸，高温高压的爆炸产物就在岩体破裂的瞬间冲入大气中。

3. 爆破飞石

在工程爆破中，被爆介质中飞得较远的碎石称为爆破飞石。

4. 早爆、拒爆

早爆是点火或通电引爆炸药时，有的药包比预定时间提前爆炸的现象。拒爆是起爆后，爆炸材料未发生爆炸的现象。

5. 炮烟中毒

工程爆破中，一般采用的炸药都是由碳、氢、氧、氮4种元素组成的化合物。爆炸过程中发生化学反应，生成物中氮氧化物和一氧化碳是有毒气体。此外，当矿石（如硫化矿、黄铁矿、含黑铁矿的煤炭）中含有硫化物时，爆破时还会生成硫化氢和二氧化硫等有毒气体。硫化物矿石在某些特定条件与硝铵炸药直接接触，发生一系列化学反应，使炸药爆燃或燃烧而引起自爆，会产生大量毒气。有毒气体对人的主要危害：一氧化氮与红细胞内的血红蛋白结合，造成人体严重缺氧，严重时会致人窒息死亡；氮氧化物中的一氧化氮不溶解于水，但可与血液中的红细胞结合，从而损害人体吸收氧的能力。

二、爆破安全防范措施

1. 爆破危害防范措施

爆破危害影响程度的大小与爆破技术、爆破参数、地质构造、岩体物理力学性能、施工工艺等因素有关。虽然诸因素之间相互作用使问题错综复杂，但是随着对爆破技术的不断改进和完善，可以在达到爆破设计效果的同时，把爆破的危害影响降至最低。降低爆破危害影响程度的措施如下：

（1）爆破器材从领取、运输、加工到使用过程中，都必须严格遵守《民用爆炸物品安全管理条例》和《爆破安全规程》（GB 6722—2014）。搬运炸药按安全规程操作，轻拿轻放；雷管等起爆器材与炸药不在同时同地装卸，爆破器材不与其他货物混装；起爆前按照规程规定的标准发出声响或视觉警示信号；爆后检查等各工序，必须按照《爆破安全规程》（GB 6722—2014）的要求进行。

（2）深孔爆破警戒区按200 m的范围圈定，爆破作业时所有人员必须位于爆破警戒线以外的安全地带。

（3）距离采场较近的矿山工业厂区的有关建（构）筑物，建设时必须考虑爆破产生的振动、冲击波以及飞石坠落击打危害。

（4）在临近工业厂区进行爆破作业时，应采取预裂爆破，选择合适的炮位、最小抵抗线、爆破网路及提高堵塞质量等方法以控制飞石的飞散距离，避免对建（构）筑物及公路上的行人造成危害。

(5) 在靠近工业厂区时，加大爆破危险界限管制，设警戒线。对于表土层，采用机械剥离（不爆破）安全对策措施。

2. 合理爆破设计

提高爆破设计质量。设计内容包括炮孔布置、起爆方式、延期时间、网路敷设等。设计确定的每次爆破炸药用量必须符合安全规程以及批复的安全专篇要求。对于重要的爆破，必要时须进行网路模拟试验。

3. 严格按照设计进行爆破施工

按设计施工，杜绝乱孔、卡孔或孔内存水现象。由专职爆破员（持证上岗）承担装药、连线、起爆等爆破作业工作。

4. 建立健全并严格执行规章制度，使用质量合格的爆破器材

不在雷雨天、高温环境情况下进行爆破施工，严格执行爆破安全规程，防止意外、误操作等问题发生。使用符合国家标准或行业标准的爆破器材，严格检查爆破器材的生产厂家、合格证等。使用爆破器材前检查是否为同一厂家、同一批次、同一类型的产品，确保不受潮、不存在质量问题。

第三节　常见爆破事故防范措施

一、爆破地震效应控制保护措施

可以采用一定的技术措施来减轻地震波的危害，包括降低地震波的强度和采取必要的防护措施两方面内容。具体的方法和措施：采用预裂爆破或开挖减振沟槽；限制一次爆破最大用药量；对于建筑物拆除爆破，应加大拆除部位，减少爆破钻孔数，对基础部位采用部分爆破拆除方式，使用低爆速炸药或采用静态破碎剂；设置缓冲层；合理选择爆破器材，合理设计爆破参数等。

二、防止飞石的措施 

实践证明，只要充分掌握爆破地形地质、爆破器材基本性能，精心设计、精心施工，就能控制部分飞石的飞散距离。对于已产生的爆破飞石，根据对爆破飞石产生的原因和影响因素的分析，采取以下控制措施：控制飞石的方向，改变局部装药结构和加强堵塞，合理安排起爆次序和选择间隔时间，减小装药集中度，进行覆盖。

三、降低空气冲击波危害的主要措施

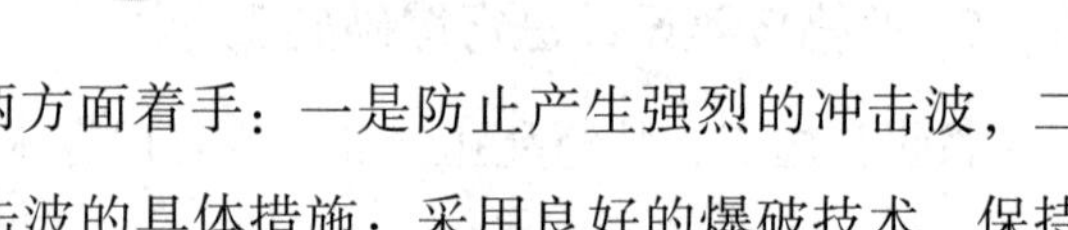

为有效降低空气冲击波的危害，应从两方面着手：一是防止产生强烈的冲击波，二是进行必要的防护。防止产生强烈空气冲击波的具体措施：采用良好的爆破技术，保持设计抵抗线，进行覆盖和堵塞，注意地质构造的影响，控制爆破方向及合理安排爆破时间，注意气象条件。防护的具体做法：爆破前，应把人员撤离到安全区，并增加警戒；大爆破时，可以利用一个或几个反向布置的辅助药包，与主药包同时起爆，以削弱主药包产生的空气冲击波。

四、防止早爆的主要措施 

（1）搜集相关资料，仔细勘察现场，精心设计施工，尽量预估出意外事故的可能性。

（2）制定安全制度、岗位责任制度和关键技术操作规程。

（3）严格遵守爆破规程，在爆破施工区严禁有明火。

（4）按《爆破安全规程》（GB 6722—2014）规定的要求进行爆破器材的运输、储存、保管和废旧爆破器材的销毁。

（5）做好炮孔的监督、检查和验收工作。

（6）按要求做好爆破器材的检验。

（7）加强安全管理和工程监理力度，对爆破作业现场严格管理，按《爆破安全规程》（GB 6722—2014）正确操作。

（8）保证起爆器材和炸药的质量。

（9）注意天气预报，避免在雷雨时从事爆破作业。对已装药又不能赶在雷雨前起爆的，应确保人员和设备在危险区以外。

（10）严禁打残眼和旧眼，不要在高温天气下进行爆破作业，避免高温环境造成早爆。

（11）预先安排好爆后安全检查和事故应急处理。

五、防止拒爆的主要措施 

（1）禁止使用不合格的爆破器材，不同类型、不同厂家、不同批次的雷管不得混用。

（2）连线后检查整个线路，查看有无连错或漏连。

（3）检查爆破电源并对电源的起爆能力进行计算。硝铵类炸药在装药时要避免压得过紧、密度过大。

（4）炮孔有水时，应将孔中的水吹出，并用防水袋装炸药，雷管脚线的接头一定要用防水胶布缠好或用抗水炸药。

（5）装药前要认真清除炮孔内的岩粉。

六、防止炮烟中毒的主要措施 

（1）采用零氧平衡的炸药，使爆后不产生有毒气体。

（2）加强炸药的保管和检验工作，禁用过期变质的炸药。

（3）保证填塞质量和填塞长度，以免炸药发生不完全爆炸。

（4）爆破后，必须加强通风。按规定，露天爆破需等 15 min 以上，炮烟浓度符合安全要求时，才允许人员进入工作面。

（5）起爆站及观测站不许设在下风方向，在爆区附近有井巷、涵洞和采空区时，爆破后炮烟有可能窜入其中并积聚不散，故未经检查不准入内。

第六章　排土场和尾矿库安全

第一节　排土场安全生产要求

一、排土场基本安全要求 

（1）排土场不应受洪水威胁或者由于上游汇水造成滑坡、塌方、泥石流等灾害。

（2）排土场不应对采矿场、工业场地、居民区、铁路、公路和其他设施造成事故隐患。

（3）排土场应进行工程地质、水文地质、环境地质勘查。排土场地基应按照排土场稳定性要求进行处理。

（4）矿山企业应建立排土场边坡稳定监测系统和监测制度，防止发生泥石流和滑坡。

（5）排土场防洪应遵守下列规定：

1）山坡排土场周围应修筑可靠的截、排水设施。

2）山坡排土场内的平台应设置2%~5%的反坡，并在靠近山坡处修筑排水沟。

3）若排土场范围内有出水点，应在排土之前进行处理。

4）应疏浚排土场外截洪沟和排土场内的排水沟，确保排洪设施可以正常工作。

5）应及时了解和掌握水情以及气象预报情况，保障排土场、下游泥石流拦挡坝、通信、供电及照明线路的安全。

6）洪水过后应对排土场和排洪设施进行检查，发现问题立即处理。

（6）矿山应针对排土场滑坡、泥石流等事故制定应急预案。

二、排土作业安全要求

（1）矿山企业应设专职人员负责排土场的安全管理工作。

（2）排土作业应按经过批准的安全设施设计进行。

（3）排土作业区应符合下列要求：

1）有良好的照明。

2）配备指挥工作间和通信工具。

3）在危险区域设置醒目的安全警示标志。

（4）汽车排土应遵守下列规定：

1）排土平台应平整，排土线应整体均衡推进。

2）排土卸载平台边缘应设置安全车挡，车挡高度不小于轮胎直径的1/2，顶宽不小于轮胎直径的1/4，底宽不小于轮胎直径的4/3。

3）由经过培训考核合格的人员指挥。

4）进入作业区内的人员、车辆应服从指挥，非作业人员未经允许不应进入排土作业区。

5）汽车进入排土场内，车速应低于16 km/h，距离坡顶线50 m范围内车速应低于8 km/h。

6）重车卸载时的倒车速度应小于5 km/h。

7）视距小于30 m时应停止排土作业。

8）配备数量充足的排土汽车事故救援用的钢丝绳及其附件。

（5）铁路列车排土应遵守下列规定：

1）路基面应向排土场内侧形成反坡。

2）准轨铁路平曲线半径不小于200 m，并设置外轨超高以保障安全。

3）窄轨铁路平曲线半径：600 mm轨距时不小于50 m，大于600 mm轨距时不小于100 m。

4）线路尽头前的一个列车长度内，应有0. 25%~0. 5%的上升坡度。

5）卸车线路中心线至台阶坡顶线的距离：准轨线路不小于2 m，窄轨线路不小于1 m。

6）卸载线端部应有车挡和带有夜光的拦挡警示牌。

7）排土作业点应设置清晰的带有夜光的停车标志。

8）列车进入排土线后应由专人指挥运行。列车应以推送方式进入卸车线，并从列车尾部向机车方向依次卸车。

9）准轨列车运行速度不高于 10 km/h，窄轨列车运行速度不高于 8 km/h，列车接近路端时运行速度不高于 5 km/h。

10）排土人员发出卸车完毕信号后，列车方可驶出排土线。

（6）排土机排土应遵守下列规定：

1）排土机应在稳定的平盘上作业，排土机工作位置不应有垮塌或者滑坡的危险。

2）排土机行走时，受料臂、排料臂应升起并固定，且与行走方向成一直线，上坡不应转弯。

3）排土机与排土场坡顶线的距离应符合设备安全要求。

（7）在排土平台边缘，推土机不应沿平行坡顶线方向推土。

三、排土场检查与监测安全要求

排土场应进行下列安全检查：

（1）排土场台阶高度、排土线长度。

（2）排土场的反坡坡度，每 100 m 检查 2 个以上剖面。

（3）汽车排土的车挡底宽、顶宽和高度。

（4）铁路列车排土的线路坡度和曲线半径。

（5）排土机排土时履带与台阶坡顶线之间的距离。

（6）排土场出现不均匀沉降、裂缝时，应查明沉降量和裂缝的长度、宽度、走向等，并判断危害程度。

（7）排土场出现隆起时，应查明隆起范围和高度等，并判断危害程度。

四、排土场关闭与复垦安全要求

（1）排土场关闭前，矿山企业应对排土场安全进行全面检查，对存在的问题进行治理，确保排土场稳定。

（2）排土场关闭前，应进行排土场关闭设计。

（3）排土场应按照排土场关闭设计进行关闭和复垦。

第二节　尾矿库安全生产要求

一、尾矿库安全管理

生产经营单位应当建立健全尾矿库安全生产责任制，建立安全生产规章制度和安全技术操作规程，对尾矿库实施有效的安全管理；确保尾矿库具备安全生产条件所必需的资金投入，建立相应的安全管理机构和配备相应的安全技术管理人员。生产经营单位主要负责人和安全技术管理人员应当依照有关规定经培训考核合格并取得安全资格证书后，方可任职。直接从事尾矿库放矿、筑坝、巡坝、排洪和排渗设施操作的作业人员必须取得特种作业操作证书，方可上岗作业。生产经营单位应当编制尾矿库年度、季度作业计划和详细运行图表，严格按照作业计划生产运行，做好记录并长期保存。生产经营单位应制定尾矿库安全使用规划，提出新建、改建、扩建、勘察稳定验证或闭库的计划。上游建有尾矿库、渣库、排土场或水库等工程设施的尾矿库，应了解上游所建工程的稳定情况，必要时应采取防范措施。

尾矿库每 3 年至少进行一次安全现状评价。与尾矿库产生相互安全影响的区域不建设重要的生产区、生活区等设施。禁止在尾矿坝及对尾矿库产生安全影响的区域乱采、滥挖和非法爆破等。

二、尾矿库安全运行控制参数

尾矿库在生产运行中，必须对以下安全运行控制参数进行严格控制：

（1）尾矿库设计最终堆积标高、最终坝体高度、总库容。

（2）尾矿堆积坝外坡比。

（3）尾矿坝不同堆积标高时，库内控制的正常生产水位、调洪高度、安全超高、防洪高度、沉积滩坡度及最小干滩长度等。

（4）尾矿坝不同堆积标高时的控制浸润线。

上游式尾矿库还应控制尾矿流量、粒径和浓度等参数，中线式和下游式尾矿库应控制沉砂的粒径、产率和含水量等参数，干式堆存尾矿库应控制尾矿压滤后的尾矿含水率、排放厚度和压实指标等参数，采用一次性筑坝的尾矿库应控制坝高、坝顶宽度、坡比、调洪高度、安全超高和放矿要求等参数。

三、尾矿库应急救援预案

尾矿库在生产运行过程中出现下列重大险情之一的，生产经营单位应启动应急救援预案：

（1）坝体出现严重管涌、流土等现象的。

（2）坝体出现严重裂缝、坍塌和滑动迹象的。

（3）库内水位超过限制的最高洪水位的。

（4）使用过程中出现排水井倒塌或者排水管（洞）坍塌堵塞的。

（5）其他危及尾矿库安全的重大险情。

生产经营单位必须根据可能发生的垮坝、漫顶、排洪设施损毁等生产安全事故和影响尾矿库运行的洪水、泥石流、山体滑坡、地震等重大险情制定并及时修订应急救援预案。应急救援预案主要包括事故风险分析、应急指挥机构及职责、处置程序和处置措施等内容。

应急处置主要包括事故应急处置程序、现场应急处置措施和事故上报程序等内容。事故应急处置程序是根据可能发生的事故及现场情况，明确事故报警、各项应急措施启动、应急救援人员引导、事故扩大及同生产经营单位应急救援预案衔接的程序。现场应急处置措施是针对可能发生的垮坝、泄漏、洪水漫顶、排洪设施损毁、排洪系统堵塞、坝坡深层滑动等，从人员救护、工艺操作、事故控制、现场恢复等方面制定明确的应急处置措施。事故上报程序中应明确报警负责人、报警电话，上级管理部门、相关应急救援单位联络方式和联系人员，事故报告基本要求和内容等。

四、尾矿排放与筑坝

尾矿排放与筑坝包括岸坡清理、尾矿排放、坝体堆筑、坝面维护、防排渗设施施工和质量检测等环节，必须按照设计要求和作业计划进行，并做好记录。一次建坝的尾矿库，应按设计要求排放。堆积标高不得超过设计标高。采用上游式湿法堆存的尾矿坝，应按照设计要求排放尾矿，并满足以下条件：①滩顶标高必须满足生产、防汛、冬季放矿和回水要求；②尾矿坝堆积坡比不得大于设计要求；③在坝前分散排放，维持坝体均匀上升；④坝顶及沉积滩面均匀平整，沉积滩长度及滩顶最低标高必须满足防洪设计要求；⑤尾矿堆积坝下游浸润线埋深必须满足设计控制浸润线要求；⑥矿浆排放不得冲刷初期坝或子坝，严禁矿浆沿子坝内坡趾流动冲刷坝体。

坝轴线较长时采用分段交替作业，避免滩面出现侧坡、扇形坡或细粒尾矿大量集中沉积于某端或某侧。排放口的间距、位置、同时开放的数量和时间等，按设计要求和作业计划进行操作。冰冻期、事故期或某种特殊原因确需长期集中放矿时，需请设计单位进行安全论证，不得出现影响后续堆积坝体稳定的不利因素。中线式及下游式尾矿坝堆筑应在运行期间做好粗尾矿堆坝量与库内堆存量之间的砂量平衡工作。采用旋流器底流尾矿直接充填筑坝时，底流矿浆浓度应大于不分选浓度。

每期子坝堆筑前必须进行岸坡处理，将树木树根、草皮、坟墓及其他构筑物全部清除。清除杂物不得就地堆积，应运到库外。若遇有泉眼、水井、地道、溶洞或洞穴等，按设计要求处理。每期子坝堆筑完毕，应进行质量检查。主要检查内容包括轴线位置、子坝长度、剖面尺寸（子坝高度、坝顶宽度、内外坡比等）、坝顶及内坡趾滩面标高、库内水位、筑坝质量等。岸坡清理及子坝质量检查应记录存档，并经主管技术人员检查合格后，方可进行下一步工序。坝外坡面维护工作按设计要求进行。尾矿坝下游坡面上不得有积水坑。坝体出现冲沟、裂缝、塌坑和滑坡等现象时，应及时处理。对生产运行的尾矿库，未经技术论证和应急管理部门批准，任何单位和个人不得对选厂规模，尾矿物化特性，筑坝方式，坝型，坝外坡坡比，最终堆积标高，最终坝轴线的位置，排放方式，尾矿堆存的上升速度，坝体防渗、排渗及反滤层的设置，排洪系统的型式、布置及尺寸等事项进行变更。设计以外的尾矿、废料或者废水不得排入尾矿库。

五、库水位控制与防洪

湿式堆存尾矿，控制尾矿库内水位应遵循以下原则：①库内水位控制应满足设计要求；②当回水影响尾矿库安全时，必须优先确保尾矿库安全，尽量降低库内水位；③当尾矿库放矿方式、沉积滩坡度及排洪方式等与设计不符时，应进行调洪演算，保证在最高洪水位时各项参数满足设计要求。

干式堆存尾矿库最终堆积高度超过 60 m 时，应设置中间截洪沟。当上游汇水面积较大时，应设拦洪设施。库尾排矿的干式尾矿库库前建拦挡坝，所形成库容应满足储存一次洪水冲刷挟带的泥沙量。

库内设清晰醒目的水位观测标尺。汛期应加强对排洪设施进行检查，确保防洪高度及排洪设施畅通。岩溶或裂隙发育地区的尾矿库，应控制库内水深，防止渗漏。非紧急情况，未经技术论证，不得用子坝挡水。洪水过后对坝体和排洪构筑物进行全面检查，发现问题及时处理。尾矿库排洪构筑物停用后，必须严格按设计要求及时封堵，并确保施工质量。

六、渗流控制 

在尾矿库运行过程中，坝体浸润线应低于控制浸润线。如果坝体浸润线超过控制浸润线，应增设或更新排渗设施。尾矿库运行期间应加强浸润线观测，注意坝体浸润线埋深及其出逸点的变化情况和分布状态，必须按设计要求控制。

七、防震与抗震

尾矿库原设计抗震标准低于现行标准时，应进行安全技术论证。需提高尾矿坝抗震稳定性时，一般采用以下措施：①在下游坡坡脚增设土石料压坡；②对堆积坡进行削坡、放缓坝坡；③对坝体进行加密处理；④降低库内水位或增设排渗设施，降低坝体浸润线。

生产经营单位在震后应进行安全检查，及时修复被破坏的安全设施。

八、尾矿库安全监控

生产经营单位应按照设计要求定期进行各项监测。生产经营单位按设计要求做好在线监测和人工监测。在线监测应与人工监测结合布置，相互校核。监测数据应及时整理，如有异常，及时分析原因，采取对策措施。

第七章　机电安全

第一节　用电安全

电气危害的主要表现形式是电气火灾危害和触电危害。造成电气危害的主要原因如下：作业人员缺乏安全用电知识，违反电气安全操作规程；电源电压、电气设备等方面的选用与所处的环境条件不相符；使用安全性能不合格的设备、器具，缺乏必要的安全保护装置；设备使用不当，超载运行；设备和线路的安装不合格，检查、维修不善，带“病”运行等。

一、机电设备使用安全要求 

（1）电钳工和各类司机都必须经培训合格持合格证上岗，非持证人员不得操作、维护、修理和移挪机械和电气设备。

（2）井下机械设备必须保持完好，电缆吊挂合格，电气设备防爆性能良好，防止电气失爆。

（3）井下低压供电三大保护（漏电、接地、过流保护）必须合格且灵活可靠，过流保护整定值必须正确。

（4）井下供电应做到“三无、四有、两齐、三全、三坚持”。“三无”指无“鸡爪子”，无“羊尾巴”，无明接头。“四有”指有过流和漏电保护装置，有螺栓和弹簧垫，有密封圈和挡板，有接地装置。“三全”指防护装置全，绝缘用具全，图纸资料全。“三坚持”指坚持使用检漏继电器，坚持使用煤电钻、照明和信号综合保护，坚持使用风电甲烧闭锁装置。

（5）要严格执行“十不准”规定：不准带电检修和搬迁设备，不准甩掉无压释放装置和过流装置，不准甩掉检漏继电器、煤电钻综合保护和局部通风机风电甲烧闭锁装置，不准明火操作、明火放炮，不准用铜、铝、铁丝等代替熔断器的熔件，停电、停风的采掘工作面未经瓦斯检查不准送电，失爆设备和失爆电器不准使用，不准在井下拆卸矿灯，有故障的供电线路不准强行送电，电气设备的保护失灵不准送电。

（6）进行电气设备检修、搬迁等作业时，必须严格遵守停电、验电、放电及挂指示牌和装设遮栏的规定和要求。必须严格执行“谁停电，谁送电”制度，必须把有关线路的电源全部断开，与停电设备有关的变压器必须高低压侧断开，防止反送电，停电开关的操作机构必须锁住，并在操作手把上悬挂“有人作业，禁止合闸”的标示牌。

（7）井下不准带电检修、搬迁电气设备（包括电缆和电线）。

二、用电安全措施

安全作业制度是安全用电，职工人身安全，减少或杜绝电气事故，促进安全生产，提高经济效益的重要保证。

（1）电气设备用电安全施行“两票三监制”。“两票”是指工作票和操作票。工作票的内容包括工作地点，工作内容，工作起、止时间，工作负责人（监护人），工作许可人和工作人员的姓名以及注意事项和安全措施。在进行倒闸操作时，应由操作人填写操作票，其内容应写明被操作线路编号及操作顺序。“三监制”是指工作许可制度、工作监护制度、工作间转移和终结制度。“两票三监制”是保障电气作业人员安全的制度。

（2）操作井下电气设备应遵守下列规定：①非专职人员或非值班人员不得擅自操作电气设备；②操作高压电气设备主回路时，操作人员必须戴绝缘手套，并穿电工绝缘靴或站在绝缘台上；③手持式电气设备的操作手柄和工作中必须接触的部分必须有良好的绝缘。

（3）携带防爆设备入井前，应检查产品合格证、防爆合格证、煤矿矿用产品安全标志证及防爆设备安全性能，检查合格并签发合格证后，方准入井。

三、矿山电气伤害防范措施

(1) 车辆不得碾压、拖拉电缆，爆破时将电缆线摆放在不被飞石砸到的安全地带。

(2) 要按规定及时向电气设备操作人员配发劳动防护用品（绝缘手套、绝缘鞋）等绝缘用品；劳动防护用品要确保无损；拉电缆线的所有人员必须戴好绝缘手套，以防发生触电事故。

(3) 各用电单位必须遵守停送电制度，并在日常作业中严格执行，应有专人指挥，确保用电安全。

(4) 配电柜要保持清洁、无粉尘，各类开关熔断器必须符合要求，电气设备挂有警示牌，标明机电负责人。

(5) 不得在机械设备运转时进行检查、紧固、注油等工作。

第二节　矿内提升运输安全

一、提升与运输系统概述

地下矿山提升与运输系统主要涉及竖井提升、斜井提升、轨道运输、无轨运输等环节。

1. 竖井提升

竖井提升运行过程中主要存在的隐患为高处坠落，即坠罐。提升系统存在缺陷，设备带“病”运转，钢丝绳断裂，未设置安全保护装置，提升速度过快均会引起坠罐事故。

2. 斜井提升

斜井提升具有设备简单、投资少、见效快等优点。如果操作、管理不当，容易发生斜井跑车事故，不仅会造成设备损毁，而且可能导致人员伤亡、生产停顿，后果严重。

3. 轨道运输

(1) 车辆伤害。列车脱钩、掉道易碰撞、挤压人员。

（2）触电。电机车及输电线路漏电可能会使人员触电。

4. 无轨运输

无轨运输环节存在的主要危害为车辆伤害。车辆在运行过程中发生碰撞、车辆倾翻均可能导致人员伤亡。

二、提升与运输安全

1. 竖井提升安全

（1）垂直深度超过 50 m 的竖井用作人员出入口时，应采用罐笼或电梯升降人员。

（2）用于升降人员和物料的罐笼，应符合《罐笼安全技术要求》（GB 16542—2010）的规定。

（3）同一层罐笼不应同时升降人员和物料。升降爆破器材时，负责运输的爆破作业人员应通知中段（水平）信号工和提升机司机，并跟罐监护。

（4）无隔离设施的混合井，在升降人员的时间内箕斗提升系统应中止运行。

（5）罐笼的最大载重量和最大载人数量，应在井口公布，不应超载运行。

（6）竖井提升应符合下列规定：

1）提升容器和平衡锤应沿罐道运行。

2）提升容器的罐道应采用木罐道、型钢罐道或钢丝绳罐道。

3）竖井内用带平衡锤的单罐笼升降人员或物料时，平衡锤的质量应符合设计要求，平衡锤和罐笼用的钢丝绳规格应相同，并应做同样的检查和试验。

（7）不应用普通箕斗升降人员。遇特殊情况需要使用普通箕斗或急救罐升降人员时，应采取安全措施。

（8）人员站在空提升容器的顶盖上检修、检查井筒时，应有下列安全防护措施：

1）应在保护伞下作业。

2）应佩戴安全带，安全带应牢固地绑在提升钢丝绳上。

3）检查井筒时，升降速度应不超过 0.3 m/s。

4）容器上应设专用信号联系装置。

5）井口及各中段马头门，应设专人警戒，防止坠物。

(9) 竖井罐笼提升系统的各中段马头门，应根据需要使用摇台。除井口和井底允许设置托台外，特殊情况下也允许在中段马头门设置自动托台。摇台、托台应与提升机闭锁。

(10) 竖井提升系统应设过卷保护装置，过卷高度应符合下列规定：

1）提升速度低于 3 m/s 时，不小于 4 m。

2）提升速度为 3~6 m/s 时，不小于 6 m。

3）提升速度高于 6 m/s 且低于或等于 10 m/s 时，不小于最高提升速度下运行 1 s 的距离或 10 m。

4）提升速度高于 10 m/s 时，不小于 10 m。

5）凿井期间用吊桶提升时，不小于 4 m。

(11) 提升井架（塔）内应设置过卷挡梁和楔形罐道。楔形罐道楔形部分的斜度为 1%，其长度（包括较宽部分的直线段）应不小于过卷高度的 2/3，楔形罐道顶部需设封头挡梁。

(12) 多绳摩擦提升时，井底楔形罐道的安装位置应使下行容器比上行容器提前接触楔形罐道，提前距离应不小于 1 m。

(13) 单绳缠绕式提升时，井底应设简易缓冲式防过卷装置，有条件的可设楔形罐道。

(14) 提升系统的各部分（包括提升容器、连接装置、防坠器、罐耳、罐道、阻车器、罐座、摇台（或托台）、装卸矿设施、天轮和钢丝绳）以及提升机的各部分（包括卷筒、制动装置、深度指示器、防过卷装置、限速器、调绳装置、传动装置、电动机和控制设备以及各种保护装置和闭锁装置等)，每天应由专职人员检查一次，每月应由矿机电部门组织有关人员检查一次。发现问题应立即处理并将检查结果和处理情况记录存档。

(15) 井口和井下各中段马头门车场，均应设信号装置。各中段发出的信号应有区别。乘罐人员应在距井筒 5 m 以外候罐，应严格遵守乘罐制度，听从信号工指挥。提升机司机应明了信号用途，方可开车。

(16) 罐笼提升系统应设有能从各中段发给井口总信号工转达提升机司机的信号装置。井口信号与提升机的启动，应有闭锁关系，并应在井口与提升机司机之间设辅助信号装置及电话主话筒。

（17）箕斗提升系统应设有能从各装矿点发给提升机司机的信号装置及电话或话筒。装矿点信号与提升机的启动，应有闭锁关系。

（18）竖井提升信号系统应设有下列信号：

1）工作执行信号。

2）提升中段（或装矿点）指示信号。

3）提升种类信号。

4）检修信号。

5）事故信号。

6）无联系电话时，应设联系询问信号。

7）竖井罐笼提升信号系统，应符合《竖井罐笼提升信号系统　安全技术要求》（GB 16541—2010）的规定。

（19）事故紧急停车和用箕斗提升矿石或废石，井下各中段可直接向提升机司机发出信号。

（20）用罐笼提升矿石或废石，应经井口总信号工同意，井下各中段方可直接向提升机司机发出信号。

（21）所有升降人员的井口及提升机室，均应悬挂下列布告牌：

1）每班上下井时间表。

2）信号标志。

3）每层罐笼允许乘罐的人数。

4）其他有关升降人员的注意事项。

（22）清理竖井井底水窝时，上部中段应设保护设施，以免物体坠落伤人。

2. 斜井提升安全

（1）供人员上、下的斜井，垂直深度超过 50 m 的，应设专用人车运送人员。斜井用矿车组提升时，不应人货混合串车提升。

（2）专用人车应有顶棚，并装有可靠的断绳保险器。列车每节车厢的断绳保险器应相互连接，并能在断绳时起作用。断绳保险器应既能自动，也能手动。

运送人员的列车，应有随车安全员。随车安全员应坐在装有断绳保险器操纵杆的第一节车厢内。

运送人员的专用列车各节车厢之间，除连接装置外，还应附挂保险链。连接装置和保险链，应经常检查，定期更换。

（3）采用专用人车运送人员的斜井，应装设符合下列规定的声、光信号装置：

1）每节车厢均能在行车途中向提升机司机发出紧急停车信号。

2）多水平运送时，各水平发出的信号应有区别，以便提升机司机辨认。

3）所有收发信号的地点，均应悬挂明显的信号牌。

（4）斜井运输，应有专人负责管理。乘车人员应听从随车安全员指挥，按指定地点上下车，上车后应关好车门，挂好车链。

斜井运输时，不应蹬钩；人员不应在运输道上行走。

（5）倾角大于10°的斜井，应设置轨道防滑装置，轨枕下面的道砟厚度应不小于50 mm。

（6）提升矿车的斜井，应设常闭式防跑车装置，并保持完好。

斜井上部和中间车场，应设阻车器或挡车栏。阻车器或挡车栏在车辆通过时打开，车辆通过后关闭。斜井下部车场应设躲避硐室。

（7）斜井运输的最高速度，应符合下列规定：

1）运输人员或用矿车运输物料，斜井长度不大于300 m时，3.5 m/s；斜井长度大于300 m时，5 m/s。

2）用箕斗运输物料，斜井长度不大于300 m时，5 m/s；斜井长度大于300 m时，7 m/s。

3）斜井运输人员的加速度或减速度，应不超过0.5 m/s^2。

3. 提升系统防坠罐、防跑车安全

（1）确保作业人员具备相应资格。要建立健全提升运输设备设施安全管理制度，提升机司机、信号工等特种作业人员必须经专门的安全技术培训并考核合格，持证上岗。

（2）确保提升设备符合安全要求。新建、改建或者扩建地下矿山必须使用已取得矿用产品安全标志的提升运输设备，用于提升人员的竖井应优先选用多绳摩擦式提升机。要限期淘汰非定型罐笼、直径1.2 m以下（不含直径1.2 m）用于升降人员的提升绞车、KJ型矿井提升机、JKA型矿井提升机、XKT型矿井提升机、JTK型矿用提升绞车，严禁使用带式制动器的提升绞车作为主提升设备。

（3）严格落实防坠罐跑车措施。罐笼、安全门、摇台（托台）、阻车器必须与提升信号实现联锁，提升信号必须与提升机控制实现闭锁；提升矿车的斜井要设置常闭式防跑

车装置；斜井上部和中间车场要设阻车器或挡栏，斜井下部车场设躲避硐室，倾角大于10°的斜井要设置轨道防滑装置，斜井人车要装设可靠的断绳保险器，每节车厢的断绳保险器应相互连接，各节车厢之间除连接装置外还应附挂保险链。

（4）强化检测检验和维护保养。提升机、提升绞车、罐笼、防坠器、斜井人车、斜井跑车防护装置、提升钢丝绳等主要提升装置，要由具有安全生产检测检验资质的机构定期进行检测检验；要严格按照《金属非金属矿山安全规程》（GB 16423—2020），加强提升运输系统维护保养，加强日常安全检查，发现隐患要立即停用及时整改，严防提升设备带“病”运转；要健全档案管理制度，将检查结果和处理情况记录存档；严禁超员、超载、超速提升人员和物料。

4. 井下运输安全

（1）运输巷道。运输巷道是车辆和人员行走的通道，为了保障车辆行驶和人员通行安全，应遵守下列规定：

1）运输巷道应有人行道，人行道应布置在巷道的一侧。行人的运输斜井应设人行道。人行道应符合下列要求：

①有效宽度不小于 1 m。

②有效净高不小于 1.9 m。

③斜井坡度为 10°～15°时，设人行踏步；15°～35°时，设踏步及扶手；大于 35°时，设梯子。

④有轨运输的斜井，车道与人行道之间宜设坚固的隔离设施；未设隔离设施的，提升时不应有人员通行。

2）巷道内不应堆积杂物，水沟要畅通，没有积水，应有良好的照明。人员在巷道中行进时，必须沿人行道行走，禁止在两轨道之间停留。禁止横跨列车。

3）人员行走时，要小心谨慎，随时注意前后方向来车，发现有车辆通过，要及时避让，暂停行进。要防止碰头、跌跤，特别是经过溜井小眼时，要防止失足坠落。

4）在有架空线或电缆的巷道内，行人携带的较长的金属工具不应扛在肩上，以免触及电机车架线和电缆。

（2）电机车。使用电机车运输，应遵守下列规定：

1）有爆炸性气体的回风巷道，不应使用架线式电机车。

2）高硫和有自然发火危险的矿井，应使用防爆型蓄电池电机车。

3）每班应检查电机车的闸、灯、警铃、连接器和过电流保护装置，任何一项不正常，均不应使用。

4）电机车司机不应擅离工作岗位；司机离开机车时，应切断电动机电源，拉下控制器把手，取下车钥匙，扳紧车闸将机车刹住。

①电机车司机的安全操作是电机车安全运行的关键，电机车司机必须经培训考核，取得特种作业操作资格证，持证上岗。

②电机车开动前，必须发出开车信号。开车时，电机车司机必须精力集中，谨慎操作。

③行车时必须随时注意前方有无障碍物、行人或其他危险情况。列车接近风门、巷道口、弯道、道岔、坡度大和噪声大的区域以及前方有车辆、障碍物时，必须减速，发出警告信号，或及时停止行进。

④要加强行车管理，安排好列车行驶路线，防止机车碰头和追尾事故。两车在同轨道同方向运行时，必须保持不少于 40 m 的距离。

⑤除了跟车工之外，运输物料的机车不准带人。

（3）专用人车。使用专用人车运输，应遵守下列规定：

1）每班发车前，应有专人检查车辆结构、连接装置、轮轴和车闸，确认合格方可运送人员。

2）人员上下车的地点，应有良好的照明和电铃。如有两个以上的目的地，应设列车去向灯光指示牌。

3）架线式电机车的滑触线须设分段开关，人员上下车时，必须切断电源。

4）双轨巷道的调车场应设区间闭锁装置，人员上下车时，禁止其他车辆进入乘车线。

5）列车行驶速度不得超过 3 m/s。

6）禁止同时运送爆炸性、易燃性和腐蚀性物品或附挂料车。

（4）无轨运输车辆。使用无轨运输车辆运输，应遵守下列规定：

1）内燃设备应使用低污染的柴油发动机，每台设备应有废气净化装置，净化后的废气中有害物质的浓度应符合有关规定。

2）运输设备应定期进行维护和保养。

3）采用汽车运输时，汽车顶部至巷道顶板的距离应不小于 0.6 m。

4）斜坡道长度每隔 300~400 m 应设坡度不大于 3%，长度不小于 20 m 并能满足错车要求的缓坡段；主要斜坡道应有良好的混凝土、沥青或级配均匀的碎石路面。

5）不应熄火下滑。

6）在斜坡上停车时，应采取可靠的挡车措施。

7）每台设备应配备灭火装置。

第三节　机械操作安全

矿山机械伤害事故是指机械设备运动部件、工具、加工件直接与人体接触引起的夹击、碰撞、剪切、卷入、绞、碾、割、刺等伤害。在凿岩、剥离、设备检修、破碎、运输等过程中都可能发生机械伤害事故。机械伤害的主要后果是造成人员伤亡，其次是设备损坏。

一、机械伤害防范措施

1. 保证机械操作正确

要避免安全事故，首先要求作业人员行为正确，不得失误。为此，要加强管理，建立健全安全操作规程并严格执行。作业人员要进行岗位培训，掌握设备的基本性能、基本结构和基本原理，能熟练地操作设备；会对设备进行日常的维修保养，能处理一般常见的故障；设备开动时有危险的区域，人员不得进入；要按规定穿戴好劳动防护用品。

2. 保证设备的安全性能良好

机器设备必须符合国家标准的要求。操纵、制动装置要灵敏可靠，便于操作。机械的传动皮带、齿轮及联轴器等旋转部位都要装设防护壳罩；对于设备某些容易伤人或一般不让人接近的部位，要装设栏杆或栅栏门等隔离装置，并要涂上安全色以示警告；对于容易造成失足的沟、堑，应有盖板。要装设各种安全保护装置，以避免或减轻人身和设备事故。

要装设各种必要的报警联锁装置，当设备接近危险状况时，能自动停机，使作业人员能及时做出决断、进行处理。

3. 保证良好的作业环境

要为设备的使用、安装、检修创造必要的检修条件，按规定预留安全距离；保持现场整洁，工具摆放整齐，有良好的照明，以便于设备的安装、维修、使用工作顺利进行，减少因操作失误而造成事故的可能性；保证作业场所温度、湿度合适，创造一个安全、舒适的工作环境。

4. 加强设备的维修工作

要保证设备的安全性能，设备的安装、维护和检修工作十分重要，尤其对于移动频繁的采剥和运输设备，更要注意安装和维修工作的质量。

5. 机械伤害事故防范措施

（1）制定机械设备安全操作规程，并严格执行。

（2）机械传动部位设置完善的防护装置。

（3）加强安全教育和技能培训，提高全员安全意识和操作技能。

（4）加强维护保养，定期检查，确保机械设备处在完好状态。

（5）选购合格的机械设备，并按要求安装。

（6）加强巡查，杜绝违章操作。

（7）司机必须遵守交通规则，严禁违章驾驶。

（8）设备操作人员必须按安全规程操作，严禁违章操作。

（9）其他人员严禁接触运行中的设备。

（10）现场作业人员必须佩戴安全帽等劳动防护用品。

二、物体打击防范措施 

（1）常见物体打击事故主要有以下 7 类：

1）在高空作业中，工具零件、砖瓦、木块等物从高处掉落伤人。

2）人为乱扔废物、杂物伤人。

3）起重吊装、拆装、拆模时，物料掉落伤人。

4）设备带“病”运行，设备中物体飞出伤人。

5）设备运转中，违章操作，如用铁棍捅卡料，铁棍飞出伤人。

6）压力容器爆炸的飞出物伤人。

7）爆破作业中飞石伤人等。

（2）物体打击事故防范措施如下：

1）必须认真贯彻有关安全规程，克服麻痹思想，消除物体打击伤害事故，牢固树立不伤害他人和自我保护的安全意识。

2）高空作业时，禁止投掷物料。清理物料应设溜槽或使用专用桶。手持工具和零星物料应随手放在工具袋内。安装、更换玻璃要有防止玻璃坠落的措施，严禁扔下碎玻璃。

3）吊运大件要使用有防止脱钩的吊钩或卡环，吊运小件要使用吊笼或吊斗，吊运长件要绑牢。

4）高空作业中，对斜道、过桥、跳板要明确有人负责维修、清理，不得存放杂物。

5）操作使用的机器设备，必须符合质量要求，带“病”设备未修复达标前严禁使用。

6）按照正常程序进行剥离工作。

7）危石、浮石及时排除，处理危石、浮石时按操作规程作业。

8）杜绝上下同时作业。

9）准备齐全完好的排险工具。

10）工作时集中精力，对出现的险情及时做出反应。

11）安全帽等劳动防护用品穿戴规范、齐全。

12）建立健全滚石防护措施、设施。

13）采取措施防止爆破飞石伤人。

第八章　职业病防治

第一节　职业病危害、职业病及职业禁忌证的概念

一、职业病危害及职业病的概念 

1. 职业病危害的概念

职业病危害是指从业人员在生产劳动中，接触生产中使用或产生的有毒化学物质、粉尘气雾以及异常气象条件、高低气压、噪声、振动、微波、射线、细菌、霉菌、长期强迫体位操作等引起职业病或影响健康的总称。

2. 职业病的概念

职业病是指企业、事业单位和个体经济组织等用人单位的从业人员在职业活动中，因接触粉尘、放射性物质和其他有毒、有害因素而引起的疾病。一般将这类职业病称为广义职业病。对其中某些危害性较大，诊断标准明确，结合国情，由政府有关部门审定公布的，称为狭义职业病或法定职业病。

（1）尘肺病的概念。尘肺病是指由于吸入生产性粉尘而引起的以肺组织纤维化为主的疾病。

1）矿工尘肺：在矿山诸多职业病危害中，粉尘危害居首位。矿山从业人员长期吸入生产环境中的粉尘可引起肺部病变。

2）粉尘的主要来源：矿山生产过程中产生的粉尘称为矿山粉尘，依据粉尘存在的状态可分为浮尘和落尘。采矿、掘进、运输及提升等各生产环节所有作业，如打眼、爆破、

清理工作面、装载、运输、顶板控制等，均能产生矿山粉尘。据统计，80%的矿山粉尘来自采掘工作面。

3）接触粉尘的主要工种：所有接触矿山采掘作业的工种。

（2）噪声性耳聋的概念。噪声性耳聋是指由于听觉长期遭受噪声影响而发生缓慢的进行性的感音性耳聋。

1）噪声的主要来源：矿山噪声具有强度大、声级高、声源多、分布广、干扰时间长、反射能力强、衰减慢等显著特点。从采矿、掘进、运输、提升、通风、排水到分选加工以及机电设备装配维修等，噪声无处不在。

2）接触噪声的主要工种：采矿工、掘进工、辅助工、锚喷工、注浆工、注水工、维修工、水泵工等。

（3）振动病及局部振动病的概念。振动病及局部振动病是因长期接触强烈的生产性振动所引起的一种疾病，大多为手臂振动病。

1）振动的主要来源：矿山常用的活塞式捶打工具、固定式转轮工具及手持式转动工具，如凿岩机、钻孔机、砂轮机等。

2）接触振动的主要工种：从事操作凿岩机、钻孔机、砂轮机、破碎机等作业的工种。

（4）职业中毒的概念。矿山职业中毒主要有氮氧化物中毒、碳氧化物中毒、硫化氢中毒、甲烷中毒等。

1）氮氧化物中毒：吸入氮氧化物气体引起以呼吸系统急性损害为主的全身性病变现象。

2）碳氧化物中毒：分为一氧化碳中毒及二氧化碳中毒。一氧化碳主要来源于煤（岩）巷爆破、机械采矿及发生火灾、爆炸事故时。二氧化碳主要来源于长期不开放的各种密闭巷道及发生火灾、爆炸事故时。

3）硫化氢中毒：硫化氢主要存在于低洼积水、通风不良的地方，具有刺激性（臭蛋气味）和窒息性。

4）甲烷中毒：甲烷俗称沼气、煤层气，是吸附在煤层中的可燃性气体，具有爆炸性，常将甲烷与其他气体组成的混合气体称为瓦斯。

（5）中暑及滑囊炎的概念如下：

1）中暑：由于高温环境引起的人体体温调节中枢的功能障碍、汗腺功能失调和水、电解质平衡紊乱所导致的疾病。中暑多发生于露天矿山。

2）滑囊炎：长期、持续、反复、集中和力量稍大的摩擦和压迫而引起的疾病。在一些矿层薄、机械化程度不高的矿区，其患病率较高。

3. 职业病的分类

2013 年 12 月 23 日，国家卫生计生委、人力资源社会保障部、安全监管总局、全国总工会 4 部门联合印发《职业病分类和目录》，将职业病分为 10 类 132 种，具体如下：

（1）职业性尘肺病及其他呼吸系统疾病（19 种）。①尘肺病（13 种），包括矽肺、煤工尘肺、水泥尘肺、电焊工尘肺等；②其他呼吸系统疾病（6 种），包括过敏性肺炎、棉尘病、哮喘等。

（2）职业性皮肤病（9 种），包括接触性皮炎、电光性皮炎等。

（3）职业性眼病（3 种），包括化学性眼部灼伤、电光性眼炎等。

（4）职业性耳鼻喉口腔疾病（4 种），包括噪声聋、铬鼻病、爆震聋等。

（5）职业性化学中毒（60 种），包括二氧化硫中毒、一氧化碳中毒、硫化氢中毒等。

（6）物理因素所致职业病（7 种），包括中暑、高原病、手臂振动病等。

（7）职业性放射性疾病（11 种），包括放射性皮肤疾病、放射性甲状腺疾病等。

（8）职业性传染病（5 种），包括炭疽、森林脑炎、布鲁氏菌病等。

（9）职业性肿瘤（11 种），包括石棉所致肺癌、苯所致白血病等。

（10）其他职业病（3 种），主要包括金属烟热、滑囊炎等。

二、职业禁忌证的概念及要求 

职业禁忌证是从业人员从事特定职业或者接触特定职业病危害因素时，比其他人更易遭受职业病危害和罹患职业病，或可能导致原有自身疾病病情加重等个人特殊的生理、病理状态。

（1）有下列疾病之一的，不应从事接尘作业：

1）活动性肺结核病及肺外结核病。

2）严重的上呼吸道或支气管疾病。

3）显著影响肺功能的肺脏或胸膜病变。

4）心、血管器质性疾病。

5）曾有接尘史，并已产生影响的。

6）经医疗鉴定不适合从事接尘作业的其他疾病。

（2）有下列疾病之一的，不应从事井下作业：

1）活动性肺结核病及肺外结核病。

2）严重的上呼吸道或支气管疾病。

3）显著影响肺功能的肺脏或胸膜病变。

4）心、血管器质性疾病。

5）听力已下降，严重耳聋。

6）风湿病（反复活动）。

7）癫痫症。

8）精神分裂症。

9）经医疗鉴定不适合从事井下作业的其他疾病。

（3）患有高血压、心脏病、高度近视等病症以及其他不适合高空（2 m 以上）作业者，不得从事高空作业。

（4）血液常规检查不正常者不应从事有放射性矿山的井下作业。

第二节　尘肺病与矿山常见的其他职业病危害及防范措施

一、尘肺病及矿山常见的其他职业病危害

矿山职业病主要是尘肺病，此外，对健康危害较大的职业病还有噪声性耳聋，振动病及局部振动病，氮氧化物中毒、一氧化碳中毒、二氧化碳中毒、硫化氢中毒、甲烷中毒等职业中毒，中暑，滑囊炎等。

1. 尘肺病的危害

尘肺病是一种较严重的职业病，患者的肺部会发生进行性、弥漫性纤维组织增生，

逐渐影响呼吸功能及其他系统功能。

2. 噪声性耳聋的危害

噪声性耳聋早期表现为听觉疲劳，离开噪声环境后可逐渐恢复，久之则难以恢复，终致感音神经性聋。

3. 振动病及局部振动病的危害

振动病及局部振动病以手部末梢循环或手臂神经功能障碍为主，大多为手臂振动病，能引起手臂骨关节肌肉损伤。

4. 职业中毒的危害

（1）氮氧化物中毒以二氧化氮为主时，主要引起肺损害。

（2）一氧化碳中毒时，高铁血红蛋白血症和中枢神经系统损害明显。

（3）二氧化碳中毒时，主要引起窒息和因缺氧导致细胞内窒息，致使中枢神经系统、肺、心脏及上呼吸道黏膜等多脏器损害。

（4）硫化氢中毒可引起细胞内窒息，导致中枢神经系统、肺、心脏及上呼吸道黏膜等多脏器损害。

（5）甲烷浓度在25%~30%时，即可出现缺氧的临床表现，甚至导致窒息死亡。中毒患者均有不同程度的中毒性脑病，中毒严重的患者可能有神经系统后遗症。如不迅速脱离现场，可迅速死亡。

5. 中暑及滑囊炎的危害

（1）中暑可引起人体体温调节中枢功能障碍、汗腺功能失调和水、电解质平衡紊乱。

（2）滑囊炎主要由长期、持续、反复、集中和力量稍大的摩擦和压迫而引起，其患病率较高。

二、职业病危害防范措施 

1. 职业危害防治基本要求

（1）矿山企业应对新入矿从业人员进行职业健康检查，并建立健康档案；对接尘作业人员的职业健康检查应拍照胸大片；不适合从事矿山、井下作业者不应录用。

（2）矿山企业应建立职业病危害告知制度，并遵守以下规定：

1）与从业人员订立劳动合同时，应将工作过程中可能产生的职业病危害及其后果、企业采取的职业病防护措施在劳动合同中写明。

2）在产生严重职业病危害因素的场所设置醒目的警示标识。

3）矿山企业应对职业病危害因素进行日常监测。监测范围应涵盖职业病防护设施设计确定的主要职业病危害因素，并根据生产情况进行动态调整。监测结果应存档。

4）在醒目位置设置公告栏，公布工作场所职业病危害因素检测结果，并定期更新。

5）在醒目位置设置公告栏，说明职业病危害的种类、预防以及应急救治措施。

（3）矿山企业应为接触职业病危害因素的从业人员配备符合国家标准的劳动防护用品。进入矿山作业场所的人员应按规定佩戴劳动防护用品。

（4）矿山企业应设保健站或医务室，并备有急救药品和急救设备设施。

（5）矿山企业应定期为接触粉尘及其他有毒有害物质的人员进行健康检查、职业病鉴定和复查。患有职业病或职业禁忌证，并确诊不适合原工种的，应及时调离。

（6）矿山企业应每年为职工提供不少于一次职业健康检查，建立职工健康档案，并妥善保存。受到健康损害的人员，应调离原岗位，妥善安置；对已确诊的职业病病人，应及时进行治疗和定期检查，并做好职业病报告工作。

2. 职业病危害因素检测

矿山企业应配备足够数量的检测仪器，对井下气象条件、粉尘、有毒有害气体、放射性元素、噪声、水质等有关职业健康因素进行检测。检测仪器应按国家规定进行校准。

（1）气象条件。对作业地点的温度、湿度和风速等气象条件，每月至少测定一次。

（2）粉尘。矿山企业应按下列规定检测生产性粉尘浓度，检测结果由检测者记录并签字确认后存档：

1）应分别检测工作场所总粉尘浓度和呼吸性粉尘浓度。

2）定期测定作业场所总粉尘浓度，凿岩工作面每月测定一次，并逐月进行统计分析、上报和公布。

3）采、掘工作面每月测定一次呼吸性粉尘浓度，每个采样点分 2 个班次连续采样，一个班次内至少采集 2 个有效样品，有效样品不少于 4 个。呼吸性粉尘定点监测每月测定一次。

4）作业地点粉尘中游离二氧化硅的含量，应每年至少测定一次，每次测定的有效样品数应不少于 3 个。

5）开采深度大于 200 m 的露天矿山测定次数应增加一倍。

（3）有毒有害物质。矿山企业应按下列要求对职业病危害因素进行监测，监测结果应建档，并按规定上报有关主管部门：

1）铅、苯、汞及其他有毒物质，每 3 个月测定一次。

2）有害气体的浓度，每月测定一次。

3）每半年进行一次井下空气成分取样分析。

4）进行硐室爆破或更换炸药品种时，应在爆破前、后分别进行空气成分测定。

（4）放射性元素。空气中含放射性元素的作业地点，每周至少检测一次粉尘浓度、氡及其子体的浓度；浓度变化较大时，每天检测一次。

（5）噪声的相关规定如下：

1）每天接触噪声的时间应不大于 8 h，接触噪声值应不大于表 8-1 的规定。

2）碰撞和冲击等的脉冲噪声，接触次数和噪声值应不超过表 8-2 的规定。

3）达不到噪声标准的作业场所，作业人员应佩戴劳动防护用品。

表 8-1　　允许噪声暴露

日接触噪声时间/h	限值/dB（A）
8	85
4	88
2	91
1	94
1/2	97
1/4	100
1/8	103

表 8-2　　工作地点脉冲噪声声级的卫生限值

工作日接触脉冲次数	峰值/dB
100	140
1 000	130
10 000	120

3. 粉尘职业病危害防范措施

（1）防尘基本要求如下：

1）露天矿破碎站、排土场等产生粉尘及有毒有害气体的污染源，应当位于工业场地和居民区最小频率风向的上风侧。露天矿的汽车运输道路应采取防尘措施。

2）井下凿岩应采用湿式作业。集中产尘作业地点应设有效的除尘设施。爆破后和装卸矿、岩时应喷雾洒水。凿岩、出渣前应清洗工作面和10 m范围内的巷壁。进风道、人行道及运输巷道的岩壁，应每季度清洗一次。

3）矿山企业应经常检查防尘设施，发现问题，及时处理，保证防尘设施正常运转。

4）矿山企业应为井下作业人员配备满足防护要求的劳动防护用品。接尘作业人员应佩戴防尘口罩，防尘口罩阻尘率应大于99%。

（2）综合防尘措施。综合防尘措施主要有通风除尘、巷道冲洗、净化水幕、注水、湿式作业、使用水炮泥、设置隔尘设施、做好个体防护等。

1）通风除尘：通过风流将井下作业地点的悬浮矿尘带出，降低作业场所矿尘浓度，有效地稀释和及时地排出矿尘。应保证采掘工作面有足够的排尘风量，巷道中风速不得低于0.25 m/s。

2）巷道冲洗：工作面上、下巷必须安装供水管路，每50 m安装一个三通阀门。距离工作面30 m范围内的巷道，施工单位每班至少冲洗一次；30 m以外的巷道，每旬至少冲洗一次，并清除堆积浮尘。其他地点按规定进行冲洗清扫。

3）净化水幕：工作面上、下巷距正前50 m和距回风口50 m处各设置一道净化水幕，并随工作面前进及时前移净化水幕。各主要巷道、扩修点下风侧必须设置净化水幕。水幕应雾化好，能覆盖全断面。

4）注水：通过钻孔将压力水注入尚未开采的矿层，使矿体湿润，以减少开采时浮尘的生成量。实质在于将粉尘消除在产生之前，是一种积极主动的防尘方法。

5）湿式作业：利用水或其他液体，使之与尘粒相接触而捕集粉尘的方法，它是矿井综合防尘的主要技术措施之一。湿式作业的方法有很多，如湿式打眼，采、掘工作面放炮、装矿岩前后洒水，装设喷雾装置等。

工作面下巷的转载点、破碎机处、工作面液压支架架间、工作面的放矿石口、其他各转载点必须安装喷雾装置，降柱、移架或放矿石时同步喷雾。坚持使用采矿机内、外喷雾，开机先开水，无水或喷雾装置损坏时必须立即停机进行处理。

6）使用水炮泥：在进行爆破作业时，严格按放炮前后防尘洒水要求执行，放炮必须使用水炮泥。

7）设置隔尘设施：采矿工作面进风、回风巷道，采区内掘进巷道，采用独立通风并有粉尘的其他巷道应设置辅助隔尘设施，第一排与工作面的距离必须保证 60~200 m，水槽排间距为 1.2~3 m。隔尘设施应始终保持水量充足，吊挂规范，并设专人管理。

8）做好个体防护：通过佩戴防护面具以减少粉尘吸入。

4. 职业卫生及职业中毒危害防范措施

（1）职业卫生基本要求如下：

1）矿山企业应加强职业病危害的防治与管理，做好作业场所职业卫生和劳动保护工作。采取有效措施控制职业病危害，保证作业场所符合国家职业卫生标准。

2）不应在有放射性的矿山井下饮水和就餐。不应在有沼气和放射性的矿山井下吸烟。

3）无放射性的地下矿山就餐室应设于空气新鲜的进风巷道内，并保持清洁卫生。保健食品的装运器具应加盖，并经常消毒，由专人运送。

4）每一中段，应在顶板稳固、通风良好的地点设置井下厕所，并经常清扫和消毒。

5）每个矿井应有浴室、更衣室，并能满足最大班下井人员在一小时内洗完澡的要求。更衣室应有衣柜、衣架和通风除尘设备，室内温度应不低于 20 ℃。

有放射性的矿山严禁设浴池，只能设淋浴设施。污染的衣物应与非污染的衣物分开存放，不应将污染衣物带回居住区。

6）矿山企业应根据气候特点采取防暑降温措施或防冻避寒措施。

（2）职业中毒危害防范措施如下：

1）矿山生产过程中，每天都要接触有毒物质，排除有毒物质的最好办法是通风排毒，特别是爆破以后要加强通风，15 min 以后才能进入爆破现场。进入长期无人进入的井巷时，一定要检查巷道中氧气及有毒气体的浓度，采取安全措施后才能进入。

2）当发现有人员中毒时，必须在采取通风排毒措施、戴防毒面具以后才能进入抢救。

3）建立健全合适的卫生设施。

4）做好健康检查与环境监测。

5）要教育作业人员严格遵守安全操作规程和卫生制度。

第三节 健康监护要求

劳动防护用品指由用人单位为劳动者配备的，使其在劳动过程中免遭或者减轻事故伤害及职业病危害的个体防护装备。

一、劳动防护用品管理基本要求 

（1）劳动防护用品是由用人单位提供的，保障劳动者安全与健康的辅助性、预防性措施，不得以劳动防护用品替代工程防护设施和其他技术、管理措施。

（2）用人单位应健全管理制度，加强劳动防护用品配备、发放、使用等管理工作。

（3）用人单位应安排专项经费用于配备劳动防护用品，不得以货币或其他物品替代。该项经费应据实列入生产成本。

（4）用人单位应当为劳动者提供符合国家标准或者行业标准的劳动防护用品。

（5）劳动者在作业过程中，应按照规章制度和劳动防护用品使用要求，正确佩戴和使用劳动防护用品。

（6）处于作业地点的其他外来人员，必须按照与进行作业的劳动者相同的标准，正确佩戴和使用劳动防护用品。

二、劳动防护用品基本分类 

劳动防护用品主要可分为十大类。

1. 防御头部伤害的头部防护用品

（1）橡胶安全帽、玻璃钢安全帽：主要配备给井下所有工种；需取得矿山安全标志，产品技术要求符合《头部防护　安全帽》（GB 2811—2019）规定。使用期限为30~36个月。

（2）塑料安全帽：需取得矿山安全标志，产品技术要求符合《头部防护　安全帽》

（GB 2811—2019）规定；主要配备给井上信号工、注浆工及露天矿山露天穿孔工、坑下放炮工、矿用重型汽车司机等工种。使用期限为 24 个月。

2. 防御缺氧空气和空气污染物进入呼吸道的呼吸防护用品

防尘口罩，主要配备给井下接触粉尘所有工种、井上及露天矿山部分工种，产品技术要求应符合《呼吸防护用品的选择、使用和维护》（GB/T 18664—2002）的规定。使用期限为 1~3 个月。

3. 防御眼面部伤害的眼面部防护用品

（1）防冲击眼镜、眼罩和面罩：主要配备给矿山部分工种，使用期限为 6~24 个月。

（2）焊接护目镜、焊接面罩：主要配备给电焊工，产品技术要求符合《职业眼面部防护　焊接防护第 1 部分：焊接防护具》（GB/T 3609. 1—2008）规定。使用期限为 24 个月。

（3）化学护目镜：主要配备给充电工、井下炸药发放工及火药管理工。使用期限为 24 个月。

（4）紫外线护目镜：主要配备给露天矿山电铲车司机、穿孔工等。使用期限为 24 个月。

4. 防噪声危害及防水、防寒等耳部防护用品

耳塞、耳罩，主要配备给井下采矿工、综采工、掘进工、爆破工及井上压风机司机、提升机司机等。防噪声危害耳部防护用品主要用于噪声声级在 85 dB 以上的作业环境中的人员，当戴耳塞（罩）影响安全时，禁止发放耳塞（罩）。

5. 防御手部伤害的手部防护用品

（1）线手套：主要配备给矿山部分工种。使用期限为 0. 5~2 个月。

（2）浸胶手套：主要配备给井下采矿工、综采工、掘进工、巷道维修工等。使用期限为 3 个月。

（3）防振手套：主要配备给井下采矿工、掘进工、井下钻探工及井上压风机司机、皮带机选矸工和露天矿山穿孔工、钻探工等。使用期限为 3 个月。

（4）耐酸（碱）手套：主要配备给充电工。使用期限为 3 个月。

（5）绝缘手套：主要配备给机电维修工、采掘机电维修工、配电工、露天架（换）

线工及电力、电信外线电工等。使用期限为 3 个月。

6. 防御足部伤害的足部防护用品

（1）胶面防砸安全靴：主要配备给井下部分工种，产品技术要求符合《胶面防砸保护靴》（HG 3081—2020）规定。使用期限为 6~12 个月。

（2）工矿靴：主要配备给矿山井下工种。使用期限为 6~12 个月。

（3）耐酸碱胶靴：主要配备给充电工。使用期限为 12 个月。

7. 防御躯干伤害的躯干防护用品

（1）普通工作服：主要配备给矿山所有作业工种，矿山井下薄煤层采矿工使用耐磨工作服。使用期限为 6~18 个月。

（2）劳动防护雨衣：主要配备给矿山部分工种。使用期限为 12~24 个月。

（3）棉上衣：主要配备给矿山井下所有作业工种。使用期限 24~36 个月。

8. 防御损伤皮肤或引起皮肤疾病的防护用品

9. 防止高处作业劳动者坠落或者高处落物伤害的防护用品

10. 其他防御危险、有害因素的劳动防护用品

用人单位应结合作业方式和工作条件，考虑其个人特点及劳动强度，选择防护功能和效果适用的劳动防护用品。

三、劳动防护用品配备基本要求 

（1）同一工作地点存在不同种类危险、有害因素的，应为劳动者同时提供防御各类危害的劳动防护用品。需同时配备的还应考虑其可兼容性。

（2）在不同地点工作，接触不同危险、有害因素，或接触不同危害程度有害因素的，为其选配的劳动防护用品应满足不同工作地点防护需求。

（3）劳动防护用品选择还应考虑其佩戴的合适性和基本舒适性，根据个人特点和需求选择适合号型、式样。

（4）应在可能发生急性职业损伤的有毒、有害工作场所配备应急劳动防护用品，放置于现场临近位置并有醒目标识。

（5）应为巡检等流动性作业的劳动者配备随身携带的个人应急劳动防护用品。

四、劳动防护用品维护、更换及报废基本要求 

（1）应按照要求妥善保存，及时更换，保证其在有效期内。公用的劳动防护用品应由班组统一保管，定期维护。

（2）应对应急劳动防护用品进行经常性的维护、检修，定期检测其性能和效果，保证完好有效。

（3）应按照劳动防护用品发放周期定期发放，对有损坏的应及时更换。

（4）安全帽、呼吸器、绝缘手套等安全性能要求高、易损耗的劳动防护用品，应当按照有效防护功能最低指标和有效使用期，到期强制报废。

五、粉尘防护要求 

粉尘对人的危害，特别是尘肺病尚无特殊的治疗方法。加强对粉尘作业的劳动防护与管理十分重要，应遵守三级防护原则。

1. 一级防护

（1）综合防尘：改革生产工艺、生产设备，尽量将手工操作变为机械化、自动化、遥控化操作；在工艺要求许可的条件下，尽可能采用湿法作业；配备使用好防尘用品，做好个人防护。

（2）定期检测：对作业环境的粉尘浓度实施定期检测，采取针对性措施，使作业环境的粉尘浓度达到国家标准。矿山井下工作面总粉尘浓度每月测定 2 次，地面及露天矿山每月测定 1 次；呼吸性粉尘浓度每月测定 1 次；粉尘分散度每 6 个月测定 1 次；粉尘中的游离二氧化硅含量每 6 个月测定 1 次，在变更工作面时也应当测定 1 次。作业场所噪声每 6 个月测定 1 次。

（3）健康体检：对接触职业病危害的劳动者，矿山应当按照国家有关规定组织上岗前、在岗期间和离岗时的职业健康检查，并将检查结果书面告知劳动者。不得安排未经上岗前职业健康检查的人员从事接触职业病危害的作业，不得安排有职业禁忌的人员从事其所禁忌的作业，不得安排未成年工从事接触职业病危害的作业，不得安排孕期、哺乳期的女职工从事对本人和胎儿、婴儿有危害的作业。接触粉尘的每 2 年职业健康检查 1 次，接触岩尘、噪声、高温的每年职业健康检查 1 次。不得以劳动者上岗前职业健康检查代替在岗期间定期的职业健康检查，也不得以劳动者在岗期间职业健康检查代替离岗时职业健康检查，但最后一次在岗期间的职业健康检查在离岗前的90日内的，可以视为离岗时职业健康检查。

（4）宣传教育：普及防尘的基本知识。

（5）加强防护：对除尘系统必须加强维护和管理，使除尘系统处于完好、有效状态。

2. 二级防护

建立专人负责的防尘机构，制定防尘规划和各项规章制度，并严格执行。

3. 三级防护

对已确诊为尘肺病的人员，应当及时调离原工作岗位，安排合理的治疗或疗养，其社会保险待遇应按国家有关规定办理。

4. 粉尘防治方针

粉尘防护“八字”方针：宣、革、水、密、风、护、管、查。

（1）宣：宣传教育，积极宣传职业病的基本知识及所产生的危害，提高防护意识和防治能力。

（2）革：生产工艺和生产设备的技术革新，这是消除粉尘危害的根本途径。

（3）水：湿式作业，这是防止粉尘飞扬的有效措施。

（4）密：把粉尘的发生源密闭起来。

（5）风：利用通风达到除尘、降尘的目的。

（6）护：加强个体防护。

（7）管：加强技术管理，建立必要的防尘制度和设备设施维修维护制度等。

（8）查：对接尘人员进行健康检查，对生产环境定期测尘及监督检查。

六、噪声防护要求

1. 噪声控制原则

（1）消除、控制噪声源。通过改进机械设备的结构原理、改变加工工艺方法，提高机器的精密度，减少摩擦和撞击，提高装配质量以实现对声源的控制，使强噪声变为弱噪声。

（2）控制噪声源传播。在噪声传播过程中，采用吸声、隔声、消声、减振的材料和装置阻断和屏蔽噪声的传播。

（3）个体防护。根据噪声的不同频率特性，选择适宜的防护用具，并实行轮流工作制，尽可能减少在噪声环境中的工作时间。

2. 生产过程中降噪的主要方法

（1）提升机、压风机、通风机等设备降噪措施如下：

1）对产生噪声的设备本身进行降噪控制：对电机降噪可采取安装全封闭固定隔声罩、局部固定隔声罩、固定式隔声屏、组合式隔声屏等，以及紧固设备构件、减少振动等措施。

2）对周围环境进行降噪控制：有条件的尽可能设立单独的操作间，并安装隔声、降声、吸声材料，如加装隔声门窗等。

3）加强个体防护，并尽量减少接触时间。

（2）掘进工作面降噪措施如下：

1）采用掘进机作业的，应尽量减少机械设备本身的振动，加强维修维护和保养；可在设备上安装使用减振、隔声材料；加强对职工个体的防护。

2）采用气动凿岩机的，可改进消声罩进行降噪；推广使用凿岩机或凿岩台车，降低源发噪声；加强对职工个体的防护。

（3）采矿工作面降噪措施。采矿工作面的主要噪声来源于采矿机和刮板输送机等设备。应尽量减少机械设备本身的振动，加强维修维护和保养；可在设备上安装使用减振、隔声材料；加强对职工个体的防护。

（4）露天矿山作业降噪措施。露天矿山噪声主要来源于各种机械，因此及时对机械设备进行维护、检修，避免机械部件松动是减少噪声源的主要措施。另外，驾驶室的密闭、隔声也是避免司机接触噪声的重要措施。

第四节 职业病预防的权利和义务

一、职业病预防的权利 

(1) 劳动者依法享有职业卫生保护的权利。

用人单位应当为劳动者创造符合国家职业卫生标准和卫生要求的工作环境和条件，并采取措施保障劳动者获得职业卫生保护。

工会组织依法对职业病防治工作进行监督，维护劳动者的合法权益。用人单位制定或者修改有关职业病防治的规章制度，应当听取工会组织的意见。

(2) 劳动者享有下列职业卫生保护权利：

1) 获得职业卫生教育、培训。

2) 获得职业健康检查、职业病诊疗、康复等职业病防治服务。

3) 了解工作场所产生或者可能产生的职业病危害因素、危害后果和应当采取的职业病防护措施。

4) 要求用人单位提供符合防治职业病要求的职业病防护设施和个人使用的职业病防护用品，改善工作条件。

5) 对违反职业病防治法律、法规以及危及生命健康的行为提出批评、检举和控告。

6) 拒绝违章指挥和强令进行没有职业病防护措施的作业。

7) 参与用人单位职业卫生工作的民主管理，对职业病防治工作提出意见和建议。

用人单位应当保障劳动者行使上述所列权利。因劳动者依法行使正当权利而降低其工资、福利等待遇或者解除、终止与其订立的劳动合同的，其行为无效。

(3) 职业病病人除依法享有工伤保险外，依照有关民事法律，尚有获得赔偿的权利的，有权向用人单位提出赔偿要求。

二、职业病预防的义务 

用人单位的主要负责人和职业卫生管理人员应当接受职业卫生培训，遵守职业病防治法律、法规，依法组织本单位的职业病防治工作。

用人单位应当对劳动者进行上岗前的职业卫生培训和在岗期间的定期职业卫生培训，普及职业卫生知识，督促劳动者遵守职业病防治法律、法规、规章和操作规程，指导劳动者正确使用职业病防护设备和个人使用的职业病防护用品。

劳动者应当学习和掌握相关的职业卫生知识，增强职业病防范意识，遵守职业病防治法律、法规、规章和操作规程，正确使用、维护职业病防护设备和个人使用的职业病防护用品，发现职业病危害事故隐患应当及时报告。

劳动者不履行上述规定义务的，用人单位应当对其进行教育。

三、职业病鉴定 

1. 职业病鉴定所需材料

（1）职业病鉴定申请书。

（2）职业病诊断证明书。

（3）卫生行政部门要求提供的其他有关资料。

2. 劳动者在职业病诊断与鉴定过程中享有的权利

（1）选择诊断机构就诊的权利。劳动者可以选择用人单位所在地、本人户籍所在地或经常居住地的职业病诊断机构进行职业病诊断。劳动者依法要求进行职业病诊断的，职业病诊断机构应当接诊。

（2）知情权。职业病诊断、鉴定机构应当告知劳动者职业病诊断、鉴定所需材料和程序，并及时告知劳动者诊断、鉴定结果。

（3）申请劳动仲裁的权利。职业病诊断、鉴定过程中，有争议的可依法向用人单位所在地劳动人事仲裁委员会申请仲裁。

（4）异议申诉权利。劳动者对用人单位提供的工作场所职业病危害因素检测结果等资料有异议的，职业病诊断机构应当提请用人单位所在地卫生行政部门进行调查和判定。

（5）选取鉴定专家权。劳动者可以自己或委托职业病鉴定办事机构从专家库中按照专业类别随机抽取鉴定专家。

（6）隐私受保护权。职业病诊断机构及其他相关工作人员应当尊重、关心、爱护劳动者，保护劳动者的隐私。

法律规定，当事人如果对职业病诊断结果或职业病鉴定结论有异议，可在接到职业病诊断证明书之日起 30 日内，向职业病诊断机构所在地设区的市级卫生行政部门申请鉴定。当事人对设区的市级职业病鉴定结论不服的，可在接到鉴定书之日起 15 日内，向原鉴定组织所在地省级卫生行政部门申请再次鉴定。职业病鉴定实行两级鉴定制，省级职业病鉴定结论为最终鉴定。

四、职业病相关待遇 

职业病病人可以享受医疗待遇、伤残待遇等。

1. 医疗待遇

（1）全额报销符合规定的医疗费。

（2）住院伙食补助费。

（3）配置辅助器具。

（4）在停工留薪期间内，原工资待遇不变，由所在单位按月支付。

（5）护理费，按照生活完全不能自理、生活大部分不能自理或生活部分不能自理 3 个不同等级支付。

2. 伤残待遇

劳动者发生职业病，经治疗伤情相对稳定后存在残疾、影响劳动能力的，应当进行劳动能力鉴定。劳动能力鉴定是指劳动功能障碍程度和生活自理障碍程度的鉴定（即伤残鉴定）。劳动功能障碍分为 10 个伤残等级，生活自理障碍分为 3 个等级，不同伤残等级的职业病病人享受的待遇也不同。

（1）一级至四级伤残待遇。职业病致残被鉴定为一级至四级伤残的，保留劳动关系，退出工作岗位，享受以下待遇：

1）从工伤保险基金按伤残等级支付一次性伤残补助金，标准如下：一级伤残为 27

个月本人工资（本人工资指患职业病前 12 个月平均缴费工资，本人工资高于统筹地区职工平均工资 300%的，按统筹地区职工平均工资 300%计算；本人工资低于统筹地区职工平均工资 60%的，按统筹地区职工平均工资 60%计算），二级伤残为 25 个月本人工资，三级伤残为 23 个月本人工资，四级伤残为 21 个月本人工资。

2）从工伤保险基金按月支付伤残津贴，标准如下：一级伤残为本人工资的 90%，二级伤残为本人工资的 85%，三级伤残为本人工资的 80%，四级伤残为本人工资的 75%。伤残津贴实际金额低于当地最低工资标准的，由工伤保险基金补足差额。

3）患有职业病达到退休年龄并办理退休手续后，停发伤残津贴，享受基本养老保险待遇。基本养老保险低于伤残津贴的，由工伤保险基金补足差额。

（2）五级、六级伤残待遇。

1）从工伤保险基金按伤残等级支付一次性伤残补助金，标准如下：五级伤残为 18 个月本人工资，六级伤残为 16 个月本人工资。

2）保留与用人单位的劳动关系，由用人单位安排适当工作。难以安排工作的，由用人单位按月发给伤残津贴，标准如下：五级伤残为本人工资的 70%，六级伤残为本人工资的 60%，并由用人单位按照规定为其缴纳各项社会保险费。伤残津贴实际金额低于当地最低工资标准的，由用人单位补足差额。

（3）七级至十级伤残待遇。

1）从工伤保险基金按伤残等级支付一次性伤残补助金标准如下：七级伤残为 13 个月本人工资，八级伤残为 11 个月本人工资，九级伤残为 9 个月本人工资，十级伤残为 7 个月本人工资。

2）劳动合同期满终止或职工提出解除劳动、聘用合同的，由工伤保险基金支付一次性工伤医疗补助金，由用人单位支付一次性伤残就业补助金。

第九章 事故应急处置与自救急救

第一节 事故报告及现场紧急处置

一、事故报告

《生产安全事故报告和调查处理条例》（中华人民共和国国务院令第493号）规定如下：

第四条 事故报告应当及时、准确、完整，任何单位和个人对事故不得迟报、漏报、谎报或者瞒报。

第九条 事故发生后，事故现场有关人员应当立即向本单位负责人报告；单位负责人接到报告后，应当于1小时内向事故发生地县级以上人民政府安全生产监督管理部门和负有安全生产监督管理职责的有关部门报告。

情况紧急时，事故现场有关人员可以直接向事故发生地县级以上人民政府安全生产监督管理部门和负有安全生产监督管理职责的有关部门报告。

第十条 安全生产监督管理部门和负有安全生产监督管理职责的有关部门接到事故报告后，应当依照下列规定上报事故情况，并通知公安机关、劳动保障行政部门、工会和人民检察院：

（一）特别重大事故、重大事故逐级上报至国务院安全生产监督管理部门和负有安全生产监督管理职责的有关部门；

（二）较大事故逐级上报至省、自治区、直辖市人民政府安全生产监督管理部门和负有安全生产监督管理职责的有关部门；

（三）一般事故上报至设区的市级人民政府安全生产监督管理部门和负有安全生产监督管理职责的有关部门。

安全生产监督管理部门和负有安全生产监督管理职责的有关部门依照前款规定上报事故情况，应当同时报告本级人民政府。国务院安全生产监督管理部门和负有安全生产监督管理职责的有关部门以及省级人民政府接到发生特别重大事故、重大事故的报告后，应当立即报告国务院。

必要时，安全生产监督管理部门和负有安全生产监督管理职责的有关部门可以越级上报事故情况。

第十一条　安全生产监督管理部门和负有安全生产监督管理职责的有关部门逐级上报事故情况，每级上报的时间不得超过 2 小时。

第十二条　报告事故应当包括下列内容：

（一）事故发生单位概况；

（二）事故发生的时间、地点以及事故现场情况；

（三）事故的简要经过；

（四）事故已经造成或者可能造成的伤亡人数（包括下落不明的人数）和初步估计的直接经济损失；

（五）已经采取的措施；

（六）其他应当报告的情况。

第十三条　事故报告后出现新情况的，应当及时补报。

自事故发生之日起 30 日内，事故造成的伤亡人数发生变化的，应当及时补报。道路交通事故、火灾事故自发生之日起 7 日内，事故造成的伤亡人数发生变化的，应当及时补报。

第十四条　事故发生单位负责人接到事故报告后，应当立即启动事故相应应急预案，或者采取有效措施，组织抢救，防止事故扩大，减少人员伤亡和财产损失。

第十五条　事故发生地有关地方人民政府、安全生产监督管理部门和负有安全生产监督管理职责的有关部门接到事故报告后，其负责人应当立即赶赴事故现场，组织事故救援。

第十六条　事故发生后，有关单位和人员应当妥善保护事故现场以及相关证据，任何单位和个人不得破坏事故现场、毁灭相关证据。

因抢救人员、防止事故扩大以及疏通交通等原因，需要移动事故现场物件的，应当做出标志，绘制现场简图并做出书面记录，妥善保存现场重要痕迹、物证。

第十七条　事故发生地公安机关根据事故的情况，对涉嫌犯罪的，应当依法立案侦查，采取强制措施和侦查措施。犯罪嫌疑人逃匿的，公安机关应当迅速追捕归案。

第十八条　安全生产监督管理部门和负有安全生产监督管理职责的有关部门应当建立值班制度，并向社会公布值班电话，受理事故报告和举报。

二、现场紧急处置

《生产安全事故应急条例》（中华人民共和国国务院令第708号）规定如下：

发生生产安全事故后，生产经营单位应当立即启动生产安全事故应急救援预案，采取下列一项或者多项应急救援措施，并按照国家有关规定报告事故情况：

（一）迅速控制危险源，组织抢救遇险人员；

（二）根据事故危害程度，组织现场人员撤离或者采取可能的应急措施后撤离；

（三）及时通知可能受到事故影响的单位和人员；

（四）采取必要措施，防止事故危害扩大和次生、衍生灾害发生；

（五）根据需要请求邻近的应急救援队伍参加救援，并向参加救援的应急救援队伍提供相关技术资料、信息和处置方法；

（六）维护事故现场秩序，保护事故现场和相关证据；

（七）法律、法规规定的其他应急救援措施。

三、应急设施

（1）矿山企业应建立和完善井下安全撤离通道，完善监测监控、人员定位、通信联络设施。

（2）作为主要安全出口的罐笼提升井井口应配备额定防护时间不少于30 min的隔绝式自救器。自救器的数量大于井下最大班作业人员数量。

（3）井下所有工作地点100 m范围内、巷道分岔口应设置避灾路线指示牌，巷道内每 200 m 至少设置一个。避灾路线指示牌应标明避灾路线和方向、避灾设施位置、人员所在位置等信息，避灾路线指示牌应设在受到保护的显著位置，避灾信息在矿灯照明下应清晰。

（4）井下避灾路线附近应设置用于火灾（含有毒有害气体）的避灾硐室或救生舱，确保井下所有人员在 20 min 之内能够进入其中避险。井巷通往避灾硐室或救生舱的入口处应设醒目的“紧急避险设施”反光指示牌。

（5）避灾硐室和救生舱应符合下列要求：

1）避险防护时间不低于 8 h。

2）高温矿井的避灾硐室和救生舱内应有降温措施。

3）单一设施避险人数不大于 100 人，净高度不低于 2 m，应有向外开启的防火门。

4）使用面积：避灾硐室不少于 1 m^2/人，救生舱不少于 0. 8 m^2/人。

5）应设有一氧化碳、二氧化碳、氧气、温度、湿度和空气压力检测设施。

6）应设排气设施，设有不少于 2 个单向排气阀。

7）应备有急救箱、工具箱、人体排泄物收集袋等。

8）避灾硐室内应有通信和照明设施。

9）避灾硐室墙体应坚固密闭，压气管、供水管及其他管线接入时应采取密封措施。

10）救生舱应具有足够的强度和气密性，应选用无腐蚀性、抗高温老化的环保材料制作。

（6）井下应设置应急广播系统，保证井下人员能够清晰听见应急指令。

（7）矿山必须对紧急避险设施进行维护和管理，每天巡检 1 次；建立技术档案及使用维护记录。

四、应急管理

（1）矿山企业应建立应急演练制度。应急演练每年应不少于 1 次。应急演练计划、方案、记录和总结评估报告等资料保存期限不少于 2 年。

（2）在应急演练中发现重大问题应及时修订应急救援预案，并重新报应急管理部门备案。

（3）所有入井人员必须随身携带自救器。

（4）井下作业人员应熟悉应急救援预案和避灾路线，具有自救、互救和安全避险知识；熟练掌握自救器和紧急避险设施的使用方法。

班组长应具备兼职救护队员的知识和能力，能够在发生险情后第一时间组织作业人员自救、互救和安全避险。

外来人员下井前应经过安全培训，掌握自救器使用方法，并签字确认后方可入井。

（5）矿井发生险情或事故时，井下人员应按应急救援预案和应急指令撤离险区；撤离受阻时就近避险待救，并报告矿长；矿长应立即组织涉险人员撤离险区，指挥矿山救护队进行现场救援，并上报事故信息。

（6）发生事故的矿山在进行事故应急救援工作的同时，应报请当地政府和主管部门在通信、交通运输、医疗、电力、现场秩序维护等方面提供保障。

五、事故类型

1. 事故等级

根据生产安全事故（以下简称事故）造成的人员伤亡或者直接经济损失，事故一般分为以下等级：

（1）特别重大事故，是指造成 30 人以上死亡，或者 100 人以上重伤（包括急性工业中毒，下同），或者 1 亿元以上直接经济损失的事故。

（2）重大事故，是指造成 10 人以上 30 人以下死亡，或者 50 人以上 100 人以下重伤，或者 5 000 万元以上 1 亿元以下直接经济损失的事故。

（3）较大事故，是指造成 3 人以上 10 人以下死亡，或者 10 人以上 50 人以下重伤，或者 1 000 万元以上 5 000 万元以下直接经济损失的事故。

（4）一般事故，是指造成 3 人以下死亡，或者 10 人以下重伤，或者 1 000 万元以下直接经济损失的事故。

“以上”包括本数，“以下”不包括本数。

2. 事故诱发因素分类

按诱发因素的不同，事故可分为责任事故和非责任事故两种类型。

责任事故是指人们在进行有目的的活动中，由于人为的因素，如违章操作、违章指挥、违反劳动纪律、管理缺陷、生产作业条件恶劣、设计缺陷、设备保养不良等原因造成的事故。此类事故是可以预防的。

非责任事故主要包括自然灾害事故和因人们对某种事物的规律性尚未认识，目前的科学技术水平尚无法预防和避免的事故等。

3. 事故性质分类

按伤亡事故的性质可分成顶板、瓦斯、机电、运输、放炮、火灾、水害和其他8类事故。

4. 工伤与职业病致残等级分级

根据《劳动能力鉴定 职工工伤与职业病致残等级》（GB/T 16180—2014），工伤与职业病致残等级可分为以下10级：

（1）一级。器官缺失或功能完全丧失，其他器官不能代偿，存在特殊医疗依赖，或完全或大部分或部分生活自理障碍。

（2）二级。器官严重缺损或畸形，有严重功能障碍或并发症，存在特殊医疗依赖，或大部分或部分生活自理障碍。

（3）三级。器官严重缺损或畸形，有严重功能障碍或并发症，存在特殊医疗依赖，或部分生活自理障碍。

（4）四级。器官严重缺损或畸形，有严重功能障碍或并发症，存在特殊医疗依赖，或部分生活自理障碍或无生活自理障碍。

（5）五级。器官大部缺损或明显畸形，有较重功能障碍或并发症，存在一般医疗依赖，无生活自理障碍。

（6）六级。器官大部缺损或明显畸形，有中等功能障碍或并发症，存在一般医疗依赖，无生活自理障碍。

（7）七级。器官大部缺损或畸形，有轻度功能障碍或并发症，存在一般医疗依赖，无生活自理障碍。

（8）八级。器官部分缺损，形态异常，轻度功能障碍，存在一般医疗依赖，无生活自理障碍。

（9）九级。器官部分缺损，形态异常，轻度功能障碍，无医疗依赖或者存在一般医疗依赖，无生活自理障碍。

（10）十级。器官部分缺损，形态异常，无功能障碍，无医疗依赖或者存在一般医疗依赖，无生活自理障碍。

第二节　防险避灾自救与互救方法

为确保防险避灾、自救和互救的有效性，从业人员必须掌握避灾路线，并能正确使用安全避险设施。

自救是在矿井发生意外灾变事故时，在灾区或受灾变影响区域的从业人员进行避灾和保护自己而采取的措施及方法。

互救则是在有效的自救前提下，为了妥善地救护他人而采取的措施及方法。

矿工互救应遵守“三先三后”原则：对窒息的伤员，先复苏，后搬运；对出血的伤员，先止血，后搬运；对骨折的伤员，先固定，后搬运。

一、矿山发生灾害事故时的基本行动原则 

1. 及时报告灾情

发生灾害事故后，事故地点附近的人员应尽量了解和判断事故性质、地点和灾害程度，并迅速利用最近处的电话或其他方式向矿调度室报告，迅速向事故可能波及的区域发出警报，使其他人员尽快了解灾情。

2. 积极抢救

灾害事故发生后，处于灾区内以及受威胁区域的人员应沉着冷静。根据灾情和现场条件，在保证自身安全的前提下采取积极有效的方法和措施及时进行现场抢救，将事故消灭在初期阶段或控制在最小范围，最大限度地减少事故造成的损失。

3. 安全撤离

当受灾现场不具备事故抢救条件，或可能危及人员的安全时，应由现场负责人或有经验的人员带领，根据矿井灾害事故应急预案中规定的撤退路线或当时的实际情况，尽量选择安全条件最好、距离最短的路线，迅速撤离危险区域。

4. 妥善避灾

地下矿山发生险情或事故时，井下人员应按应急预案和应急指令撤离险区，在撤离受阻的情况下紧急避险待救。遇险人员应迅速进入固定避难硐室或临时避难硐室，妥善避灾，等待矿山救护队的援救，切忌盲目行动。

二、井下发生灾害事故时的避灾自救与互救措施 

1. 爆炸发生时的自救与互救措施

人员遇到或发现爆炸时，需要沉着、冷静，临危不乱，保持清醒的头脑，采取措施进行自救。其具体方法如下：

（1）背向空气冲击波到来的方向俯卧倒地，面部贴在地面以降低身体高度，避开冲击波的强力冲击，并暂时屏住呼吸，用湿毛巾捂住口鼻，防止把火焰吸入肺部造成内部烧伤。

（2）最好用衣物盖住身体，尽量减少身体暴露面积，以减少烧伤。

（3）爆炸后要迅速按规定佩戴好自救器，辨清方向，沿正确的避灾路线撤退。撤退前要根据矿井灾害事故应急预案确定撤退的路线，尽量选择安全条件好、距离短的避灾路线。

（4）尽快撤离灾区，到达新鲜空气的安全地点中。井下若巷道破坏严重或后路被堵出不去，不知撤退是否安全时，可以到避难硐室、救生舱或支护较完整的安全地点躲避，等待救援。

2. 矿岩突出发生时的自救与互救措施

采掘工作面发生矿石突出或出现预兆时，要以最快的速度通知人员迅速向进风侧撤离。撤离中快速打开隔绝式自救器并佩戴好，迎着新鲜风流继续外撤。如果距离新鲜风流太远，应首先到避难硐室内避灾，或利用压风自救系统进行自救。

掘进工作面发生矿石突出或出现预兆时，必须迅速向外撤至防突反向风门之外，之后把防突反向风门关好，然后继续外撤。

3. 火灾发生时的自救与互救措施

发生火灾时，要抓住时机在火势较小并保障安全的情况下开展灭火工作。如果火势较大不能控制，要立即组织撤离，其间要注意科学自救与互救，互相照应、互相帮助。

（1）要尽可能迅速了解和判明事故的地点、范围和事故区域的巷道情况、通风系统、风流及火灾烟气蔓延的速度、方向以及与自己所处巷道位置之间的关系，并根据矿井灾害预防和处理计划及现场的实际情况，确定撤退路线和避灾自救方法。

（2）位于火源进风侧的人员，应迎着新鲜空气撤退；位于火源回风侧的人员或在撤退途中遇到烟气有中毒危险时，应迅速戴好自救器，尽快通过捷径进入新鲜空气中或在烟气没有到达之前顺着风流尽快从回风出口撤到安全地点；如果距火源较近且越过火源没有危险时，也可迅速穿过火区撤到火源的进风侧。

（3）撤退行动既要迅速果断，又要快而不乱，不能狂奔乱跑。撤退中应靠巷道有联通出口的一侧行进，避免错过脱离危险区的机会，同时还要随时注意观察巷道和风流的变化情况，谨防火风压可能造成的风流逆转。

（4）在烟雾大、视线不清的情况下，应摸着巷道壁前进，以免错过联通出口。有压风管、水管的巷道，要注意利用这些管线的引领作用。

（5）在有烟雾的巷道里撤退时，在烟雾不严重的情况下，即使为了加快速度也不应直立奔跑，而应尽量躬身弯腰，低着头快速前进；如遇烟雾大、视线不清或温度高的情况时，则应尽量贴着巷道底板和巷壁，摸着轨道或管道等物爬行撤退。

（6）在高温浓烟的巷道撤退时，应利用巷道内的水浸湿毛巾、衣物，或向身上淋水进行降温，或利用随身物件等遮挡头面部，以防高温烟气的刺激。应避开通风条件差、可能会爆炸的巷道。

（7）如果在自救器有效作用时间内不能安全撤出时，应在设有储存备用自救器的硐室换用自救器后再行撤退，或者撤到避难硐室待救。

（8）如果无论是逆风还是顺风撤退，都无法躲避着火巷道或火灾烟气可能造成的危害时，则应迅速进入避难硐室；没有避难硐室时应在烟气袭来之前，选择合适的地点就地利用现场条件，快速构筑临时避难硐室，进行避灾自救。

4. 透水发生时的自救与互救措施

（1）透水后现场人员撤退时的注意事项如下：

1）透水后，应在可能的情况下迅速观察和判断透水的地点、水源、涌水量，根据灾害事故应急预案中规定的撤退路线，迅速撤退到透水地点以上的水平，而不能进入透水地点附近及下方的独头巷道。

2）行进中，应靠近巷道一侧，抓牢支架或其他固定物体，尽量避开压力水头和泄水流，并注意避免被水中滚动的矿石和木料撞伤。

3）如果透水破坏了巷道中的照明和路标，迷失行进方向时，遇险人员应朝着有风流通过的上山巷道方向撤退。

4）在撤退沿途和所经过的巷道交叉口，应留设指示行进方向的明显标志，以提示救援人员注意。

5）人员撤退到立井须从梯子间上去时，应遵守秩序，禁止慌乱和争抢。行动中手要抓牢，脚要蹬稳，切实注意自己和他人的安全。

6）如果唯一的出口被水封堵而无法撤退时，应有组织地在独头上山工作面躲避，等待救援人员的营救。严禁盲目潜水逃生。

（2）透水后被围困时的避灾自救措施如下：

1）当现场人员被涌水围困无法撤出时，应迅速进入避难硐室中，或选择合适地点快速建筑临时避难硐室避灾。如果系老窑透水，则须在避难硐室处建临时挡墙或吊挂风帘，防止被涌出的有毒有害气体伤害。在进入避难硐室前，应在硐室外留设明显标志。

2）在避灾期间，遇险人员要保持良好的精神状态，情绪安定、自信乐观、意志坚强。要做好长时间的避灾准备，使用1台矿灯照明或间歇照明，关闭其他矿灯。除轮流担任岗哨观察水情的人员外，其余人员均应静卧，以减少体力和氧气消耗。

3）避灾时，应用敲击的方法有规律、间断地发出呼救信号，向救援人员指示躲避处位置。

4）长时间被困在井下，发觉救援人员到来营救时，遇险人员不可过度兴奋和慌乱，以防发生意外。

5. 冒顶发生时的自救与互救措施

（1）采矿工作面冒顶时的自救与互救措施如下：

1）迅速撤退到安全地点。当发现工作地点有即将发生冒顶的征兆，而当时又难以采取措施防止采矿工作面顶板冒落时，最好的避灾措施是迅速离开危险区，撤退到安全地点。

2）遇险时要靠帮贴身站立或到木垛处避灾。从采矿工作面发生冒顶的实际情况来看，顶板沿矿石冒落是很少见的。因此，当发生冒顶来不及撤退到安全地点时，遇险人员应靠帮贴身站立避灾，但要注意矿石片帮伤人。

另外，冒顶时可能将支柱压断或推倒，但在一般情况下不可能压垮或推倒质量合格的木垛。因此，如果遇险人员所在位置靠近木垛时，可撤至木垛处避灾。

3）遇险后立即发出呼救信号。冒顶对人员的伤害主要是砸伤、掩埋或隔堵。冒落基本稳定后，遇险人员应立即采用呼叫、敲打（如敲打物料、岩块等，如果敲打可能造成新的冒落时则不能敲打，只能呼叫）等方法，发出有规律、不间断的呼救信号，以便救援人员和撤出人员了解灾情，组织力量进行抢救。

4）遇险人员要积极配合外部的营救工作。冒顶后被矿石、物料等埋压的人员，不要惊慌失措，在条件不允许时切忌采用猛烈挣扎的办法脱险，以免造成事故扩大。被冒顶隔堵的人员，应在遇险地点有组织地维护好自身安全，构筑脱险通道，配合外部的营救工作，为提前脱险创造良好条件。

5）被埋压人员被挖出后应首先清理呼吸道，然后根据伤情（呼吸、心搏、出血、骨折等）进行相关现场急救。

（2）独头巷道冒顶被堵人员的避灾自救与互救措施如下：

1）遇险人员要沉着冷静，切忌惊慌失措，要树立信心，迅速组织起来，团结协作，尽量减少体力和隔堵区的氧气消耗，做好较长时间的避灾准备，使用1台矿灯照明或间歇照明，关闭其他矿灯。

2）如果遇险人员被困地点有压风管路，应打开压风管路闸阀，给遇险人员输送新鲜空气，但遇险人员应注意保暖。

3）如果人员被困地点有电话，应立即用电话报告灾情、遇险人数和计划采取的避灾自救措施；也可采用敲击钢轨、管道和矿石等物体的方法，发出有规律的呼救信号，并每隔一定时间敲击1次，不间断地发出信号，以便救援人员了解灾情，组织力量进行抢救。

4）维护、加固冒落地点和人员躲避处的支架，并经常派人检查，以防止冒顶进一步扩大，保障被堵人员避灾时的安全。

三、自救器使用

1. 自救器佩戴及使用方法

（1）自救器系在腰带上，随身携带。

（2）使用时，扯下橡胶保护带。

（3）用拇指扳起红色扳手，拉断封印条。

（4）揭开上外壳。

（5）抓住头带，取出呼吸保护器，丢掉下外壳。

（6）拔掉口具塞，整理气囊。

（7）将口具放入唇齿间，咬住牙垫。

（8）启动氧气瓶生氧装置。

（9）夹上鼻夹，闭上嘴，向自救器呼气进行呼吸。

（10）取下矿帽，戴好头带。

（11）戴上矿帽，撤离灾区。

2. 注意事项

（1）佩戴时，拔掉口具塞，整理气囊，戴好自救器然后夹上鼻夹，做快速、短促的呼吸。

（2）佩戴自救器撤离灾区时，要冷静、沉着，步行速度要根据情况可快可慢，选择最佳逃生路线，短时间快跑是允许的，呼吸阻力会越来越大，这是正常现象。

（3）在整个逃生过程中，注意把口具、鼻夹戴好，保持不漏气，绝不可从嘴中拔下口具说话。

（4）吸气时，吸气比吸外界正常大气干热一点，这表明自救器在正常工作，对人无害，千万不可拔下自救器。

（5）使用中不要用手压气囊，防止氧气流失使供氧不足，注意防止利器刺破或挂破气囊。

（6）携带自救器应避免碰撞，不许当坐垫用，不得随意打开外壳。

（7）在佩戴时万一启动装置失灵，佩戴者可向气囊呼气至气囊鼓起，然后夹上鼻夹撤离。

（8）只能使用一次，不能重复使用。

（9）报废的化学氧自救器应将药罐体和启动装置放入水里，使药与水反应直至无气泡，防止残余超氧化钾与可燃物接触而引起火灾。

3. 隔离式自救器及其使用

自救器是一种轻便，便于携带，戴用迅速的个人呼吸保护装备。当井下发生火灾、爆炸、突出等事故时，供人员佩戴和使用，可有效防止中毒或窒息。

所有入井人员必须随身携带自救器。隔绝式自救器能防护所有的有害气体，它的作用包括提供氧气防止窒息和防止有害气体中毒。隔绝式自救器包括化学氧自救器和压缩氧自救器 2 种。

4. 化学氧自救器及其使用

化学氧自救器是指利用化学生氧物质产生氧气的隔绝式呼吸保护器。它用于灾区环境大气中缺氧或存在有毒有害气体的环境，供一般入井人员使用，只能使用 1 次。

（1）型号意义。例如，ZH30 型自救器（如图 9-1 所示）的型号含义：“Z”代表自救器，“H”代表化学氧，“30”代表额定保护作用时间（单位为 min）。

图 9-1　ZH30 型自救器

（2）化学氧自救器的结构。取下橡胶保护带的化学氧自救器外部结构如图 9-2 所示。

（3）使用方法如下：

1）佩戴位置。将专用腰带穿入自救器腰带环内，固定在背部右侧腰间，如图 9-3a）所示。

2）开启扳手。使用时先将自救器沿腰带转到右侧腹前，左手托底，右手拉护罩胶片，使护罩挂钩脱离壳体，再用右手掰锁口带扳手至封印条断开后，丢开锁口带，如图 9-3b）所示。

3）去掉上外壳。左手抓住下外壳，右手将上外壳用力拔下后扔掉，如图 9-3c）所示。

4）套上挎带。将挎带套在脖子上，如图 9-3d）所示。

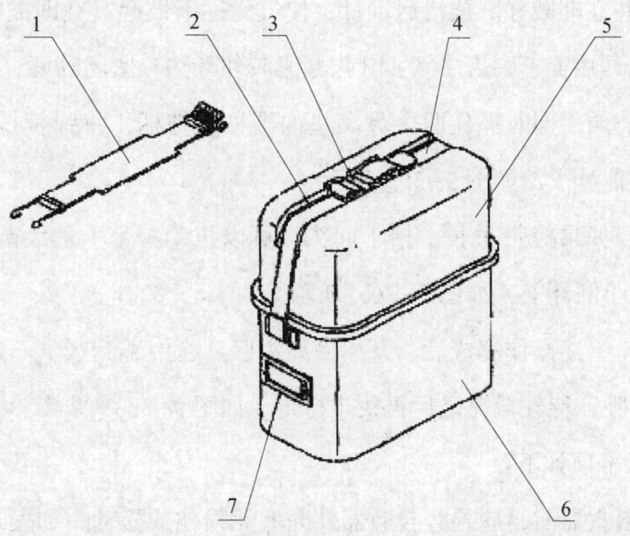

图 9-2　取下橡胶保护带的化学氧自救器外部结构

1—橡胶保护带　2—前锁口带　3—封印条　4—后锁口带　5—上外壳　6—下外壳　7—标牌卡

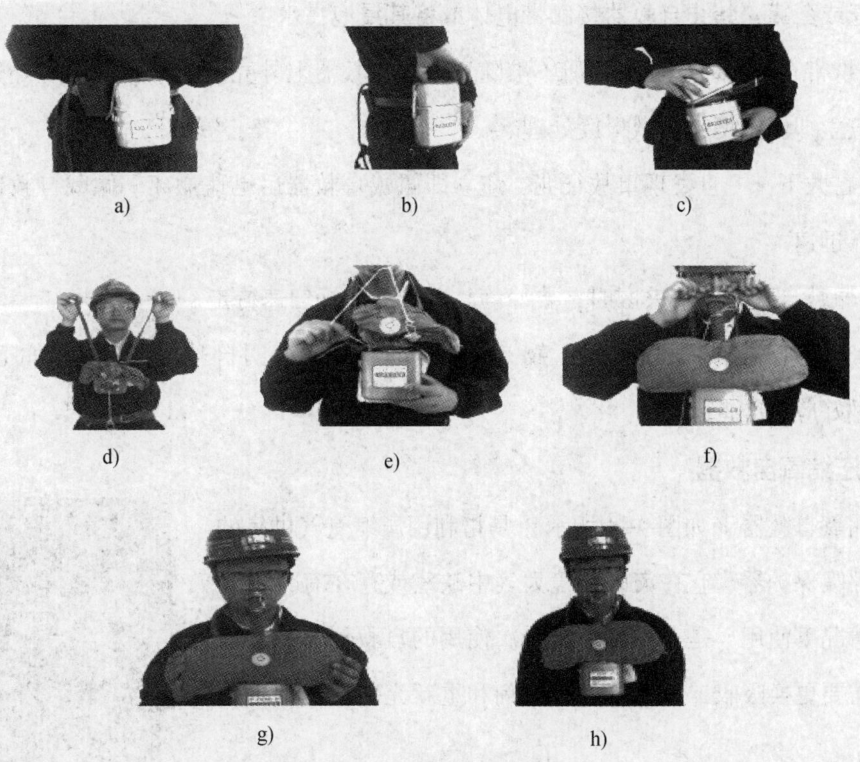

图 9-3　化学氧自救器使用方法示意

5）提起口具并立即戴好。拔出启动针，使气囊逐渐鼓起，立即拔掉口具塞并同时将口具塞入口中，口具片置于唇齿之间，牙齿紧紧咬住牙垫，紧闭嘴唇，如图 9-3e）所示。

6）夹好鼻夹。两手同时抓住两个鼻夹垫的圆柱形把柄，将弹簧拉开，憋住一口气，使鼻夹垫准确地夹住鼻子，如图 9-3f）所示。

7）调整挎带。如果挎带过长，抬不起头，可以拉动挎带上的大圆环，使挎带缩短，长度适宜后，系在小圆环上，如图 9-3g）所示。

8）退出灾区。上述操作完成后，开始撤离灾区。途中感到吸气不足时不要惊慌，应放慢脚步，做深呼吸，待气量充足后再快步行走，如图 9-3h）所示。

（4）使用注意事项如下：

1）每班携带自救器前，应检查自救器外壳有无损伤或松动，如发现不正常现象，应及时将自救器送到发放室检查校验。

2）携带自救器时，应避免碰撞、跌落。禁止将自救器当坐垫用，禁止用尖锐的器具猛砸外壳或药罐，禁止自救器接触带电体或将其浸泡在水中。

3）携带自救器时，任何场所不准随意打开自救器上外壳。如果自救器上外壳已意外开启，应立即停止携带，做报废处理。

4）在井下，一旦发现事故征兆，应立即佩戴自救器后迅速撤离。佩戴自救器要求操作准确、迅速。

5）佩戴自救器撤离火区时，要冷静、沉着，最好匀速行走。

6）当发现呼气时气囊瘪而不鼓，并渐渐缩小时，表明自救器的使用时间已接近终点，要做好应急准备。

5. 压缩氧自救器

压缩氧自救器（如图 9-4 所示）是指利用压缩氧气供氧的隔离式呼吸保护器。它在灾区环境大气中缺氧或存在有毒有害气体的情况下使用，是一种可反复多次使用的自救器，每次使用后只需要更换吸收二氧化碳的吸收剂和重新充装氧气即可重复使用。

图 9-4　压缩氧自救器

（1）产品型号意义。例如，ZYX30 型压缩氧自救器，“Z”代表自救器，“Y”代表氧气，“X”代表循环式，“30”代表额定保护作用时间（单位为 min）。

（2）压缩氧自救器的结构如图 9-5 所示。

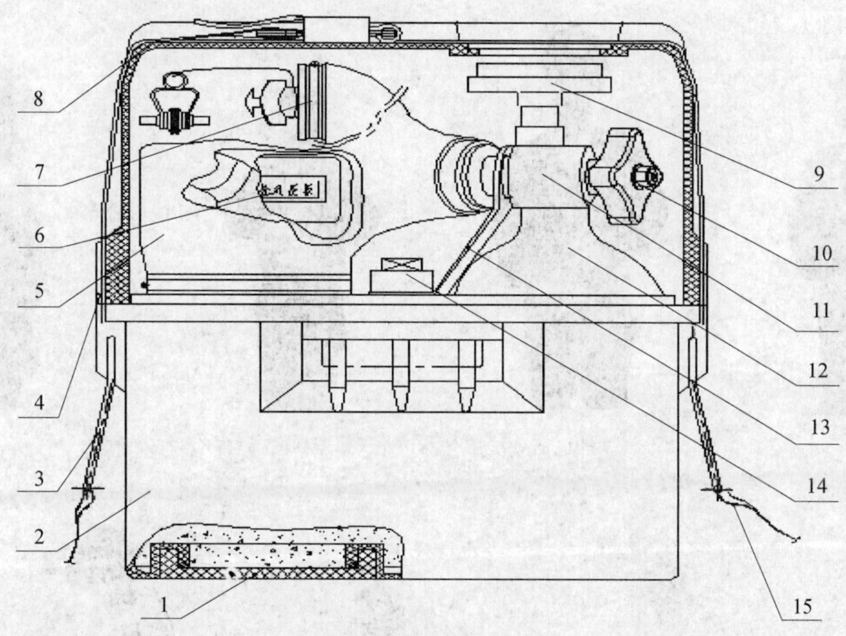

图 9-5　压缩氧自救器的结构

1—底盖　2—下壳组　3—背带环　4—封口带组　5—气囊　6—补气压板　7—口具
8—上壳组　9—氧气压力表　10—氧气瓶开关　11—减压阀　12—氧气瓶
13—氧气瓶支架　14 支架螺母　15—背带组

（3）压缩氧自救器使用方法如下：

1）将自救器挂在腰间皮带上，将自救器移至身体前方，如图 9-6a）所示。

2）左手握紧自救器，右手用力向上提上盖，此时氧气瓶开关即可自动打开，随后将主机从下壳中拽出，将背带挂于脖间，如图 9-6b）所示。

3）两手展开气囊，气囊不要扭折，如图 9-6c）所示。

4）咬住器具口具片置于唇齿间，牙齿紧咬牙垫并紧闭嘴唇，确保气密，如图 9-6d）所示。

5）逆时针转动氧气瓶开关，然后用手指按动补气压板，使气囊迅速鼓起，如图 9-6e）所示。

6）待气囊鼓起后，用手掰开鼻夹上的弹簧后，将鼻夹垫准确夹住鼻翼不得漏气，用嘴呼吸，如图 9–6f）所示。

7）双手托起仪器，并保持匀速前进，迅速撤离灾害现场，如图 9–6g）所示。

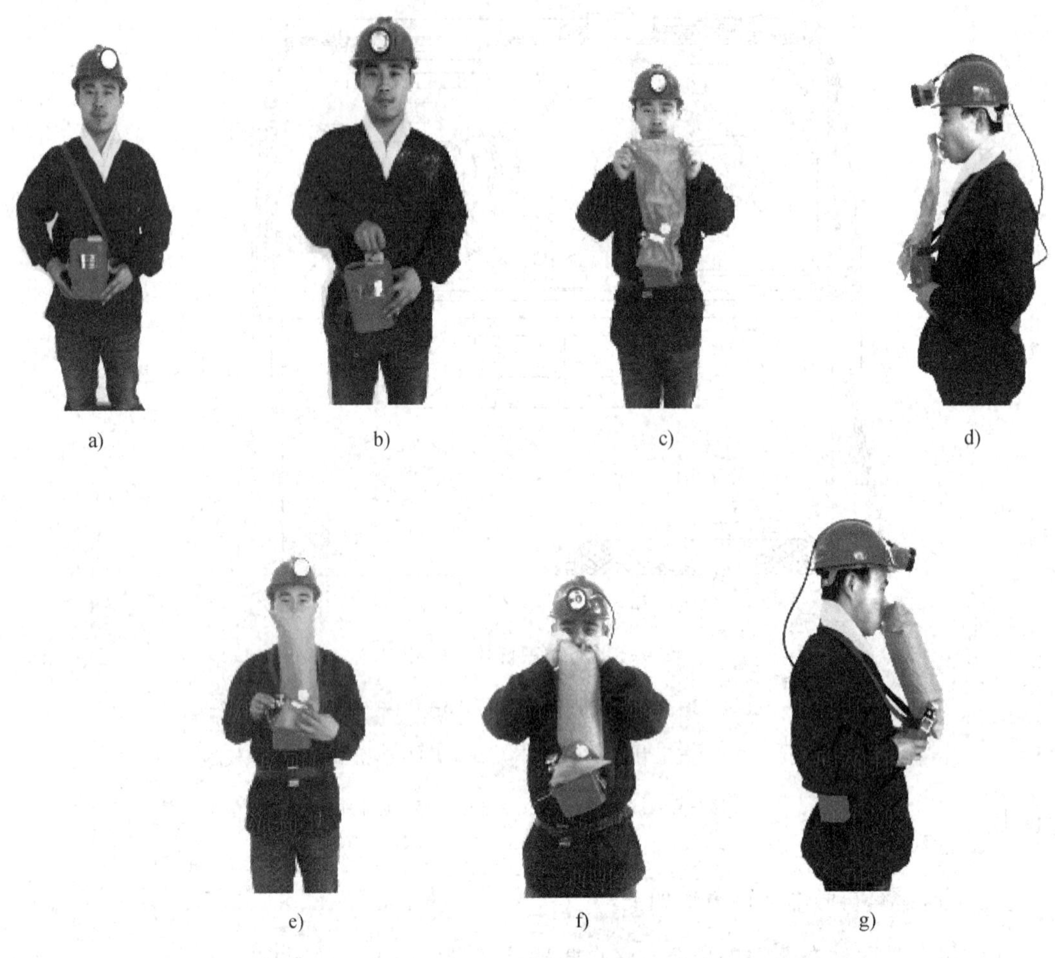

a) b) c) d) e) f) g)

图 9–6　压缩氧自救器使用方法示意

（4）使用注意事项如下：

1）在携带过程中要防止碰撞自救器，严禁将自救器当坐垫使用。

2）携带过程中严禁开启扳把。

3）在佩戴压缩氧自救器行走时要匀速行走，应保持呼吸均匀，禁止狂奔和取下鼻夹、口具或通过口具讲话。

4）自救器不能使用或失效时，应用湿毛巾捂住口鼻，匍匐前行至安全地点。

第三节　创伤急救

一、现场创伤急救

现场急救技术包括人工呼吸、心肺复苏、止血、创伤包扎、骨折临时固定和伤员运送等。

1. 人工呼吸

人工呼吸是抢救伤员的一种急救措施，凡是由于触电、溺水、缺氧窒息、二氧化碳窒息或一氧化碳中毒而处于假死状态的伤员，均可对其施行人工呼吸急救措施。

施行人工呼吸前，首先将伤员抬到新鲜风流中且较温暖的地方，使其躺在担架上或衣服上，迅速解开其上衣和腰带，脱掉胶靴；取出口、鼻中的堵塞物，并用棉被或毯子将身体盖好，以免受凉；检查有无内外伤，以便决定采用何种人工呼吸法。常用的人工呼吸方法有口对口吹气法、仰卧压胸法和俯卧压背法 3 种。

（1）口对口吹气法。口对口吹气法是效果最好、操作最简单的一种人工呼吸方法。操作步骤：将伤员仰卧，急救者一手托起伤员下颌，并尽量使其头部后仰，另一手捏紧伤员的鼻子；急救者深吸气后，紧对伤员的口吹气，急救者自己吸气时，应将伤员的鼻子松开；吹气要保持一定的节律，以每分钟 14~16 次进行，并应注意不漏气。口对口吹气法如图 9-7 所示。

（2）仰卧压胸法。该方法的操作步骤：使伤员仰卧，头偏向一侧，尽可能将舌头拉出；伤员背部垫枕，使胸部抬高，上肢放在身体两侧；急救者跨跪在伤员大腿两侧，面向伤员头部，两手放在伤员肋弓部，拇指向内，其余四指向外，压迫伤员胸部，使肺中空气排出，然后松手，胸腔自行扩张使空气吸入肺中。如此有节奏地进行，每分钟 16~20 次。其具体操作如图 9-8 所示。

（3）俯卧压背法。该方法的操作步骤：将伤员俯卧，头偏一侧，腹部放一枕垫；伤

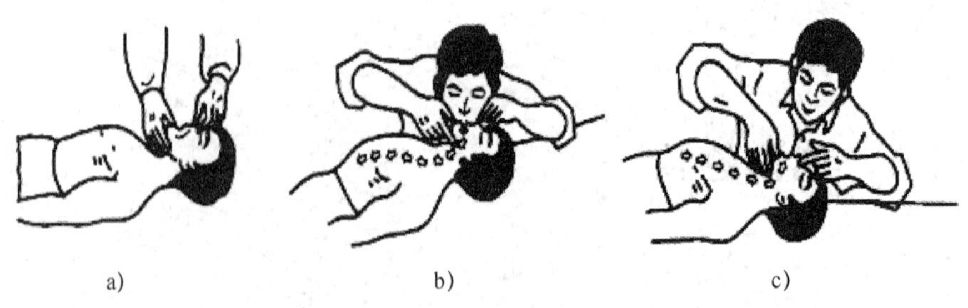

a)　　b)　　c)

图 9-7　口对口吹气法

a）捏鼻张嘴　b）贴紧吹气　c）放松换气

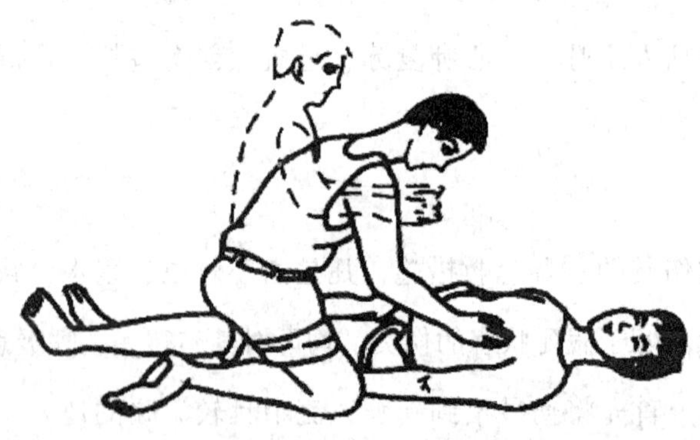

图 9-8　仰卧压胸法

员一臂伸向头侧，另一臂弯曲，使头枕于臂上；急救者骑跨在伤员的大腿旁，面向头部，两臂伸直；两手平放于伤员背部，拇指指向脊柱，其余四指向上外伸开；急救者身体向前倾，以身体重量压迫伤员胸部，使胸腔缩小，将肋中空气逼出，伤员呼气；随后急救者身体后仰，除去两手压力，使伤员胸部自然扩张，空气进入肺中，伤员吸气。如此重复动作，每分钟以 14~16 次为宜。具体操作如图 9-9 所示。

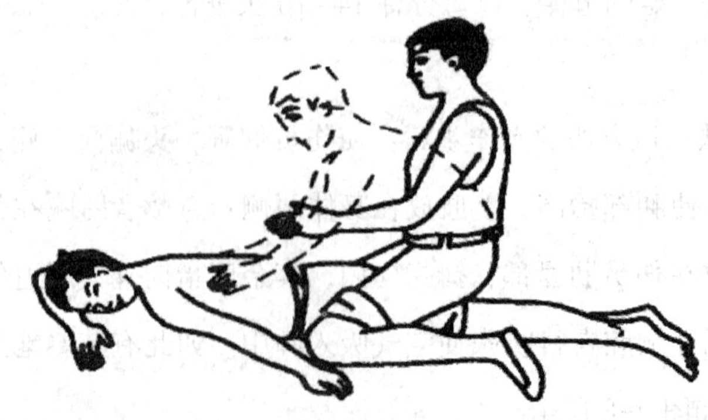

图 9-9　俯卧压背法

对二氧化硫和二氧化氮的中毒者，只能进行口对口的人工呼吸，不能进行压胸或压背法的人工呼吸，否则会加重伤情。

2. 心肺复苏

心肺复苏操作主要有心前区叩击术和胸外心脏按压术两种方法。进行心肺复苏时，伤员的正确体位应为仰卧。

（1）心前区叩击术。心前区叩击术是指伤员心搏骤停后急救者立即叩击心前区，叩击力应中等，一般可连续叩击 3~5 次，并观察伤员脉搏、心跳。若心脏恢复，则表示复苏成功；反之，应立即改用胸外心脏按压术。操作时，应使伤员头低脚高，急救者以左手掌置其心前区，右手握拳，从距伤员胸部上方 40~50 cm 处向左手背上叩击。

（2）胸外心脏按压术。胸外心脏按压术适用于各种原因造成的心搏骤停者。在进行胸外心脏按压前，应先用心前区叩击术，如果叩击无效，应及时正确地进行胸外心脏按压。其操作方法：首先将伤员仰卧于木板上或地上，解开其上衣和腰带，脱掉胶鞋；急救者位于伤员左侧，手掌面与前臂垂直，将另一手掌压于其上，使双手重叠，置于伤员胸骨中下 1/3 处（其下方为心脏），以双肘和臂肩之力，有节奏、冲击式地向脊柱方向用力按压，使成人胸骨下陷至少 5 cm；按压后，迅速抬手使胸骨复位，以利于心脏的舒张。按压次数以每分钟 80~100 次为宜。按压过快，心脏舒张不够充分，心室内血液不能完全充盈；按压过慢，动脉压力低，效果也不好。

使用胸外心脏按压术时的注意事项如下：

1）按压的力量应因人而异。对身强力壮的伤员，按压力量可大些；对年老体弱的伤员，力量宜小些。按压时要稳健有力、均匀规则，重力应放在手掌根部，着力仅在胸骨处，切勿在心尖部按压，同时注意用力不能过猛，否则可致肋骨骨折、心包积血或引起气胸等。

2）胸外心脏按压与口对口吹气法最好同时施行，无论单人心肺复苏还是双人心肺复苏，均为每按压心脏 30 次，做口对口人工呼吸 2 次。

3）按压显效时，可摸到伤员颈总动脉、股动脉开始搏动，散大的瞳孔开始缩小，口唇、皮肤转为红润。

3. 止血

止血方法很多，常用的有指压止血法、加垫屈肢止血法、止血带止血法和加压包扎止血法。

（1）指压止血法。在伤口附近靠近心脏一端的动脉处，用拇指压住出血的血管，以阻断血流。此法可作为四肢大出血的暂时性止血措施。在指压止血的同时，应立即寻找材料，准备换用其他止血方法。

各部位的止血压点及其止血区域如图 9-10 所示。

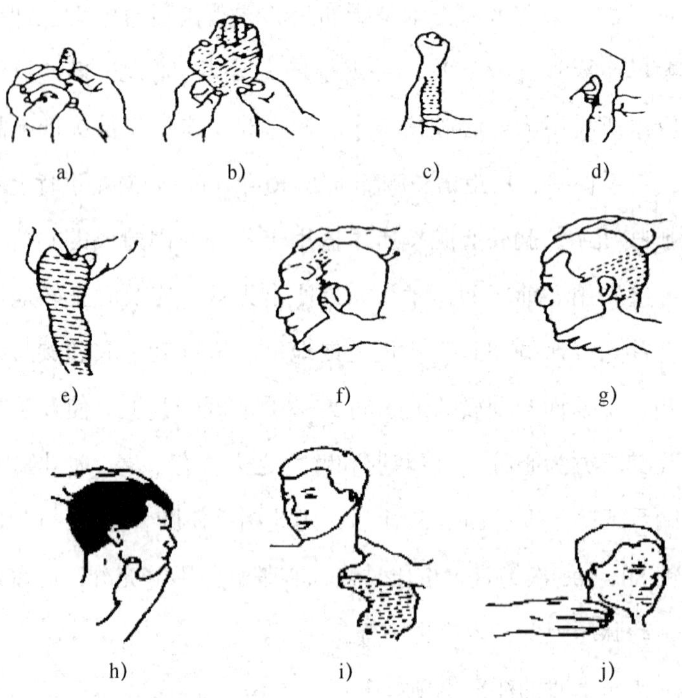

图 9-10　指压止血法各部位的止血压点及其止血区域

a）手指止血　b）手掌止血　c）前臂止血　d）肱骨动脉止血　e）下肢股动脉止血　f）前头部止血　g）后头部止血　h）面部止血　i）锁骨下动脉止血　j）颈动脉止血

（2）加垫屈肢止血法。当前臂和小腿动脉出血不能制止时，如果没有骨折和关节脱位，可采用加垫屈肢止血法止血。在肘窝处或膝窝处放入叠好的毛巾或布卷，然后屈肘关节或屈膝关节，再用绷带或宽布条等将前臂与上臂或小腿与大腿固定。其具体操作如图 9-11 所示。

（3）止血带止血法。当上肢或下肢大出血时，在井下可就地取材，使用胶管或止血带等材料采用止血带止血法压迫出血伤口的近心端进行止血。

1）止血带的使用方法：①在伤口近心端上方加垫。②急救者左手拿止血带，上端留

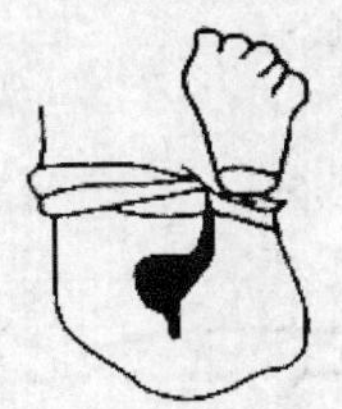

图 9-11 加垫屈肢止血法

13～17 cm，紧贴加垫处。③右手拿止血带长端，拉紧环绕伤肢伤口近心端上方 2 周，然后将止血带交左手中、食指夹紧。④左手中、食指夹止血带，顺着肢体下拉成环。⑤将止血带上端一头插入环中拉紧固定，在上肢应扎在上臂的上 1/3 处，在下肢应扎在大腿的中下 1/3 处。其具体操作如图 9-12 所示。

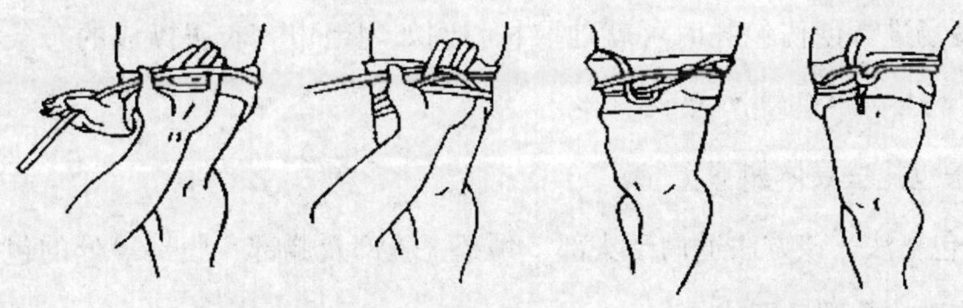

图 9-12 止血带止血法

2）止血带使用注意事项：①扎止血带前，应先将伤肢抬高，防止肢体远端因淤血而增加失血量。②扎止血带时要有衬垫，不能直接扎在皮肤上，以免损伤皮下神经。③前臂和小腿不适于扎止血带，因其均有 2 根平行的骨骼，骨间可通血流，所以止血效果差。但在肢体离断后的残端可使用止血带，应尽量扎在靠近残端处。④禁止扎在上臂的中段，以免压伤桡神经，引起腕下垂。⑤止血带的压力要适中，以既达到阻断血流又不损伤周围组织为度。⑥止血带止血持续时间一般不超过 1 h，时间太长可导致肢体坏死；太短会使出血、休克进一步恶化。因此，使用止血带的伤员必须配有明显标志，并准确记录开始扎止血带的时间，每 0.5～1 h 缓慢放松 1 次止血带，放松时间为 1～3 min，此时可抬高伤肢压迫局部止血；再扎止血带时应在稍高的平面上绑扎，不可在同一部位反复绑扎。使用止血带以不超过 2 h 为宜，应尽快将伤员送到医院救治。

（4）加压包扎止血法。加压包扎止血法主要适用于静脉出血的止血。其做法：首先将干净的纱布、毛巾或布料等盖在伤口处，然后用绷带或布条适当加压包扎，即可止血。

压力的松紧度以能达到止血而不影响伤肢血液循环为宜。

其具体操作如图 9-13 所示。

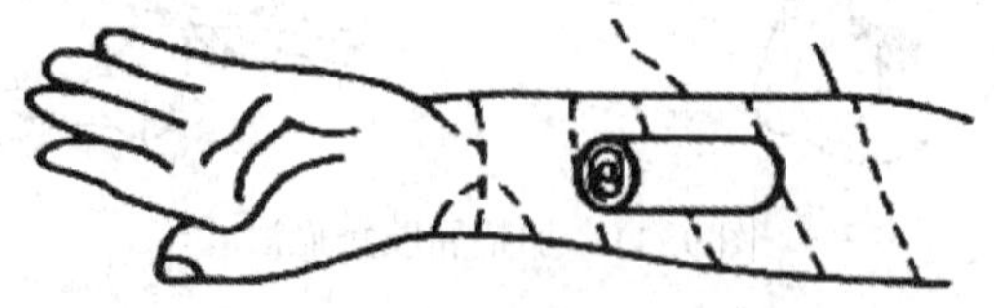

图 9-13　加压包扎止血法

4. 创伤包扎

创伤包扎的目的是保护伤口和创面，减少感染，减轻痛苦，防止流血。创伤包扎有止血作用。用夹板固定骨折的肢体时，需要包扎，以减少继发性损伤，也便于将伤员运送到医院。现场进行创伤包扎时可就地取材，例如用毛巾、衣服撕成的布条等物品进行包扎。

（1）布条包扎法具体如下：

1）环形包扎法。该方法适用于头部、颈部、腕部及胸部、腹部等处的包扎，将布条环行重叠缠绕肢体数圈后即成。

2）螺旋包扎法。该方法用于前臂、下肢和手指等部位的包扎。先用环形包扎法固定起始端，把布条渐渐地斜旋上缠或下缠，每圈压前圈的 1/2 或 1/3，呈螺旋形，尾部在原位上缠 2 圈后予以固定。其具体操作如图 9-14 所示。

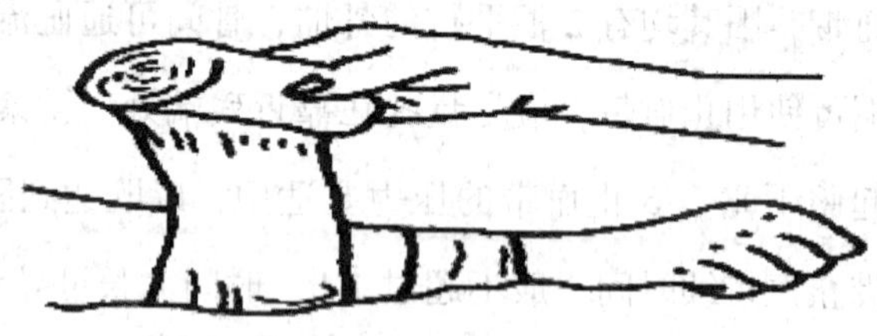

图 9-14　螺旋包扎法

3）螺旋反折包扎法。该方法多用于粗细不等的四肢包扎。开始先做螺旋形包扎，待到渐粗的地方，以一手拇指按住布条上面，另一手将布条自该点反折向下并遮盖前圈的 1/2 或 1/3。各圈反折须排列整齐，反折头不宜在伤口和骨头突出部分。其具体操作如图 9-15 所示。

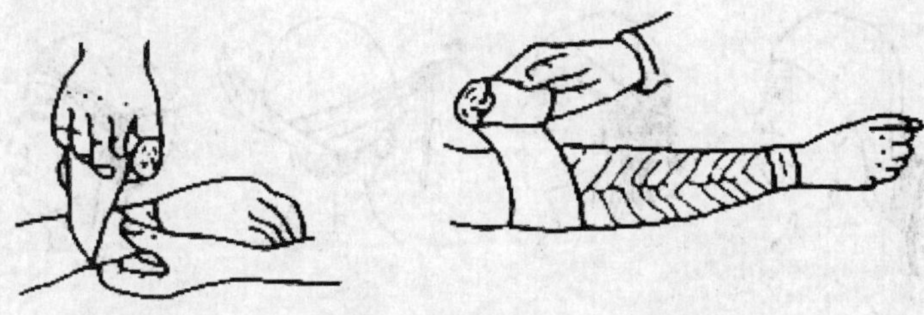

图 9-15　螺旋反折包扎法

4）“8”字包扎法。该方法多用于关节处的包扎。先在关节中部环形包扎 2 圈，然后以关节为中心，从中心向两边缠，一圈向上，一圈向下，2 圈在关节屈侧交叉，并压住前圈的 1/2。其具体操作如图 9-16 所示。

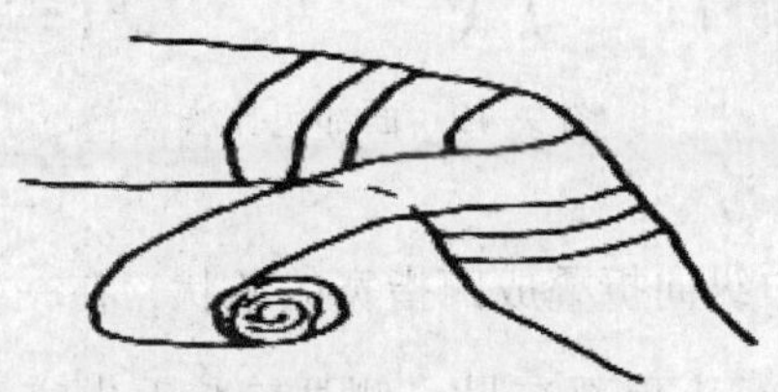

图 9-16　“8”字包扎法

（2）毛巾包扎法具体如下：

1）头顶部包扎法。将毛巾横盖于头顶部，包住前额，两前角拉向头后打结，两后角拉向下颌打结，具体操作如图 9-17 所示。

图 9-17　头顶部毛巾包扎法一

或是将毛巾横盖于头顶部，包住前额，两前角拉向头后打结，然后两后角向前折叠，左右交叉绕到前额打结，如果毛巾太短可接带子。其具体操作如图 9-18 所示。

2）面部包扎法。将毛巾横置，盖住面部，向后拉紧毛巾的两端，在耳后将两端的上、下角交叉后分别打结，在眼、鼻、嘴处剪洞。其具体操作如图 9-19 所示。

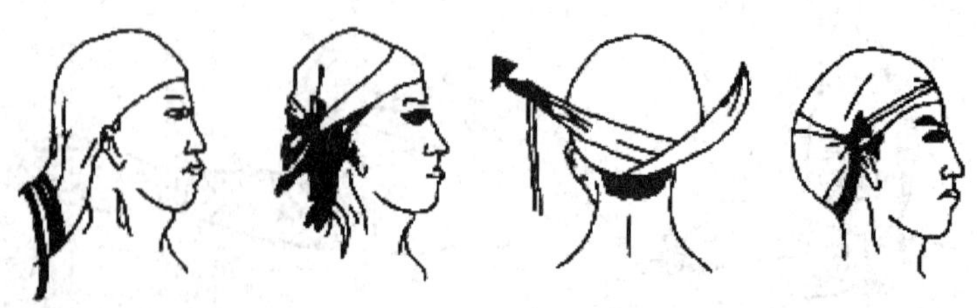

图 9-18　头顶部毛巾包扎法二

图 9-19　面部包扎法

3）下颌包扎法。将毛巾纵向折叠成四指宽的条状，在一端扎一小带，毛巾中间部分包住下颌，两端上提，小带经头顶部在另一侧耳前与毛巾交叉，然后小带绕前额及枕部与毛巾另一端打结。

4）肩部包扎法。单肩包扎时将毛巾斜折放在伤侧肩部，腰边穿带子在上臂固定，叠角向上折，一角盖住肩的前部，从胸前拉向对侧腋下，另一角向上包住肩部，从后背拉向对侧腋下打结。

5）胸部包扎法。全胸包扎时将毛巾对折，腰边中间穿带子，由胸部围绕到背后打结固定。胸前的 2 片毛巾折成三角形，分别将角上提至肩部，包住双侧胸，两角各加带过肩到背后与横带相遇打结。其具体操作如图 9-20 所示。

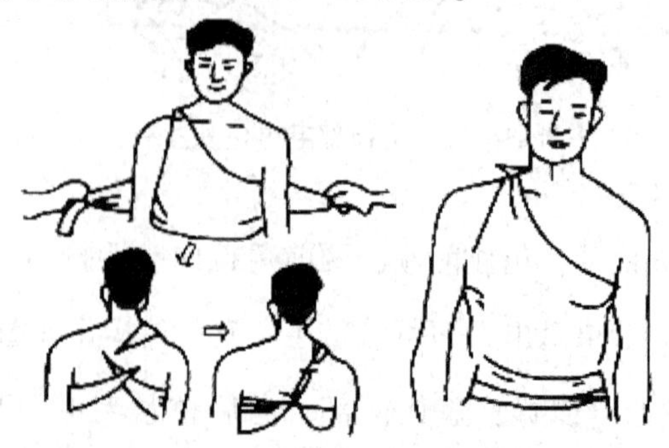

图 9-20　胸部包扎法

6）背部包扎法。该方法与胸部包扎法相同。

7）腹部包扎法。将毛巾斜对折，中间穿小带，小带的两头拉向后方，在腰部打结，使毛巾盖住腹部。将上、下两片毛巾的前角各扎一小带，分别绕过大腿根部与毛巾的后角在大腿外侧打结。

8）臂部包扎法。该方法与腹部包扎法相同。

（3）包扎注意事项如下：

1）在包扎时，应做到动作迅速敏捷，不触碰伤口，以免引起出血、疼痛和感染。

2）不能用井下的污水冲洗伤口。伤口表面的异物（如矿石等）应去除，但伤口深部异物须由医院处理，防止重复感染。

3）包扎动作要轻柔，松紧度要适宜，不可过松或过紧，结头不要打在伤口上，应使伤员体位舒适，绷扎部位应维持在功能位置。

4）脱出的内脏不可拿回腔内，以免造成体腔内感染。

5）包扎范围应超出伤口边缘 5~10 cm。

5. 骨折临时固定

骨折临时固定可减轻伤员的疼痛，防止因骨折端移位而刺伤邻近组织、血管和神经，也是防止创伤休克的有效急救措施。

（1）操作要点如下：

1）在进行骨折固定时，应使用夹板、绷带、三角巾、棉垫等物品。手边没有上述物品时，可就地取材，如使用树枝、木板、木棍、硬纸板、塑料板、衣物、毛巾等代替。必要时也可将受伤肢体固定于伤员健侧肢体上。

如下肢骨折可与健侧绑在一起，伤指可与邻指固定在一起。如果骨折断端错位，救护时暂不要复位，即使断端已穿破皮肤露在外面，也不可进行复位，而应按受伤原状包扎固定。

2）骨折固定应包括上、下 2 个关节，在肩、肘、腕、股、膝、踝等关节处应垫棉花或衣物，以免压破关节处皮肤。固定应以伤肢不能活动为度，不可过松或过紧。

3）搬运伤员时要做到轻、快、稳。

（2）固定方法如下：

1）上臂骨折。于患侧腋窝内垫以棉垫或毛巾，在上臂外侧安放垫衬好的夹板或其他代用物后开始绑扎。绑扎后，使肘关节屈曲 90°，将患肢捆于胸前，再用毛巾或布条将其悬吊于胸前，如图 9-21 所示。

2）前臂及手部骨折。用衬好的两块夹板或代用物，分别置放在患侧前臂及手的掌侧及背侧，以布带绑好，再以毛巾或布条将前臂吊于胸前。其具体操作如图 9-22 所示。

图 9-21　上臂骨折固定包扎法

图 9-22　前臂及手部骨折固定包扎法

3）大腿骨折。用长木板放在患肢及躯干外侧，将髋关节、大腿中段、膝关节、小腿中段、踝关节同时固定。

4）小腿骨折。用长、宽合适的木夹板两块，自大腿上段至踝关节分别在内外两侧捆绑固定。

5）骨盆骨折。用衣物将骨盆部包扎住，并将伤员两下肢互相捆绑在一起，膝、踝间加以软垫，屈髋、屈膝。要多人将伤员仰卧平托在木板担架上。有骨盆骨折者，应注意检查伤者有无内脏损伤及内出血。

6）锁骨骨折。以绷带作“∞”形固定，固定时双臂应向后伸。

6. 伤员运送

井下条件复杂，转运伤员时要尽量做到轻、稳、快。没有经过初步固定、止血、包扎和抢救的伤员，一般不应转运。运送时应做到不增加伤员的痛苦，避免造成新的损伤及并发症。伤员运送时应注意以下事项：

（1）呼吸、心搏骤停及休克昏迷的伤员应先及时复苏后再搬运。若现场没有懂得复苏技术的人员，则应迅速向外搬运，去迎接救援人员，以争取抢救的时间。

（2）对昏迷或有窒息症状的伤员，要将其肩部稍垫高，使头部后仰，面部偏向一侧或采用侧卧位，以防胃内呕吐物或舌头后坠堵塞气管而造成窒息，注意随时都要确保呼吸道的通畅。

（3）一般伤员可用担架、木板、风筒、刮板输送机槽、绳网等物件运送，脊柱损伤和骨盆骨折的伤员应用硬板担架运送。

（4）对一般伤员均应先行止血、固定、包扎等初步救护后，再进行转运。

（5）一般外伤的伤员，可平卧在担架上，抬高伤肢。胸部外伤的伤员可取半坐位；有开放性气胸者，须封闭包扎后才可转运。腹腔部内脏损伤的伤员，可平卧，用宽布带将腹腔部捆在担架上，以减轻痛苦及出血。骨盆骨折的伤员，可仰卧在硬板担架上，屈髋、屈膝，膝下垫软枕或衣物，用布带将骨盆捆在担架上。

（6）搬运胸、腰椎损伤的伤员时，先把硬板担架放在伤员旁边，由专人照顾患处，另有 2~3 人在旁帮其保持脊柱伸直位，同时用力轻轻将伤员推移到担架上，推动时用力大小、快慢要保持一致，要保证伤员脊柱不弯曲。伤员在硬板担架上取仰卧位，受伤部位垫上薄垫或衣物，使脊柱呈过伸位，严禁坐位或肩背式搬运。

（7）对脊柱损伤的伤员，严禁让其坐起、站立和行走，也不能用 1 人抬头、1 人抱腿或人背的方法搬运，因为脊柱损伤后再弯曲活动时，有可能损伤脊髓而造成伤员截瘫甚至突然死亡，所以在搬运时要十分小心，上、下担架时最好 4 人共同操作。

（8）转运时应让伤员的头部在后面，随行的救援人员要时刻注意伤员的面色、呼吸、脉搏，必要时要及时抢救。随时注意观察伤口是否继续出血、固定是否牢靠，出现问题要及时处理。走上、下山时，应尽量保持担架平衡，防止伤员从担架上滚落下来。

（9）将伤员运送到井上后，应向接管医生详细介绍受伤情况及检查、抢救经过。

二、矿山各种伤害的急救

1. 对创伤性休克人员的急救

创伤性休克是由于剧烈打击、重要脏器损伤、大出血使有效循环血量锐减，以及剧烈疼痛、恐惧等多种因素综合形成的。

（1）判断早期休克可采用“三看二摸”的方法。

1）看神志。休克早期，伤员兴奋、烦躁、焦虑或激动，随着病情发展，脑组织缺氧加重，伤员表现淡漠、意识模糊，至晚期则昏迷。

2）看面颊、口唇和皮肤色泽。休克早期，外周小血管收缩，色泽苍白。后期则因缺氧、淤血，色泽青紫。

3）看浅表静脉。休克后颈及四肢浅表静脉萎缩。

4）摸脉搏。休克代偿期，周围血管收缩，心率增快。收缩压下降前可以摸到脉搏增快，这是早期诊断的重要依据。

5）摸肢端温度。肢端温度降低，四肢冰凉。

（2）对创伤性休克人员的现场急救。创伤性休克的现场救治是为了消除创伤的不利因素影响，弥补由于创伤所造成的机体代谢紊乱，调整机体的反应，动员机体的潜在功能以对抗休克。

1）伤员平卧，保持安静，避免过多搬动，注意保温和防暑。

2）对创口予以止血和简单清洁包扎，以防再次污染；对骨折要做初步固定。

3）保持呼吸道通畅，昏迷伤员头应侧向，并将其舌牵出口外。

4）抓紧时间送医院抢救。

2. 对冒顶挤压伤害人员的急救

发生冒顶后挤压人员时，身体肌肉丰富的部位如大腿、臀部或腰背部受到重物的挤压，可使受压部分组织坏死，随之引起肢体肿胀、休克和急性肾衰竭等症状，称为挤压综合征。

（1）挤压伤害的症状如下：

1）肢体肿胀。受压部位会出现压痕、变硬、皮下出血、水疱、肿胀、红斑等，呈暗褐色，甚至皮肤脱落。

2）感觉异常。受压部位会出现感觉减退或麻木，伸展会引起疼痛，周围脉搏仍会存在。

（2）对挤压伤害人员的现场急救如下：

1）搬除重物。要搬除压在身上的重物，并及时清除其口、鼻处异物，保持呼吸道通畅。

2）固定伤员。伤员取平卧位，对肿胀的肢体不移动或减少活动，将伤肢暴露在凉爽处或用凉水降低伤肢温度（冬季要注意防止冻伤），对伤肢不抬高、不按摩、不热敷。在骨折处做临时固定，对出血者做止血处理。

3）及时止血。对开放性伤口和活动性出血者，应予止血，不加压包扎，更不上止血带（大血管断裂出血时例外）。

4）抓紧时间送往医院。

（3）踝关节扭伤。踝关节扭伤者，为防止皮下出血和组织肿胀，在早期应选用湿冷敷。

3. 对触电人员的急救

对触电人员应采取以下急救措施：

（1）立即切断电源或使伤员脱离电源。

（2）迅速观察伤员有无呼吸和心搏。如果发现已停止呼吸或心音微弱，应立即进行人工呼吸或胸外心脏按压。

（3）如果呼吸和心搏都已停止，应同时进行人工呼吸和胸外心脏按压。

（4）对遭受电击者，如果有其他损伤（如跌伤、出血等），应做相应的急救处理。

4. 对烧伤人员的急救

烧伤的急救要点可概括为以下 5 个字：

（1）“灭”，即扑灭伤员身上的火，使伤员尽快脱离热源，缩短烧伤时间。

（2）“查”，即检查伤员呼吸、心搏情况，检查是否有其他外伤或有害气体中毒现象。对爆炸冲击烧伤伤员，应特别注意有无颅脑或内脏损伤和呼吸道烧伤。

（3）“防”，即防止休克、窒息、创面污染。伤员因疼痛和恐惧发生休克或发生急性喉头梗阻而窒息时，可进行人工呼吸等方法进行急救。为了减少创面的污染和损伤，在现场检查和搬运伤员时，伤员的衣服可以不脱、不剪开。

（4）“包”，即用较干净的衣服把创面包裹起来，防止感染。在现场除化学烧伤可用大量流动的清水持续冲洗外，对创面一般不做处理，尽量不弄破水疱以保护表皮组织。

（5）“送”，即把伤情严重伤员迅速送往医院。

5. 对溺水人员的急救

对溺水人员应迅速采取下列急救措施：

（1）转送，即把溺水者从水中救出以后，要立即送到比较温暖和空气流通的地方，并且松开腰带，脱掉湿衣服，盖上干衣服，以保持体温。

（2）检查，即以最快的速度检查溺水者的口、鼻，如果有异物堵塞，应迅速清除，擦洗干净，以保持其呼吸道通畅。

（3）控水，使溺水者取俯卧位，用木料、衣服等垫在腹下；或急救者左腿跪下，把溺水者的腹部放在急救者的右侧大腿上，使溺水者头朝下，并压溺水者背部，迫使溺水者体内的水由气管、口腔里流出。

（4）人工呼吸。当上述方法控水效果不理想时，应立即做俯卧压背式人工呼吸或口对口吹气，或做胸外心脏按压。

6. 对有害气体中毒或窒息人员的急救

对有害气体中毒或窒息人员应采取以下急救措施：

（1）立即将伤员从危险区抢运到有新鲜空气的地点，并安置在顶板良好、无淋水的地点。

（2）立即将伤员口、鼻内的黏液、血块、泥土、碎矿石等除去，并解开其上衣和腰带，脱掉胶鞋。

（3）用衣服覆盖在伤员身上用以保暖。

（4）根据心搏、呼吸、瞳孔等生命体征和伤员的神志情况，初步判断伤情的轻重。正常人每分钟心跳 60~80 次，呼吸 16~18 次，两眼瞳孔是等大、等圆的，遇到光线能迅速收缩变小，而且神志清醒。休克伤员的两瞳孔不一样大，对光线反应迟钝或不收缩。对呼吸困难或停止呼吸者，应及时进行人工呼吸。当出现心搏停止的现象（心音、脉搏消失，瞳孔完全散大、固定，意志消失）时，除进行人工呼吸外，还应同时进行胸外心脏按压急救。

（5）对二氧化硫和二氧化氮的中毒者只能进行口对口的人工呼吸，不能进行压胸或压背法人工呼吸，否则会加重伤情。当伤员出现眼红肿、流泪、畏光、喉痛、咳嗽、胸闷现象时，说明是二氧化硫中毒。当出现眼红肿、流泪、喉痛及手指、头发呈黄褐色现象时，说明是二氧化氮中毒。

（6）人工呼吸持续的时间以恢复自主性呼吸或到伤员真正死亡时为止。当救护队来到现场后，应转由救护队用苏生器苏生。

第十章　典型事故案例

案例一　尾矿库溃坝事故分析

1. 事故经过

2017年3月12日2时10分，湖北省某市某有色金属公司某铜铁矿（本案例以下称事故矿）尾矿库西北坝段发生一起溃坝事故，造成2人死亡，1人失联，直接经济损失4 518.28万元。

2017年3月11日中班，某工程咨询公司驻事故矿项目部安排朱某、成某等6名工人在坝上进行膜袋灌砂、扎口及排水作业。18时30分，事故矿选矿车间夜班巡坝工严某、郭某按照班组管理制度要求到达现场进行了正常交接班，两人均按照巡检周期（两小时）对坝体进行巡查，巡查过程中未见异常情况。12日2时10分，严某、郭某发现值班室突然停电，随后听到一声巨响，外出检查发现部分供电线路的线缆被扯断，立即向值班长郑某报告。当时正在进行膜袋施工的朱某和成某发现其所处工作区域（北部）的坝体开始下沉，并看见尾砂坝西北方向鱼塘位置的高压输送电铁塔有短路火光，并伴有“砰砰”声响。成某见此情况立即跑离，而朱某在摔倒来不及跑离的情况下，只好趴在滑动的膜袋上，随着坍塌坝的滑动土体呈波浪状快速向下漂移，直至被困于四面被泥水浆围绕的泥土堆处。

溃坝区位于事故矿尾矿库西北坝段，溃口长度底宽228 m，顶宽321 m，库内砂面塌陷面积15.974万m^2，下泄尾砂量76.9万m^3，水量5.2万m^3，坝体土方量16.5万m^3，共计98.6万m^3，淹没下游鱼塘近26.67 m^2，事故造成下游居民2人死亡，1人失联，直接经济损失4 518.28万元。

2. 事故原因

（1）直接原因。根据事故矿尾矿库溃坝区域物理探测报告和事故矿尾矿库溃坝地质勘察报告，尾矿库3号坝体溃坝段底部为采空区，采空区高度大于27 m。采空区的顶板花岗闪长岩经长期风化浸蚀而坍塌，造成上部地层下陷，1号、2号坝基础下沉，导致坝体断裂失稳，加上库内水体和尾砂迅速下泄，流动的水体及尾砂对3号坝体施加水平冲击力，造成坝体呈扇形滑动而发生溃坝事故。

（2）间接原因如下：

1）某金属矿非法越界进入事故矿尾矿库盗采库区矿产资源，留下大小不等的采空区。根据2002年5月28日至2007年8月相关政府部门、中介机构和矿山企业提供的文件资料、情况报告以及第一次尾矿库尾砂塌陷和第二次尾矿库坝体沉降开裂事故处理情况报告，某金属矿在2007年11月19日前实施了采矿活动，并且采矿活动一直没有停止。其井下采掘工程已布置到事故矿尾矿库坝附近，图上所标填巷道工程与库坝之间的最近水平距离小于20 m，与坝基水平的垂高小于35 m，而实际巷道工程已经由3号坝段的坝底部位进入尾矿库区以内。这些开采工程在井下-43 m、-23 m中段留下大小不等的采空区。溃坝事故发生后进行的岩土工程勘察证明：钻孔zk01点在30~58 m深度范围存在采空区塌陷。该采空区的塌陷，直接造成了此次溃坝事故的发生。

2）某市地质环境监测所在事故矿尾矿库曾经发生两次严重塌陷下沉开裂事故、缺乏实际井上井下规范勘查资料的情况下，未详细核实某金属矿井下实际非法越界开采所形成的采空区范围、位置，为某金属矿出具《“3·16”开裂变形影响分析报告》，作出某金属矿矿山现状建设不是尾矿库2号坝“3·16”沉降开裂诱发因素的错误结论。该报告缺少某金属矿真实井上井下现状对照图，所附矿区平面图中标示的矿体所在位置与现状差别很大，图中的矿体位置已移出采矿许可证范围外且远离尾矿库坝，没有矿区范围拐点坐标，报告依据错误，结论不可采信。

3）某有色金属公司设计研究院工作人员鲍某不顾及事故矿尾矿库的安全，在某金属矿建设井口、矿区范围极靠近事故矿尾矿库西北段坝基且事故矿尾矿库曾经发生两次严重塌陷下沉开裂事故，以及某金属矿已经实施井下非法越界开采的情况下，先后为某金属矿编制、出具“一个方案、三个设计”，而且其所编制的“一个方案、三个设计”有关安全生产章节中，均未涉及如何确保尾矿库安全的内容。以上情况为某金属矿非法越界开采创造了基础条件，形成了间接支持，致使某金属矿非法越界开采得以持续进行，对事故矿尾矿库实际形成了重大事故隐患。

经过调查，某有色金属公司设计研究院档案室无“一个方案、三个设计”资料留存。事故调查组收集取得的“一个方案、三个设计”及其附图复印件中，所加盖的印章为行政章而非出图专用章，不符合某有色金属公司设计研究院的相关出图规定，使用的行政章有的已过期停用，有的与当时使用的行政章字迹明显不符。据此证明，“一个方案、三个设计”是个人私自违法编制提供。

4）尾矿库加高扩容工程四期施工建设增加了尾矿库的荷载，加速了溃坝事故的发生。尾矿库加高扩容工程四期施工建设对 AB 坝段坝体 24 m 标高以下进行碎石反压，反压平台施工时间为 2016 年 5 月 10 日至 2017 年 1 月 20 日，达到设计标高后于 2017 年 2 月 9 日至 2017 年 2 月 28 日进料局部调平碾压，2016 年 7 月 29 日至 2016 年 8 月 30 日进行临时膜袋和基础抛砂施工，2016 年 7 月 29 日至 2017 年 3 月 11 日进行主体膜袋施工。碎石反压平台施工与主体膜袋施工大部分时间同时进行。事故发生时 AB 坝段坝体在工程三期的基础上加高了 2.2 m。

5）某资源规划勘测院没有完成设计单位某有色金属公司设计研究院勘察任务书要求的工作任务。该院向某有色金属公司设计研究院出具的《加高扩容工程地质勘察报告》存在严重的漏项，未完成四期加高扩容工程设计单位提出的勘察任务书中“查明库区和周边 500 m 范围内是否存在正在使用或废弃的矿洞，若存在，提出处理措施和建议”的工作要求。该院没有为后期设计等提供翔实的地质勘察资料，以致某有色金属公司设计研究院在变更安全设施设计中，对尾矿库坝底实际存在的采空区未采取相应的工程勘探措施设计，导致后期设计与实际工程地质状况需要不符。

6）某有色金属公司设计研究院对某资源规划勘测院出具的《加高扩容工程地质勘察报告》未完成自己要求的勘察任务书相关任务没有提出异议，默认其工勘结果。在变更安全设施设计中，没有提出该变更设计工程的关键线路，未与监理单位及施工单位充分有效沟通，导致施工单位编制的事故矿尾矿库加高扩容工程四期子坝变更工程施工组织设计出现施工顺序错误，监理单位发出错误的停工指令，暂停了 AB 坝段水平排渗管施工。

7）湖北某井巷有限公司对某有色金属公司设计研究院编制的变更安全设施设计中提出的尾矿库存在问题和隐患及消除隐患工程措施的重要性认识不够，编制的事故矿尾矿库加高扩容工程四期子坝变更工程施工组织设计出现施工顺序错误，变更安全设施设计中要求消除隐患的工程措施未到位，并盲目执行了工程监理单位的错误停工指令，暂停了 AB 坝段水平排渗管施工，导致溃坝段的浸润线未降低、坝体长期高水位运行，降低了溃坝段坝体的安全系数，以致此次溃坝事故发生时坝体扇形滑动范围扩大。

8）湖南某工程建设咨询监理有限公司对变更安全设施设计中提出的尾矿库存在问题和隐患及消除隐患工程措施的重要性认识不够，对工程施工单位编制的事故矿尾矿库加高扩容工程四期子坝变更工程施工组织设计未进行严格、认真审查，对施工组织设计中出现的施工顺序错误未能发现并提出纠正意见，并且在变更安全设施设计中要求消除隐患的工程措施未到位的情况下，发出错误的停工指令，暂停了 AB 坝段水平排渗管施工，导致溃坝段的浸润线未降低、坝体长期高水位运行，降低了溃坝段坝体的安全系数。

9）事故矿尾矿库在线安全监测系统失效，导致溃坝事故发生时没有能够及时预警预报。根据 2017 年 2 月《尾矿库安全技术监测报表》分析结果，J6 及 J7 剖面在（+30 m 标高）二期子坝坝体浸润线埋深分别为 6. 606 m 和 8. 685 m，小于变更安全设施设计稳定复核中所取用的 6. 9 m 和 8. 88 m 浸润线埋深。该坝段长期处于高水位运行状态，坝体的最小安全系数比变更安全设施设计中的稳定复核值还小。事故前尾矿库正在进行四期（37~42 m）子坝堆筑施工，施工过程中在线安全监测系统线路遭到损坏未及时修复，造成在线安全监测系统失效。

10）事故矿没有落实安全生产主体责任，对某资源规划勘测院提交的《加高扩容工程地质勘察报告》未完成勘察任务书中有关勘探工作内容通过了评审；与设计单位、监理单位及施工单位的联络欠缺，没有及时恢复因施工破坏的尾矿库在线安全监测系统；对坝体浸润线长期保持在高水位运行以及坝体的最小安全系数不能满足规范要求的问题，未及时进行分析研判和治理，为此次溃坝事故的发生埋下了事故隐患。

11）某市安监局不认真落实该市人民政府专题会议纪要工作要求，没有组织专家技术力量查明尾矿库坝体下沉开裂的原因，而是错误地采信某金属矿提交的《“3 · 16” 开裂变形影响分析报告》，并作出了错误的行政决定；没有认真落实安全生产监管职责，对某金属矿安全监管不到位，对其非法越界开采行为检查督促整改不力，致使某金属矿非法越界开采行为长期存在。

12）某市国土资源局没有认真履行国土资源监管职责，没有按照该市人民政府专题会议纪要工作要求组织专家技术力量查明尾矿库坝体开裂下沉的原因，而是错误地采信某金属矿提交的《“3·16”开裂变形影响分析报告》，并作出了错误的行政决定，致使某金属矿违法越界开采行为没有被及时发现，并多次审核通过了该矿采矿许可证年审和延期，致使某金属矿非法越界开采行为长期存在，并对事故矿尾矿库坝体构成了事故隐患。

3. 防范措施

(1) 牢固树立安全发展理念，严守安全生产红线。某有色金属公司、相关企业、机构和该市人民政府及其有关部门要深刻吸取事故矿尾矿库“3·12”较大溃坝事故的惨痛教训，深入贯彻落实习近平总书记关于安全生产工作的重要批示指示精神，牢固树立安全发展理念，落实安全生产责任，强化事故防控体系建设，加大隐患排查治理工作力度，确保生产经营单位各项活动安全、规范和有序。地方政府要将安全生产摆在首位，和经济发展、城市建设等工作同部署、共谋划，坚决纠正“重发展、轻安全”的错误观念；在招商引资、项目建设、城市规划等过程中，要始终坚持安全生产的高标准、严要求，任何单位和个人不得以任何理由降低安全生产的标准，严厉打击安全生产领域的违法违规行为，严禁不按审批程序的特事特办。地方政府及有关部门要严格落实政府和部门监管责任，依法依规，严格监管。

(2) 切实增强安全意识，严格落实主体责任。事故矿要切实履行企业安全生产主体责任，强化安全意识、法律意识和责任意识，建立健全安全生产责任体系，不论是企业主要负责人，还是普通员工，都要严格按照法律法规、制度规范和操作规程，开展项目建设、生产运营、安全管理等各项活动，切实做到遵章守纪、合法经营；要深入推进隐患排查治理工作，落实企业负责人隐患排查治理的第一责任，做到“谁检查、谁签字、谁负责”，确保隐患排查治理全覆盖、不走过场；要强化尾矿库安全管理，制定严格、规范、可行的安全管理办法，严把工程施工安全质量关；要强化建设项目安全管理，严格设计、施工、监理等单位资质审查，制定规范严格的工程招标、项目质量管控等制度，确保建设项目符合法规规范和生产实际要求。

(3) 强化责任担当，优化部门监管职能。各级政府及有关部门要时刻保持清醒的头脑，牢牢把握监管主体责任的内涵和要求，强化责任担当，切实做到履职不缺位、尽职重实效。要深入研究和明确部门间职责边界，确保各行业各领域各环节的生产经营活动有人管、管得好。各有关部门要强化自身建设，增强履职的主动性。加强相互协调配合和信息共享，采取强有力措施，始终保持严厉打击危害国有矿山安全、违法越界开采行为的高压态势，坚决依法取缔非法小矿山。要加强行政审批过程管理，跟踪督办尾矿库建设项目实施情况，强化项目建设监督管理，严厉打击违法违规建设行为。要加强安全中介机构管理，严厉查处违法出具虚假报告行为。国土部门要增强法律意识，严格依法行政，严防不作为、乱作为。安监部门要善于利用安委会平台作用，确保“管行业必须管安全、管业务必须管安全、管生产经营必须管安全”落实到位。

（4）强化承包工程监督管理，堵塞安全管理漏洞。事故矿要加强对外包工程安全管理工作的监督，督促外包方与承包方、总承包与分包方签订规范的安全责任协议，明确安全培训、安全检查、劳动防护、事故防范的责任，制定工程安全管理和监督制度，落实生产安全管控措施。发包单位在签订工程施工合同之前，要认真审查承包单位的安全生产许可证和相应资质，审查项目部的安全管理机构是否建立、规章制度和操作规程是否完善、主要设备设施是否合格、安全教育培训是否到位、管理和作业人员是否持有证照等，防范不具备安全资质和管理能力的“临时班子”违法承建工程。事故相关单位要深刻吸取事故教训，血的教训不能再用血来验证。某有色金属公司要加强外包工程和建设队伍的安全管理，严格落实安全生产责任制，切实加强隐患排查治理工作，从严监督承包企业执行安全操作规程和劳动防护制度。事故矿要采取得力措施，坚决杜绝不按设计、不按规程施工等违法违规行为。

（5）强化非煤矿山安全监管，切实落实法律法规。要督促某市按照“属地分级”监管原则，进一步强化属地监管意识，切实担当起属地监管责任。深入企业进行安全检查。要紧盯非煤矿山企业安全生产工作中存在的新情况、新问题，认真研究安全监管工作的特点和规律，加强对策研究，提出有针对性、得力管用的推动企业落实法律法规、改善安全生产条件的办法和措施。要开动脑筋、转变观念，综合运用政策导向、目标考核、督促检查、行政执法、打非治违、隐患治理、专项行动、责任追究等各种监管手段，扭转非煤矿山企业安全生产工作存在的责任不落实、管理不严格、安全培训走过场、安全意识淡薄、违章操作、违规施工等问题。对地下矿山违法乱采、基建工程不按设计施工、外包工程安全管理失控等“老大难”问题，要集中力量，专项整治，坚决打击，坚决纠正。

（6）某有色金属公司要切实加强对尾矿库的安全管理。某有色金属公司对某金属矿实际开采工程及采空区的分布情况，特别是坝下及库内开采的情况，进一步进行工程地质勘察，查明采空区上覆岩层的稳定性及采空区和地下溶洞的分布、地表移动及变形的特征和规律性，提出处理措施及建议。未经尾矿库生产经营单位进行技术论证并同意，以及尾矿库建设项目安全设施设计原审批部门批准，任何单位和个人不得在库区从事爆破、采砂、地下采矿等危害尾矿库安全的活动。尾矿库的监测设施应严格按照相关规范规程的要求进行设置，按设计和管理规定的内容和时间进行全面、系统和连续的监测工作，并对监测数据进行整理分析。当尾矿库进行除险加固、扩建、改建影响原监测系统时，应根据规范作出相应的监测系统设计更新，并保持监测资料的连续性。要迅速启动闭库程序，闭库工程施工前，事故矿尾矿库如无法满足国家有关法规规范要求、不能保障尾矿安全，属地政府安监部门要采取果断措施，督促企业迅速整改，确保安全。

案例二　露天剥离工程爆破事故分析

1. 事故经过

2008 年 10 月 16 日 13 分，某矿基建露天剥离工程现场 2135 水平采用台阶式深孔二次爆破时，发生波及方圆 850 m 范围的重大爆破伤亡事故，造成 16 人死亡，53 人受伤（其中 12 人重伤）。

2. 事故原因

（1）直接原因如下：

1）违规操作。爆破作业中，违反《爆破安全规程》（GB 6722—2014）相关规定，深孔松动爆破矿石时，安全警戒距离小于 200 m，直接造成 200 m 范围内的 4 人当场死亡。

2）作业技术问题。采取的硐室加强松动爆破（大爆破）作业技术存在问题。

（2）间接原因如下：

1）火工品管理混乱。某矿有炸药库，承包方某爆破股份有限公司也有炸药库，矿方对承包方发放炸药，承包方领取炸药自由，且无退库记录。事发前，承包方曾经一次领取雷管 4 500 发，只使用几百发，有大量雷管未退回矿方炸药库。

2）甲乙双方工程承包机制不健全，甲方对乙方的施工安全监督管理不到位。

3. 防范措施

（1）加强对露天矿矿石剥离施工作业安全监管。要严格遵守《金属非金属矿山安全规程》（GB 16423—2020）、《爆破安全规程》（GB 6722—2014）一系列的相关规定，加强安全技术措施，确保安全施爆。爆破作业人员必须有专业资质，严禁无证人员从事爆破作业。爆破过程中，必须有安全警戒负责人，并向爆破区周围派出警戒人员。警戒哨与爆破工之间应实行“三联系制”。在特殊建（构）筑物附近、爆破条件复杂和爆破振动对边坡稳定有影响的区域进行爆破时，必须进行爆破地震效应的监测或试验，以确定被保护物的安全性。

（2）加强爆破工程作业设计管理。强化对爆破行业操作流程的监管，推行爆破施工全过程监管制度。爆破前应对爆破区周围人员、地面和地下建（构）筑物及各种设备、设施分布情况等进行详细的调查研究，然后进行爆破方案设计。各种爆破作业均应采用成熟技术编制爆破设计书和爆破说明书，对爆破人员进行严格的培训，严格执行安全技术措施。

（3）加强对炸药、雷管等火工品的管理。严格火工品的发放、登记、运输、使用、退库等相关环节的监督管理，严格爆破器材审批程序，进一步加强爆破物品储存、运输的管理，进一步加强对爆破员、安全员、押运员的管理，确保火工品使用安全。

（4）严格执行《安全生产法》的相关规定，建立健全工程承包安全约束机制。任何工程承包委托方都不得自我减免在安全监管方面的责任，要对承包方相关生产活动实施全方位的有效监督。对涉及安全生产的技术方案，委托方必须严格审查、严格要求，坚决遏制事故。

案例三　多金属采矿场坍塌事故分析

1. 事故经过

2017 年 6 月 29 日，湖南某有色金属有限责任公司多金属采矿场+490 中段 K3-2 采场南 3 进路发生一起悬拱坍塌事故，造成 1 人死亡，直接经济损失 108.19 万元。

2017 年 6 月 29 日 19 时 50 分，外包队某矿山建设有限公司驻湖南某有色金属有限责任公司项目部组织了班前会（有 17 人参加，包括两名队长和一名项目经理），派发了生产指令单，分配何某、欧某等人到+490 中段 K3-2 采场南 3 进路进行二次破碎作业。开班前会时，队长宁某交代了安全注意事项。20 时 30 分，宁某和段某（队长）等人一起下井，随同项目经理（陈某）从 4 号溜井开始巡查。20 时 40 左右，3 人先后（宁某、段某先到，陈某稍晚）到达了 K3-2 采场南 3 进路作业面。几分钟后段某、陈某离开，宁某看到作业面不安全，留在现场观察处理。在 K3-2 采场南 3 进路，何某平场、找退路并处理悬拱，欧某负责打手电筒和观察悬拱。何某处理了一阵，悬拱没有处理下来，就由何某打手电筒和观察悬拱，欧某处理悬拱（当时处理悬拱人员在工作面左侧，观察人员在工作面右侧，处理悬拱人员用 5 m 左右长的竹竿向上楔打矿石）。约 20 时 50 分，欧某处理悬拱有两三分钟，此时队长宁某也在旁边打手电筒，观察悬拱情况。宁某看到有掉砂、掉渣现象，判断矿石有松动坍塌危险，立即喊了一声“走”，突然矿石坍塌了下来，灰尘弥漫。宁某和何某往右边大巷闪开了，返回现场时发现大约有十多吨矿石坍塌下来，欧某右小腿被大块矿石压住，上身匍匐在矿石上。

事故发生后，公司立即启动了应急预案，宁某在现场及时组织施救。宁某和何某先把压在欧某右小腿上的小块矿石搬开，之后叫来了其他作业面的人（共 10 人）一起进行施救。大家利用撬棍、钢钎、千斤顶等工具，大约花了 40 分钟才将压在欧某右小腿上的大石块撬松，将欧某拉出。22 时左右，欧某被送至医院，并被诊断为多处骨折和多器官受损。经过 6 天的救治，7 月 5 日 15 时 12 分，欧某病情变化，经抢救无效于当天 16 时 30 分死亡。

2. 事故原因

（1）直接原因。欧某安全意识淡薄，未落实队长交代的二次爆破安全技术措施，采用竹竿处理悬拱，冒险进入悬拱下作业，发现有悬拱坍塌征兆时撤退不及时，导致发生悬拱坍塌矿石砸伤人员事故。

（2）间接原因如下：

1）安全管理不力。一是外包队伍管理不规范。各部门、相关单位对外包队伍的管理职责、管理程序不够明晰，对外包队伍的安全管理存在管理职责交叉、管理缺位和管理流程不连贯等漏洞。二是现场安全管理不力。作业人员采用竹竿处理悬拱，且冒险进入悬拱下作业，现场安全管理人员未制止，在发现悬拱有坍塌预兆时未及时撤出危险区域的人员。三是对项目部制定的安全管理制度和安全技术措施未进行严格审查把关。项目部制定的安全管理制度和安全技术措施允许采用竹竿处理悬拱，公司相关部门和多金属采矿场未予以纠正和制止。

2）采矿方法和工艺存在安全缺陷。一是企业现行的采矿方法易形成悬拱。目前多金属采矿场井下采用分段凿岩阶段矿房法和连续阶段崩落法采矿，大块率高，采场内存在大块矿石，容易形成悬拱。二是处理悬拱的工艺落后。多金属采矿场二次爆破安全生产规章制度及二次爆破作业安全技术操作规程对悬拱内松散碎石处理措施存在安全缺陷，在二次爆破前，通常采用竹竿处理悬拱（采用 5 m 左右长的竹竿向上楔打悬拱内松散小块碎石，使小块碎石掉落、悬拱垮塌），工艺落后，风险较大，不具备安全操作条件。

3）作业场所照明不良。在处理悬拱时使用手电筒照明，亮度不够，不利于发现悬拱存在的事故隐患。

4）安全教育培训不力。教育和督促作业人员严格执行本单位安全生产规章制度和操作规程不力，现场作业人员安全意识、安全技能和事故应急措施等知识缺乏，对作业人员“三违”行为查处不力。

5）事故应急处置不力。欧某受伤后，企业对事故应急处置不力，对后续的抢救治疗重视不够，未安排足够人员跟踪协调调度治疗抢救工作，未把住安全生产的最后防线，造成事态恶化。

3. 防范措施

（1）强化安全管理。一是建立完善风险管控和隐患排查治理双重预防机制。要全面排查风险隐患，分析确定每个岗位的风险分类，建立一般事故风险隐患、较大事故风险隐患、重大事故风险隐患台账，落实管控措施。二是全面强化安全标准化建设，提升企业精细化管理水平。要树立“零死亡”的目标，把精细化管理打造成为企业的核心竞争力。三是充分利用信息化手段加强安全监管。要管理好、使用好、维护好安全避险“六大系统”，充分发挥其应有的作用。

（2）加大安全投入，提高本质安全生产水平。一是加大采矿方法研究，改进采矿方法，减少事故风险。二是从改进采矿工艺入手，禁止采用竹竿处理悬拱，推进“机械化换人、自动化减人”科技兴安专项行动。三是改善作业现场照明条件，确保作业人员及时、准确地发现事故隐患。

（3）切实加强外包队伍管理。牢固树立“管承包商必须管承包商生产安全、业主的水平决定外包队伍的水平”的理念，切实加强外包队伍日常安全监管工作，将外包队伍安全生产纳入企业安全生产统一管理，加大检查考核力度。

（4）强化安全技能培训，打造安全生产合格队伍。加强对作业人员的安全教育培训，提高作业人员的安全意识、安全操作技能和自保、互保、联保的能力，做到按章操作。

（5）进一步完善应急救援工作机制。一是进一步完善企业生产安全事故应急救援预案。二是一旦发生生产安全事故，应按规定程序立即启动事故应急救援预案，确保事故救援工作有序、有效开展。三是加强生产安全事故应急救援知识宣传和培训，提升企业员工预防生产安全事故的能力，守住安全生产的最后一道防线。

（6）建议进一步加强对某有色金属有限责任公司的安全管理，将其打造成安全生产精细化管理标杆企业。一是吸取事故教训，举一反三，认真开展反“三违”防事故活动，全面提升企业安全管理水平。二是强化安全标准化建设，提升企业精细化管理水平。三是切实加强对外包队伍的管理。要严管重罚，建立外包队伍激励和淘汰机制，对违反国家有关规定、不遵守企业管理制度、连续发生生产安全事故的，要坚决予以退出。

案例四　金矿爆炸事故分析

1. 事故经过

2021 年 1 月 10 日 13 时 13 分许，山东某投资有限公司（本案例以下简称某投资公司）某金矿在基建施工过程中，回风井发生爆炸事故，造成 22 人被困。经全力救援，11 人获救，10 人死亡，1 人失踪，直接经济损失 6 847. 33 万元。

1 月 10 日，某工程公司施工队在向回风井六中段下放启动柜时，发现启动柜无法放入罐笼，施工队负责人李某安排员工唐某波和王某磊直接用气焊切割掉罐笼两侧手动阻车器，有高温熔渣块掉入井筒。

12 时 43 分许，浙江某工程公司项目部卷扬工李某兰在提升六中段的该项目部凿岩、爆破工郑某泼、李某满、卢某雄 3 人升井过程中，发现监控视频连续闪屏；罐笼停在一中段时，视频监控已黑屏。李某兰于 13 时 04 分 57 秒将郑某泼等 3 人提升至井口。

13 时 13 分 10 秒，风井提升机房视频显示井口和各中段画面“无视频信号”，几乎同时，变电所跳闸停电，提升钢丝绳松绳落地，接着风井传出爆炸声，井口冒出灰黑浓烟，附近房屋、车辆玻璃破碎。

某投资公司和浙江某工程公司项目部有关人员接到报告后，相继抵达事故现场组织救援。14 时 43 分许，采用井口悬吊风机方式开始抽风。在安装风机过程中，因井口槽钢横梁阻挡风机进一步下放，唐某波用气焊切割掉槽钢，切割作业产生的高温熔渣掉入井筒。15 时 03 分左右，井下发生了第二次爆炸，井口覆盖的竹胶板被掀翻，井口有木碎片和灰烟冒出。

经调查认定，本起事故是一起企业违规存放使用民用爆炸物品和井口违规动火作业引发的重大生产安全责任事故。

2. 事故原因

（1）直接原因。经调查，本次事故发生的直接原因是井下违规混存炸药、雷管，井口实施罐笼气割作业产生的高温熔渣块掉入回风井，碰撞井筒设施，弹到一中段马头门内乱堆乱放的炸药包装纸箱上，引起纸箱等可燃物燃烧，导致混存乱放在硐室内的导爆管雷管、导爆索和炸药爆炸。

（2）间接原因。事故相关企业未依法落实安全生产主体责任，政府及业务主管部门未认真依法履行安全监管职责。

1）某投资公司。无视国家民用爆炸物品及安全生产相关法律法规规定，民用爆炸物品安全管理混乱，长期违法违规购买、储存、使用民用爆炸物品。未落实安全生产主体责任，企业管理混乱，是事故发生的主要原因。

①民用爆炸物品管理混乱。使用该市公安机关依据已废止的行政法规核发的爆炸物品使用许可证，申请办理爆炸物品购买手续，长期违规购买民用爆炸物品；未健全并落实民用爆炸物品出入库、领用退回等安全管理制度，对库存民用爆炸物品底数不清；长期违法违规超量储存民用爆炸物品且数量巨大，违规在井下设置 3 处民用爆炸物品储存场所，炸药、导爆管雷管和易燃物品混存混放。

②对施工单位长期违法违规使用民用爆炸物品监督检查不力。主要负责人及分管民用爆炸物品、安全生产工作的负责人对施工现场安全生产不重视，对施工单位的施工作业情况尤其是民用爆炸物品储存、领用、搬运及爆破作业情况监督检查、协调管理缺失。

③建设项目外包管理极其混乱。对外来承包施工队伍安全生产条件和资质审查把关不严，日常管理不到位；对浙江某工程公司、某工程公司等外包施工单位管理不力，以包代管、只包不管，对上述两公司交叉作业未进行统一协调管理，未及时发现并制止违规动火作业行为；对进场作业人员安全教育培训、特种作业人员资格审查流于形式。

④瞒报生产安全事故。企业主要负责人未按照规定报告生产安全事故。

2）浙江某工程公司。违反国家民用爆炸物品、外包施工单位安全管理法律法规，外派项目部在某投资公司违法违规储存、使用民用爆炸物品，安全管理混乱。

①派驻的某金矿项目部民用爆炸物品管理、使用混乱。回风井一中段临时储存点的炸药、导爆管雷管和易燃物品混存混放等事故隐患长期存在；违规使用民用爆炸物品，放任回风井爆破作业人员自用自取、剩余自退，未按规定记载领取、发放民用爆炸物品的品种、数量、编号以及领取、发放人员姓名；违规使用未取得爆破作业人员许可证的人员实施爆破作业。

②对外派项目部管理严重失控。浙江某工程公司 2020 年未按规定对项目部进行安全检查，公司安全部仅于当年 9 月 11 日到项目部检查过一次。公司外派驻某金矿项目部未按规定配备专职安全管理人员和相应的专职工程技术人员；未按规定对驻某金矿项目部人员进行安全教育培训，对爆破作业人员、安全管理人员进行专业技术培训不到位。

③施工现场管理混乱。外派项目部主要负责人未履行项目经理职责，对现场交叉作业管理不到位，纵容、放任爆破作业过程非法违法行为。

3）某工程公司。未取得矿山施工资质，违规承揽井下机电设备安装工程；未严格执行动火作业安全要求，作业人员使用伪造的特种作业操作证；在未与浙江某工程公司进行安全沟通协调、未确认作业环境及周边安全条件的情况下，在回风井口对罐笼进行气焊切割作业。

4）北京某迪监理公司存在的问题如下：

①向某投资公司某金矿派驻的监理人员未经监理业务培训，现场监理人员监理业务能力严重不足。

②未认真履行工程监理责任，未发现回风井井口罐笼切割动火作业，事故发生当日未下井监理。

5）某达爆破公司。未取得道路运输经营许可证和民用爆炸物品运输许可证，驾驶员和押运员不具备从业资格，长期使用未取得危险货物运输资质的车辆向某投资公司违规运输民用爆炸物品。向某投资公司运输民用爆炸物品，违规以本公司名义申请民用爆炸物品运输许可证，并将流向信息输入山东省民爆信息系统网络服务平台。某达爆破公司向某达民爆公司仓库转运民用爆炸物品未办理相关手续。

6）某达民爆公司。未按照规定查验某投资公司是否取得民用爆炸物品购买许可证，违规依据市公安局西城派出所出具已废止的爆炸物品购买证，向某投资公司销售民用爆炸物品。

7）某海民爆公司。疏于管理，违规将所属 2 辆危险货物运输货车长期给不具备危险货物运输资质的某达爆破公司从事民用爆炸物品运输。

8）某金矿业公司。对某投资公司存在的民用爆炸物品、外包施工单位管理混乱等问题失察失管。

3. 防范措施

（1）坚决扛起保障安全生产的政治责任。此次事故暴露出一些地方党委政府及有关部门安全发展理念树立得不牢，安全监管责任落实不到位，打击违法违规行为不力等问题。各级党委政府要认真对标习近平总书记关于安全生产重要指示和中央决策部署，深刻吸取事故教训，坚持人民至上、生命至上，树牢安全发展理念，强化红线意识和底线思维，修订完善安全生产行政责任制规定，制定党政领导干部年度安全生产工作清单和安全生产责任追究措施，将安全生产责任制落实情况作为重点纳入巡视巡察和年度述职考核，推动党委政府安全生产领导责任和部门监管责任有效落实，坚决扛起“促一方发展、保一方平安”的政治责任。

（2）压紧压实企业安全生产主体责任。建设单位、施工单位、爆破作业单位等要切实加强安全生产主体责任落实，完善并严格执行以安全生产责任制为重点的各项规章制度，把安全生产责任落实到岗位、落实到每个人；强化企业全员培训，强化警示教育，覆盖到全行业、全领域、全链条、全岗位，提升每个人的安全意识、安全技能。强化作业现场的安全管理，制定强有力的措施，严防违章指挥、违章作业和无证上岗等行为；严格落实风险隐患排查治理制度，落实“把重大风险隐患当成事故来对待”的要求，发动全体员工参与风险点排查、辨识和隐患排查治理，每月组织召开一次安全生产会议、开展一次安全检查，分析研判风险，制定对策措施，严格考核奖惩制度，建立起全员负责、全过程控制、持续改进提升的工作机制，从根本上防范化解重大安全风险，杜绝事故发生。

（3）全面加强对民用爆炸物品及爆破作业的管理。爆破作业单位要强化对民用爆炸物品的购买、装卸、运输、清退和爆破作业过程的管理，严格执行《民用爆炸物品安全管理条例》《爆破安全规程》（GB 6722—2014）的要求。一是严格爆破作业过程的管理。营业性爆破作业单位必须执行爆破作业“一体化”服务，不得以任何方式将爆破作业交给无爆破作业资质的单位和人员实施，严禁私存民用爆炸物品。二是建立健全民用爆炸物品从业单位安全生产责任制、岗位操作规程，严格执行民用爆炸物品发放、领取、使用、清退和爆破作业过程的安全管理规定。三是加大对从业人员的培训力度，定期对本单位的爆破作业人员进行法律法规、专业知识、安全技能、岗位风险教育培训，建立健全爆破作业人员任前必训、年度必训、违规必训制度。四是加强对民用爆炸物品储存库的管理，严格落实民用爆炸物品储存库人防、技防、物防、犬防措施，严格执行民用爆炸物品流向登记“日清点、周核对、月检查”制度，严禁无关人员接触民用爆炸物品。

（4）强化施工单位作业的管理。施工单位要认真落实责任，依法对其施工现场的安全生产负责，加强对施工现场的管理，确保安全生产。一是外包工程实行总承包的，总承包单位对施工现场的安全生产负总责，分项施工单位按照分包合同的约定对总承包单位负责。二是根据承揽工程的规模和特点，依法健全安全生产责任体系，完善安全管理基本制度，设置安全管理机构，配备专职安全管理人员和有关工程技术人员。三是严格按照资质等级和许可范围承揽工程，没有爆破作业资质的施工单位不得以任何方式自行实施爆破作业。四是加强对承建项目及所属项目部的安全管理，每半年至少进行一次安全检查，对项目部人员每年至少进行一次安全生产教育培训与考核。五是依照有关规定制定施工方案，加强现场作业安全管理，及时发现并消除事故隐患，地下矿山工程施工单位及其项目部的主要负责人和领导班子成员应当严格执行带班下井制度。六是接受建设单位组织的安全生产培训与指导，加强对本单位从业人员的安全生产教育和培训，保证从业人员掌握必需的安全生产知识和操作技能。

（5）建设单位要依法加强对外包工程的管理。非煤矿山建设单位应当按照《非煤矿山外包工程安全管理暂行办法》（国家安全监管总局令第62号）有关规定，认真履行建设单位的主体责任，加强对外包工程的监督和管理。一是建立健全管理机构，严格审核施工单位及项目部施工作业资质，对其施工单位的施工资质、安全管理机构、规章制度和操作规程、施工现场安全管理等情况进行检查。二是外包工程有多个承包单位同时作业的，应当对多个承包单位的安全生产工作实施统一协调、管理，定期进行安全检查，发现问题，应当及时督促整改。三是与施工单位签订安全管理协议，明确各自的安全管理职责。严格落实安全生产考核机制，对施工单位每年至少进行一次安全生产考核。四是加强对爆破作业的监督管理，不得以任何方式将爆破作业发包给没有爆破作业资质的单位和人员实施。

(6) 强化对民用爆炸物品的监管。公安、工信、应急、交通等相关职能部门要严格执行《民用爆炸物品安全管理条例》等相关法律法规的规定，认真履行民用爆炸物品的监管职责。一是加强对民用爆炸物品的购买、储存、运输、清退及爆破作业等环节的安全监管，特别要加强对井下爆破作业的监管力度。二是加强对执法人员的教育培训，定期组织开展以法律法规知识、监督检查技能、信息管控手段、履行法定职责和职业风险为主要内容的执法培训。三是对爆破作业单位建立定期检查制度，重点检查井下民用爆炸物品储存、运输、爆破、清退等管理制度落实情况，并如实填写定期安全检查记录表，实行闭环管理。四是强化对民用爆炸物品的清退、流向等的监控管理，坚决打击民用爆炸物品的失控和私藏现象。五是严格爆破作业人员资质审查、考核发证，加强对爆破作业人员的教育培训，定期组织安全警示教育和安全风险排查，利用信息化手段实现爆破作业人员动态管控。六是督促爆破作业单位建立民用爆炸物品出入井检查登记制度，并在井口设立必要的视频监控或自动拍照设施，如实记录出入井人员和检查登记制度落实情况。

(7) 细化明确非煤矿山部门监管责任。各级政府要按照“管行业必须管安全、管业务必须管安全、管生产经营必须管安全”和“谁主管谁负责、谁监管谁负责、谁审批谁负责”的原则，进一步明确各相关部门非煤矿山监管职责，加强相互配合，合理推进防范化解非煤矿山安全风险工作。行政审批部门（发展改革部门）要加强非煤矿山相关建设项目的立项审批，监督和指导不符合有关矿山工业发展规划和总体规划、不符合产业政策、布局不合理等矿井关闭等。自然资源部门要加强非煤矿山矿产资源开发管理，查处非法开采、越界开采矿产资源违法违规行为，监督和指导无采矿许可证、越界采矿被吊销采矿许可证、资源枯竭应当关闭退出等矿井关闭工作。应急管理部门要加强非煤矿山安全生产许可和监督管理，依法监督其严格执行安全生产法律、法规和标准、规范，监督和指导不具备安全生产条件的非煤矿井关闭工作。公安部门要加强民用爆炸物品公共安全管理和民用爆炸物品购买、运输、爆破作业的安全监督管理，监控民用爆炸物品流向。工信部门要加强民用爆炸物品生产、销售的安全监督管理，查处非法生产、销售（含储存）民用爆炸物品的行为。行政审批部门（住建部门）要加强矿山工程施工总承包、工程监理资质的许可管理。生态环境部门要加强监督和指导破坏生态环境、污染严重、未进行环境影响评价的矿井关闭工作。市场监管部门要依法查处无照经营等非法违法行为，配合有关部门依法查处未经安全生产（经营）许可的生产经营单位。

（8）加强和改进突发事件信息报告工作。进一步明确突发事件信息报告责任主体，强化突发事件信息报告部门联动，严格遵循突发事件信息报告时限要求，提升第一时间获取突发事件信息的能力，健全突发事件信息报告体制机制，建立安全生产重大事故直报制度。加强对信息报告工作的组织领导，切实履行信息报告主体责任，明确职责分工，层层压实到人。严肃突发事件信息报告责任追究，建立健全突发事件信息报告责任倒查机制，明确突发事件信息报告时间和报告范围，对出现信息迟报、漏报、谎报、瞒报的，严肃追究相关部门（单位）及有关人员的责任。

（9）深入扎实开展安全生产大排查、大整治行动。各级各部门各企业要深刻吸取事故教训，结合正在开展的安全生产专项整治三年行动和安全生产大排查、大整治行动，举一反三，坚决破解检查查不出问题的难题，坚决解决执法检查“宽松软”的问题。要深入开展专项执法检查，强化重点行业领域风险隐患排查治理，以零容忍的态度坚决惩治安全生产违法行为，综合运用联合惩戒、停产整顿、行刑衔接等措施，坚决防止违法违规行为“屡禁不止、屡罚不改”。对企业排查隐患走过场、执法检查发现问题未整改或整改不到位、甚至发生事故的，一律依法给予顶格处罚。修订完善安全生产举报管理办法，发动广大人民群众、企业职工积极举报事故隐患和违法行为。严格执行新颁布刑法修正案有关安全生产条款，建立完善典型执法案件报送、执法效果评估制度，推动企业深化风险分级管控和隐患排查治理体系建设和运行，增强防范化解重大安全风险的内生动力，推动安全生产形势稳定好转。

案例五　车辆伤害事故分析

1. 事故经过

2018 年 8 月 17 日 19 时左右，某矿山井巷工程有限公司（本案例以下简称工程公司）金某项目部作业人员在金某集团股份有限公司三矿区采矿四工区 48 号进路作业时发生一起车辆伤害事故，造成 1 人死亡。

8 月 17 日 15 时左右，文某和张某存按照工程公司金某项目部队长祁某英安排，进入 48 号进路连接风、水管。17 时 20 分左右四工区停电，文某、张某存返回休息硐室。

18 时 10 分左右供电恢复，二人再次进入 48 号进路作业（距进路口 15 m 左右），其中文某面向进路口方向。此时，库某军驾驶铲运机在沿脉道清理碎矿石，看到 1 号沿脉道积水较多，库某军打算把积水面推平，因铲斗里装着碎石，他便将铲运机驶入 48 号进路准备把碎石倒入进路的水坑处。19 时左右，文某看到铲运机从 48 号进路口开进来便紧急呼叫，张某存闻声躲开，文某躲避不及被铲运机斗压伤致死。

2. 事故原因

（1）直接原因。工程公司金某项目部作业人员在采矿四工区 48 号进路作业时未按规定架设应急照明灯，无法起到提示作用；库某军在未进行徒步安全确认的情况下将铲运机驶入 48 号进路，是导致事故发生的直接原因。

（2）间接原因如下：

1）工程公司金某项目部制度落实不严格。安排人员进入采场进路作业前未向采矿四工区当班管理人员报告，致使采矿四工区相关人员对 48 号进路作业不知情，无法实施有效监管，是导致此次事故发生的主要原因。

2）工程公司金某项目部现场管理不到位。对作业人员在进路内作业未按规定架设应急照明设施的行为未能及时发现并纠正，是导致此次事故发生的重要原因。

3）三矿区采矿四工区习惯性违章问题未得到彻底根除。对作业人员违反《红区、非红区管控实施细则》《交叉作业场所管理办法》等相关制度的行为未能及时发现；落实三矿区《外来施工单位安全管理规定》不到位，是导致此次事故发生的又一重要原因。

4）三矿区安全管理规章制度体系不完善。《井下无轨设备安全运行管理规定》《铲运机安全操作规程》等相关规定中，对无轨设备进入红区作业前的安全确认规定存在缺陷；《红区、非红区管控实施细则》制度存在盲点，是导致此次事故发生的又一重要原因。

5）三矿区和工程公司金某项目部开展警示教育不扎实。警示教育流于形式，对金某集团股份有限公司发生的同类事故学习不细不实，分析不深不透，吸取教训不深刻，是导致此次事故发生的又一重要原因。

3. 防范措施

（1）严格落实安全生产主体责任。工程公司金某项目部要深刻吸取事故教训，牢固树立安全生产红线意识，扎实开展安全教育培训，健全隐患排查治理体系，加大“三违”

行为查处力度，严格绩效考核。

（2）切实抓好作业现场安全管控。工程公司金某项目部要认真做好作业环境危险分析、安全技术交底、作业票签发的全过程管理，严格执行三矿区《红区、非红区管控实施细则》《交叉作业场所管理办法》等相关规定，强化管理、堵塞漏洞、健全制度，不断细化岗位操作规程，推进作业标准化、规范化。

（3）全面梳理完善安全管理制度。三矿区采矿四工区要认真剖析事故暴露出的问题，组织人员对现行安全管理规章制度进行全面梳理，进一步细化相关内容，严把审核审批关，切实消除制度盲区，做到有章可循、有规可依。

（4）着力提升安全生产基础能力。三矿区要组织专人对红区管控制度进行分析论证，提高红区警戒提示效果，切实发挥红区管控制度的作用；要督促外来施工单位做好作业人员的教育培训，加强对外来作业人员的监督管理，对习惯性违章作业人员要坚决予以辞退；要对规章制度落实情况进行监督检查，督促下属单位对规章制度结合实际进行细化，不能“上下一般粗，左右一个样”，杜绝制度规定不具体、不明确的问题。

案例六　爆破事故分析

1. 事故经过

2019 年 7 月 15 日 11 时 40 分许，贵州某通爆破拆除工程有限公司在贵南高铁第五标段第二分部（独山县基长镇狮山村大兰寨）基长四号隧道明洞进口对 DK137+677 至 DK137+702 段预加固人工挖孔桩进行爆破作业时发生事故，造成 4 人死亡，4 人受伤，直接经济损失 470 余万元。

2019 年 7 月 15 日，贵州某通爆破拆除工程有限公司按照施工进度，在贵南高铁第五标段第二分部（独山县基长镇狮山村大兰寨）基长四号隧道明洞进口对 DK137+677 至 DK137+702 段预加固实施人工开挖孔桩作业。10 时许，公司安全员杨某、李某，爆破员马某勇，实习人员赵某忍，技术员李某刚，安全监理员刘某任，危险物品驾驶员陆某贤、押运员曹某贤一同乘车前往贵南客专贵州段工程项目经理部二分部炸药库领取炸药雷管后运送至施工现场。罗某坤、潘某芬、罗某荣、王某春、罗某顺、龙某妹、余某红、陆某飞、周某站、熊某园 10 人见炸药雷管送到现场，就自行到运输车处分别领取炸药雷管带至各自负责的孔桩井处（桩井深约 8 m）实施安装，杨某、李某刚对安装的引爆线进行梳理并排好引爆线，李某将起爆器带至起爆点处，并将引爆线接在起爆器上准备实施爆破。11 时 40 分许，安全员李某吹了口哨并喊话，在没有严格检查现场、确认人员是否全部撤离的情况下，李某实施了起爆。3、5、7、10 号井爆炸，8 号井因引爆线没有连接未爆炸。此次爆炸造成 4 人死亡，4 人受伤。

经调查认定，本起爆破事故是一起生产安全责任事故。

2. 事故原因

（1）直接原因。贵州某通爆破拆除工程有限公司安全员李某，在爆破现场装填炸药人员未撤出孔桩的情况下违规实施起爆作业是造成此次事故的直接原因。

（2）间接原因如下：

1）贵州某通爆破拆除工程有限公司安全生产主体责任不落实，制度不健全，安全管理人员履责不到位，安全教育培训不力，爆破作业人员职责不清，混岗使用，非法同意不具备资质的人员装填炸药，现场管理混乱。

2）四川某成建筑劳务有限公司安全管理不到位，安全生产规章制度不完善，对作业人员的安全教育和培训不到位，导致作业人员擅自装填炸药。

3）贵南高铁五标段项目部二分部将爆破作业工程发包给贵州某通爆破拆除工程有限公司后，未认真履行安全管理职责，对该公司实施爆破作业过程监督管理不力。

4）广西某铁监理咨询有限责任公司贵南铁路项目监理部未认真履行监理职责，对贵南铁路项目施工监理不到位。

5）公安部门督促企业执行《民用爆炸物品安全管理条例》不力，履行民用爆炸物品监督管理职责不到位，没有严格落实州公安局治安支队关于对贵南高铁建设项目民用爆炸物品使用申请的批复，导致属地管理不力，存在制度不落实、监管缺失等现象。

3. 防范措施

（1）贵州某通爆破拆除工程有限公司要严格落实安全生产主体责任，严格按照《民用爆炸物品安全管理条例》和《爆破安全规程》（GB 6722—2014）建立健全安全管理制度；加强安全教育培训，杜绝爆破作业人员职责不清，混岗使用，非法违规操作；安全管理人员要认真履责，扎实开展隐患排查治理，规范现场管理，严禁非法用工，严格操作规程，杜绝事故发生。

（2）项目建设单位要加强对项目施工单位的监督和检查，督促施工单位和监理单位严格落实企业主体责任，建立、完善并严格执行安全管理制度；项目施工单位和监理单位要落实主体责任，认真履行安全管理和监理职责，加强对在建铁路项目的安全监督管理，特别要强化对特种作业和劳务分包单位作业过程的安全监督和管理，认真开展隐患排查治理，严格执行安全监管相关制度，认真开展教育培训，严格操作规程，杜绝非法违规操作；相关企业要认真开展企业内部深度调查，对有关责任人员必须按照企业管理规定严肃处理。

（3）公安部门要举一反三，全面加强重点项目建设、生产、运营等全过程的安全管理，严格落实行业和属地监管责任，督促企业落实主体责任，认真开展隐患大排查、大整治，加强信息沟通，杜绝监管盲区，建立安全监管长效机制，遏制较大及以上生产安全事故的发生。

案例七　爆破飞石事故分析

1. 事故经过

2015 年 6 月 16 日 8 时，某二井施工处早班凿岩工蒋某华、胡某银按照华某公司副经理蘧某将的安排开始下井作业。约 11 时，两人在 XL1207-090N 作业面凿岩完毕后，来到 XL1270-120N/S 作业面继续进行作业，13 时 30 分左右完成作业。此时，爆破工红某、陈某安运送 144 kg 炸药给蒋某华作业组，先给 XL1270-090N 作业面炮眼装药（一炮），之后又给 XL1270-120N/S 作业面炮眼装药（两炮），约 15 时装药完毕后离开。15 时 10 分爆破工李某荣来到蒋某华作业组，对 XL1270-120N、XL1270-120S 两个作业面的炸药进行了线路连接。连接完两组线路后，3 人一起离开作业面，走到第三个巷道口处，李某荣安排胡某银在此做好警戒，防止有人进入放炮区域。李某荣和蒋某华来到起爆点（水仓附近），进行起爆准备后，于 15 时 40 分左右对 XL1270-120N/S 两组炸药进行了起爆。爆破结束后，李某荣和蒋某华准备到 XL1270-090N 作业面进行连线，路过警戒点时未见到胡某银，当两人走到距离 XL1270-090N 作业面近 13 m 时发现胡某银倒在巷道内，头的右后部有血流出。

经调查认定，本起爆破事故是一起生产安全责任事故。

2. 事故原因

（1）直接原因。XL1270-090N、120N 巷道贯通作业时，违规双向凿岩掘进爆破，当 XL1270-120N/S 作业面起爆时，引爆了 XL1270-090N 作业面中心孔炸药，导致进入 XL1270-090N 巷道的胡某银被爆炸碎石击中头部致死。

（2）间接原因如下：

1）安全措施不到位。在实施起爆时，没有按照《爆破安全规程》（GB 6722—2014）要求，对爆破区域内有关人员安全状况进行有效确认。

2）安全培训教育不到位，作业人员安全意识淡薄。一是胡某银擅自离开指定的警戒位置进到不安全的 XL1270-090N 巷道内。二是巷道贯通作业过程中，蒋某华、胡某银在明知不能双向作业的情况下习惯性违章作业。

3）安全管理不到位。某二井施工处对蒋某华、胡某银巷道贯通作业时，违反《爆破安全规程》（GB 6722—2014）进行双向掘进爆破作业的违章行为，没有及时发现并予以制止。

4）对外包单位统一协调管理不到位。华某公司对下达给某二井施工处的工程贯通通知单落实情况没有认真跟踪检查，对其炸药使用量及用处没有进行认真审核。

3. 防范措施

（1）华某公司、某二井施工处要进一步加强安全教育和培训，增强教育和培训的针对性，提高作业人员遵章依规作业的自觉性，杜绝违规操作行为的发生。

（2）华某公司、某二井施工处要认真吸取本起事故教训，针对事故中暴露出的问题，举一反三，全面开展一次“三项制度”落实情况大检查，及时发现和纠正存在的问题，确保安全责任制、安全管理制度、安全规程严格落实到位，杜绝类似事故，防止其他事故。

（3）华某公司要进一步加大对外包单位的统一协调管理力度，督促外包单位严格按照安全生产标准化程序作业，切实履行好安全生产主体责任，确保安全生产。

附录　培训学时

金属非金属矿山从业人员的培训时间，露天矿山（小型露天采石场）不少于40学时，地下矿山不少于72学时，具体培训学时应符合表1的规定。

露天矿山（小型露天采石场）、地下矿山从业人员的再培训时间不少于20学时。

金属非金属矿山从业人员培训课时安排

项目		培训内容	学时	
			露天矿山	地下矿山
培训	第一单元	安全生产法律法规	4	4
	第二单元	矿山安全管理	4	4
	第三单元	露天开采安全或地下开采安全	8	24
	第四单元	爆破安全	2	2
	第五单元	排土场和尾矿库安全	2	2
	第六单元	机电安全	2	4
	第七单元	矿山职业卫生	2	4
	第八单元	事故应急处置、自救与现场急救	4	6
	第九单元	现场参观教学	8	16
	复习		2	4
	考试		2	2
	合计		40	72

续表

<table>
<tr><th colspan="2" rowspan="2">项目</th><th rowspan="2">培训内容</th><th colspan="2">学时</th></tr>
<tr><th>露天矿山</th><th>地下矿山</th></tr>
<tr><td rowspan="3">再培训</td><td colspan="2">有关安全生产的法律、法规、国家标准、行业标准、规程和规范
有关地质、采矿（露天开采或地下开采）工艺、设备、设施基本安全技术
矿山典型事故案例分析与讨论</td><td>18</td><td>18</td></tr>
<tr><td colspan="2">考试</td><td>2</td><td>2</td></tr>
<tr><td colspan="2">合计</td><td>20</td><td>20</td></tr>
</table>